UP Collection

新装版

時と暦

青木信仰

東京大学出版会

UP Collection
Time and the Calender
Shinkou AOKI
University of Tokyo Press, 2013
ISBN978-4-13-006515-3

はしがき

今この部分を書き出している日時は一九八一年五月五日午前九時五七分である。一体このような数字の羅列はどのようにして決められているのであろうか。まず日付である。五月五日は年初から数え始めて一二五日目であるが、何故に一二五日目が五月五日なのか。それは一月から四月まで大の月が二つ、小の月三〇日が一回、二八日が一回、合計一二〇日になっているからで、解りきっていると反論されるに違いない。ではなぜ一月、三月が三一日で、四月が三〇日、二月が二八日なのかと問われると、だんだん答えられる人は少なくなってくる。これはローマ暦以来の伝統である。そこにはいろいろの複雑な事情がからんでくるのは後に見る通りである。しかし年初がどうして今の時期（すなわち冬至後約一〇日）にあるのかという質問に対して答えられる人はあまりいないと思う。

時刻のほうにしても、日本の中央標準時はグリニヂ時（世界時）に九時間を加えたものであることは知っていても、正確な正午の定義がどうなっているのかの科学的理由や、何故そうなっているのかの歴史的事情についてはあまり深くは考えない人が多い。また実際問題としてテレビやラジオや電話の時報に時計を合わせているのであるが、それらはどうやって時報を出しているのか、その精度はどのくらいなのかという問題になると、だんだんあやしくなってくる。これらのことは一方において歴史的枠組と、他方において科学の進歩に伴う精度の向上とにより、いわば日進月歩の改良が加えられている事柄なのである。

すなわちこれらを正確に書き表わすことは、とりもなおさず、暦法や時法の歴史を述べることになるし、一方現代の自然科学やこれに関連した工学が到達している水準を問題にすることなのである。細かいことは追々本書で明らかにするつもりでいるが、そのすべてを解明することはかなり専門的な事柄も含まれているので、一般の読者に理解して貰うことはむずかしいかも知れない。そこで本書では歴史的パースペクティブから問題の所在が解って貰えるように書くことにした。

歴史的と言えば、すなわち「科学史的」ということになるが、現在、科学史はそれ自体一つの学問であり、筆者はいわば専門外であり、正確に説明することは困難なことである。

しかし現代の学問は細分化されており、たとえば同じ天文学の学徒の間でもお互いに話が通じにくくなってきている。このような時代に「日時」という一般にもかなり関心の高い問題を軸にして、これに関連あると思われることをここにまとめてみることにした。それに成功しているかどうかは読者の判断に俟たなければならないが、一つの問題提起と受取って戴きたい。したがって筆者の考え到らない点や、間違いを指摘して戴いて、本書が今後の議論の出発点となり得るならば、筆者の喜びこれに勝るものはない。

日本はいまや「追い付き追い越せ」の時代ではないと言われている。真似事ではなく、われわれの頭で創造的な仕事がなされるように要請されている。そのためにも、いわゆる「タコツボ」的知識ではなく、広い範囲での知識の交流、それもでき上った知識でなく、その元になる考え方の交流が求められている。そういった面からも本書が利用されれば、さらに有難いことである。

本書は一般の読者を対象としたものであるので、科学的な面はなるべく平易に書いたつもりである。数式などはできるだけ避け、やむをえざる必要最小限度は図や表の説明の中で書くことにした。また一部活字のポイント数を下げて組んである。そこには多少程度の高いことや、本筋からいささか離れる問題が述べられている。したがって、そこをとばして本文だけを読んでくださっても、全体の流れは理解できるようになっている。この本文だけではもの足りない方はそれらの部分を読んで戴ければ、多少くわしい事柄の理解が得られると思う。さらにくわしい説明や議論については、それぞれの解説や教科書を参考にされたい。

またこれは個人的な好みにも関係するが、テクニカル・ターム technical term はなるべく原語も書くことにした。天文学のような古い学問の用語は現代英語や他のヨーロッパ語だけからではその意味がつかめないことが多い。まして別系統の日本語だけでは説明できないことが多い。ヨーロッパの学問はなんと言っても、ギリシア・ラテンに由来するし、現代の科学用語もそれに由来している。概念は言葉を通して表現され、その歴史を背負っている。一方、近代（現代）になってわざわざこれらの古典語から鋳造されたものもある。たとえば「陽子」と訳される「プロトン」(proton, πρῶτον) がそうである。これはギリシア語では「第一の物」であり、物質の基本的な要素という意味であろう。現代流に言えば「素粒子」なのである。日本語はそれが正《プラス》の電荷を持っている粒子という意味であって、互いに見ている観点が異なるのである（陽はプラス、陰はマイナス。ここで東洋流の陰陽《おんよう》思想をもち出すこともあるまい）。そういった意味で、言葉の正確な意味内容や、その歴史的変遷を辿るのには、原語の意味を知っていることが役に立つ。これは科学思想史の一つの観点となり得ると思っている。多少ややこしいと思われる方もあると思うが、一方イタリア語で Non c'è rosa senza spine（トゲのないバラはない）という諺があることもお忘れでなく。

なお本書では簡単のために次のような略符号を用いた。L)はラテン語、Gr)はギリシア語、G)はドイツ語、F)はフランス語、I)はイタリア語、何も書いていないのは大概は英語。まぎれのない場合は何もつけていないこともある。なおギリシア語はギリシア文字で書いてあるのでわざわざつけないことが多い。人名・地名はなるべく原綴にしてある。

一九八一年五月五日

著者しるす

目　次

序章　月と時

古代人にとって、月は日次を数えるための便利な手段であった。それは、晴れてさえいれば、月はどこからでも見られるし、太陽に照らされている形の様子（それを月相という）を見れば、新月からの大体の日数がわかるからである。すべての人に同じように見えることは、社会生活の基準を与える上で都合がいい。つきとときの語源的近親関係が議論されている。同様なことがドイツ語にもある。時を意味するZeitと、月の影響を受けている潮汐のGezeitenは明らかに同根である。

月の盈《みち》虧《かけ》

月は毎日少しずつその位置を西から東に移動して、約二九・五三日で太陽に対して、天球を一周する。その間新月（朔《さく》）から上弦《じょうげん》、満月（望《ぼう》）、下弦《かげん》とその月相を変える。新月から次の新月までの期間の平均を一朔望月《さくぼうげつ》というが、これが一まとまりになって、太陰暦の一ヵ月を形成する。月と一ヵ月とは同じ文字である。英語（moon ↔ month）、ドイツ語（Mond ↔ Monat）でも同根である。

月相をみて、日次を知るということだけに限れば、それだけのことで、別に何もそれ以上考える必要はない。ちょうど高い塔にある時計を多くの人が見るようなもので、一日か二日の誤差を問題にし

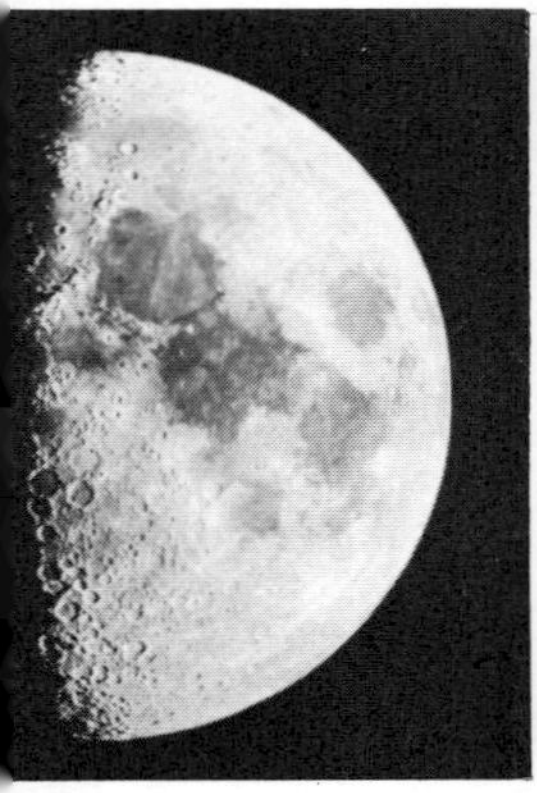

図 1　上弦の月　　**図 2**　満月の図　　**図 3**　下弦の月
（図1は渡辺和明氏の撮影による．図2, 3は Yerkes Observatory 撮影, J. J. v. Littrow, Die Wunder des Himmels, Fred. Dümmelers Verlag, 1963 より）

なければ、同一の知見（日次）が得られる。

位置予報　しかし将来に亙《わた》って日次を規制しようということになるといろいろと面倒なことが起きてくる。すなわち、いついつの月は三〇日（大の月）とし、別の月は二九日（小の月）とするかをあらかじめ決めておく必要が生ずる。これが暦法の原理である。ある程度実際の様子に合わせることを目的にした場合には、月の運動の様子があらかじめ知られていなければならず、これは一種の予報の問題である。しかも不幸なことに一朔望月の日数は有理数では表わせない無理数らしいのである。したがって、いつまでたっても完全には元に戻らない。すなわち実際には、完全な暦は作製できず、たえず改良を加えなければならないのである。

余談になるが、日食があったときに「何年経ったらまた日食が見られますか」と聞かれて返事に困ることがある。日食は完全に繰り返すのではなく、したがって間隔は一定しないのである。すなわちある程度似たような状況での日食はある程度一定の間隔で起きると言えるが、全く同じ状況の繰返しではなく、少しずつ違って来て、遂には見えなくなってしまうのである。つまり目のつぶり方（差異の程度）いかんで、繰返すとも言えるし、繰返さないとも言えるのである。

以上は平均的に見た朔望月のことのみを述べたが（平均朔望月をもとに計算した朔《さく》を平朔という）、実際の朔（朔とは正確には月の黄経が太陽のそれと一致する瞬間である）の起る日を月の初日（朔日《ついたち》）にするように暦を作れと要請されると（これを定朔法という）話がもっとややこしくなる。月の運動の詳細をあらかじめ知ることが絶対必要になってくるからである。すなわち月の運動を精度よく観測し、それが予報できるほどの天文学的知識とそれを実際に行う計算技術が伴わなければならないからである。

太陰太陽暦　二九・五三日を一二倍すると三五四・四日になり、一年の長さより約一一日少い。したがって約三年に一ヵ月くらい季節とずれることになる。季節と一定の関係を保つためには、それゆえ約三年に一度、まる一ヵ月の閏月《うるう》を挿入しなければならない。そういう意味でこのような暦法を太陰太陽暦 luni-solar calendar と呼ぶ。いつこの閏月を入れればよいのかが、次の問題となる。これを置閏法という。

具体的な問題は後に譲ることにして、ここでは全般的なことのみに限ろう。ある暦法に用いられる運動のパラメータ（これをその用数という）の良否は短期間では、はっきりわからなくても、長年月の後には次第に明らかになることが多い。したがって暦法改良の歴史はより精密な用数を求める長いながい戦いであり、現在のわれわれの知識はそれらの努力の結果の集積なのである。種々の固有名詞をもつ暦法一つ一つはその古戦場への記念碑にも譬えられよう。

月の観測を行い位置予報を行うという天文学の研究は、それゆえ暦の編纂という実用的な必要性から起って来たと言える。しかもこの技術は国家行政の基礎であって、中国や日本に於ては帝王学に属していた。暦の改正はもちろん科学技術の進歩の結果であると共に、他方民生安定のための方便でもあり得たわけである。天の道に合致した政治を行うことは国民の信頼を得る道でもあったわけである。古代オリエント（第二章一、二節五一および六〇頁）においても同様の面がなくはない。しかし さらに個人的運命を左右すると信じられている占星術が加わる。

占星術 astrology はギリシア語の ἀστήρ《アステール》 + λόγος《ロゴス》 であり、前者は星・天体、後者は言葉・論理・学問を意味する。一方、天文学 astronomy は ἀστήρ《アステール》 + νόμος《ノモス》 であり、ノモスは法律・法則・原理を意味するので、占星術と天文学はヨーロッパ語では元来全く同じ概念なのである。～logy は元来単なる……術ではない。因みに地球の学問を意味する geology (＜γῆ《ゲー》 + λόγος《ロゴス》) は現在地質学を表わす。現在地質学のみを表わしているのは、他の地球科学に比べてこれが歴史的に古い故に名称を独占したことによる。ある言葉が現在どのような内容を表わしているのかは、言葉本来の意味だけでなく、その後の歴史的影響が加わって、非常に複雑な様相を呈しており、その面からの科学思想史も可能であると思われるがここではこれ以上触れないことにする。ともかく astronomy と astrology は同じ親から生れた一卵性双生児とも言うべき存在である。なお占星術については後に第二章一節一項五二頁や第三章一節二項一〇四頁で再び触れることにする。

月と天文学

以下において月の運動が太陰暦（第一章一節一〇頁、第二章一、二節五一および六〇頁）に現われるのは当然としても、意外なところに現われていることにお気付のことと思う。すなわち、航海術に関連して、グリニヂ天文台の創設（第三章三節一二七頁）、グレゴリオ暦（第二章三節八一頁)、一ヵ月の長さの変動(第四章二節一四六頁)、天体力学的時計(暦表時——第四章三節一六四頁)……。そのくらい、月の運動は時法・暦法の科学に関連しているのである。それは天体力学の中心問題であったし、またあり続けるであろう。実際十分な精度での計算法は今日的課題の一つになっている。

月といえば、月世界旅行の問題もある。アポロ計画(一九六九)によって、月は人類にとって別世界ではなくなった。現実に「月の石」が地上で研究できる時代である。このことを天文学者の側から見ると、月はもはや天文学者の独壇場ではなくなったと言える。狭い地上で地上の問題をめぐって多くの学者が議論をやってきたのが、やっと天上にも天文学者以外の者の目が注がれてきたと言える。天文学者は他の分野で発見・発明された手段を用いてでも、宇宙の研究をするが、その対象物は何も天文学者の独占物ではない。広い宇宙は種々の分野の人々の研究の場であり得るのである。天文学は他の分野に問題を提供してきた。その意味で天文学はもともと学際的研究に相応しい学問なのである。それにしても天文学者は少い。「収穫は多く、働き人は尠《すくな》い」(マタイ伝九の三七)のである。

地上と天上とが全く同じ原理・法則で貫かれていることを初めて述べたのはガリレイ(彼のことについては等時性に関連し、第五章一節四項一八一頁に述べる)であった。彼は望遠鏡を用いて、月を観測し、月に山のあることを発見し、また木星を覗いて地球と同様に月があることを認めた。これは天上と地上の境を取除くことを意味したのである。

図 4　本居宣長の肖像
（本居宣長記念館蔵）

こよみ

さて我が国の「こよみ」の問題に立ち返ろう。

本居宣長（一七三〇—一八〇一）の「真暦考」（寛政元年、一七八九年）によれば「こよみ」という訓が存在していること自体、日本に古来独自のこよみが存在していたことの証左だという。そしてこよみは「来《キ》経《ヘ》数《ヨミ》」だという。来経は日や月の「ゆきき」である。本居宣長はすべて日本の独自性がないと気がすまない性《たち》なので、中国的思考を「漢意《からごころ》」（玉勝間）と言って排撃しており、中国から暦がこなくても日本独自のこよみが存在していた筈だという。

私見では、大和言葉の「こよみ」は本章第一項（一頁）に述べた意味での日の目安であり、第二項（二頁）に述べたような月の運動の予報という意味での「暦《レキ》」ではない、と思うのだが、この解釈はゆきすぎであろうか。どうみても日本に中国からの伝来以前の「暦」があったという具体的な証拠はないようである。実際第一章（一〇頁）に述べるように、日本の暦は早くて五世紀、おそければ六世紀になって伝来したものであって、日本古来のこよみのあとはない（なお、第一章一節五項「日本書紀の暦日」（一七頁）でふれる渋川春海の「古暦」参照のこと）。

仏教においてもそうであるごとく、暦学においても、当初は輸入そのものであり、それ以上では決してなかった。しかし時が経つにつれて、次第に日本のための暦がつくられるようになった。

現在の国際交流の時代において、いろいろな分野で、日本人の貢献が次第に重要になってきていると言えるであろう。これはやはり天文学の世界でも言えることである。なにも宣長のように偏狭な国粋主義に走る必要はないのである。最初は輸入しても、後になって独自の発展を考えれば決して悪いことではあるまい。

時間と時刻

いわゆる「時」には二つの概念がふくまれる。一つは瞬間または時刻という言葉で表わされるもので、時の経過をささず一瞬間を意味する。もう一つはある時刻と他の時刻の間の時間間隔で、時間と言えばなんとなく理解できる。もっとも瞬間と言う言葉は元来またたきをする間という意味で、短いという観念はあっても時刻という意味はないのかも知れない。これは数学的には点と線分の関係であって、線分の中には無限の点を含み得るか否かというギリシア以来のむずかしい議論が含まれる。曰《いわ》く「飛ぶ矢は飛ばない」。曰く「アキレスは亀に追いつけない」。言葉は昔ながらの概念を背負っているので厳密に言うとややこしいが何を言わんとしているかおわかりと思う。現在では概念的には区別出来るが、用語としては混乱していることが多い。たとえばグリニチ時間とか日本（東京）時間とか言うが正確には……時刻であろう。また俗に汽車の時間表という（いや今はもう汽車はなく、列車であろうが）。しかし交通公社その他の印刷物ではちゃんと「時刻表」と書いてある。

単に「時」という場合は両方の意味が含まれていると思っても不正確ではないと思う。時刻と時間の区別に関する問題は、日本語ばかりの問題ではなく、ヨーロッパ語でもある。英語で言うと、time は日本語と同様に両方の概念を含む。たとえば Give me time.（時間）at that time（時刻）。または at the moment（瞬間＝時刻）ともいう。instant という言葉も時刻であろう（反例。インスタント・ラーメンでもいくらかの時間を必要とする）。

最近の科学用語として time and frequency という言い方がある。この場合 frequency はある時間間隔での電磁波の周波数を意味するので、これは時間間隔に関連した概念なのである。それゆえ time のほうは時刻ということになる。くわしくは第三章二節（一二三頁）で触れるが、たとえば mean solar time 平均太陽時というのは時刻なのである。一時間というはっきりした時間単位の場合、英語では hour という（ドイツ語でも Zeit 時の外に Stunde 一時間という区別がある）、がそれ以下の単位 minute 分、second 秒には時刻と時間の区別がないのは面白い。「時刻」ではない「時間」という言葉を英語で一語でいうのは知らないが、二語では time interval という言い方がある。「時間のみ」が現在一語ではないのは興味がある。一般に合成語ではない一語で表わされる言葉を primary notion 一次概念というがそれは各国語で異っており、その民族、言語での概念構成に関連した面白い問題を提供する。（notion についてついでながら言うと、筆者はあるフランス人から Reconnaissez vous notions françaises ? と聞かれたことがあるが、これは「フランス人の考え方、したがってフランスの学問がわかっているか」という意味だと思う。）さて時に関連して言えば、どの言語でも時は元来時間であり、時刻ということは後になって獲得された概念である。それゆえ細かいことを言うといろいろと問題が生じているのである。ついでながら言うと minute はラテン語の pars *minuta* prima （第一の小さい部分）に由来しており、second は pars minuta *secunda* （第二の小さい部分）に由来する。両方比べてみると省略されずに残った言葉が全く異る概念であるのは実に妙である。そう言えば漢語→日本語の「分」は語源上からは上の pars に当り、「秒」は minuta に当るが、これらも別々の概念であるのも何とも奇妙である。

なお英語の time は tide（潮汐）と同根であり、ドイツ語の Zeit と近親関係にあるが、フランス語の temps やイタリア語の tempo はラテン語 tempus に由来する。一方、英語の hour やスペイン語 hora フランス語の heure（これは一般的な「時」と共に「一時間」も意味する）はギリシア語の ὥρα《ホーラ》に由来する。ὥρα《ホーラ》は抽象的な時というよりも、単位としての一時間（すなわち昼間または夜間のそれぞれの一二分の一である）。それ以外にもギリシア語には時を意味する言葉がある。καιρός《カイロス》は決定的な瞬間（この場合現代的な時点ではなく若干の時間間隔を含んでいることは言う迄もない）であり、χρόνος《クロノス》はやや抽象的、哲学的時（間）であるようである。後述（第三章三節一三三頁）の精密時計に対してクロノメータ chronometer＜χρόνος《クロノス》＋μετρέω《メトレオー》（測る）の名称を与えたのは、χρόνος《クロノス》が物理的時間をも含んでいる限り誤用とは言えないにしても、少し概念的に疑問が残る。それよりも「時計」を意味するフランス語の horloge やイタリア語の orologio＜(L)horologium ＜ὥρα《ホーラ》＋λογίζομαι《ロギゾマイ》（数える）のほうが語義としては正確である。もっともこの言葉は既に用いられており、もっと正確な時計という意味で新しく言葉を鋳造したのであろうが、chronometer は語義上はあまり正確ではないような気がする。

第一章　新技術と文明開化

一　文物渡来

「暦」

『日本書紀』に「暦」なる文字が最初に現われるのは、欽明天皇一四年（五五三）で、「六月、遣内臣、使於百濟。……。別勅、醫博士・易博士・暦博士等、宜依番上下。今上件色人、正當相代年月。宜付還使相代。又卜書・暦本・種々藥物、可付送。」（六月内臣の使を百済に遣わし……、ことに勅し給うた「医博士・易博士・暦博士等が交代で勤務するように。これらの人々はちょうどいま交代の時期にあたっているので還る使節に伴って行き、代りの人をよこしてほしい。また卜書《ぼく》（うらない）・暦本・種々の薬物も同時に送るように」。）とあり、つづいて一五年（五五四）「二月、百濟遣下部杆率將軍三貴・上部奈率物部烏等、乞救兵。……貢易博士施德王道良・暦博士固德王保孫・醫博士奈率王有悛陀・採藥師施德潘量豐……。」とある。すなわち五五三年に三種の博士の任期が来たので交代の博士を派遣するようにと百済《くだら》に使したところ、五五四年に百済は易博士等（人名を含んでいる）を遣わしてきたということである。同時に暦本等を送ってくれるようにと言ってあるが、一五年の条にははっきり送ってくれたとは

図 5　稲荷山古墳の全景(埼玉新聞社『稲荷山古墳』1978 より)

書かれていない。

一方、『政事要略』によると約五〇年後の推古天皇一二年(六〇四)には「以小治田朝十二年歳次甲子正月戊戌朔始用暦日」とあって、この年になって初めて暦法を採用したようになっている(なおこの年は聖徳太子が憲法一七条を制定した年であり、諸事が整ってきたことになっていることに注意)。それより以前にはどんなことをして暦日を決めていたのであろうか。文献を見る限り明らかではない。

稲荷山古墳

ところが一九七八年に解読された埼玉県稲荷山古墳の鉄剣には「辛亥年七月中記乎獲居臣上祖名意富比垝……」という銘文が刻まれている。乎獲居臣以下の姓名と関連してこの辛亥年は四七一年か五三一年か、議論があり結論はでていないようである。関西大学の有坂隆道氏は四七一年説をとっている(横田健一、網干善教編『飛鳥の歴史と文学』②所収、駸々堂、一九八一年、一八三頁)。いずれにせよ欽明天皇一四年よりは古く、したがって、暦の「初出」より以前のわけで、何らかの暦が実際日本で用いられていたこと

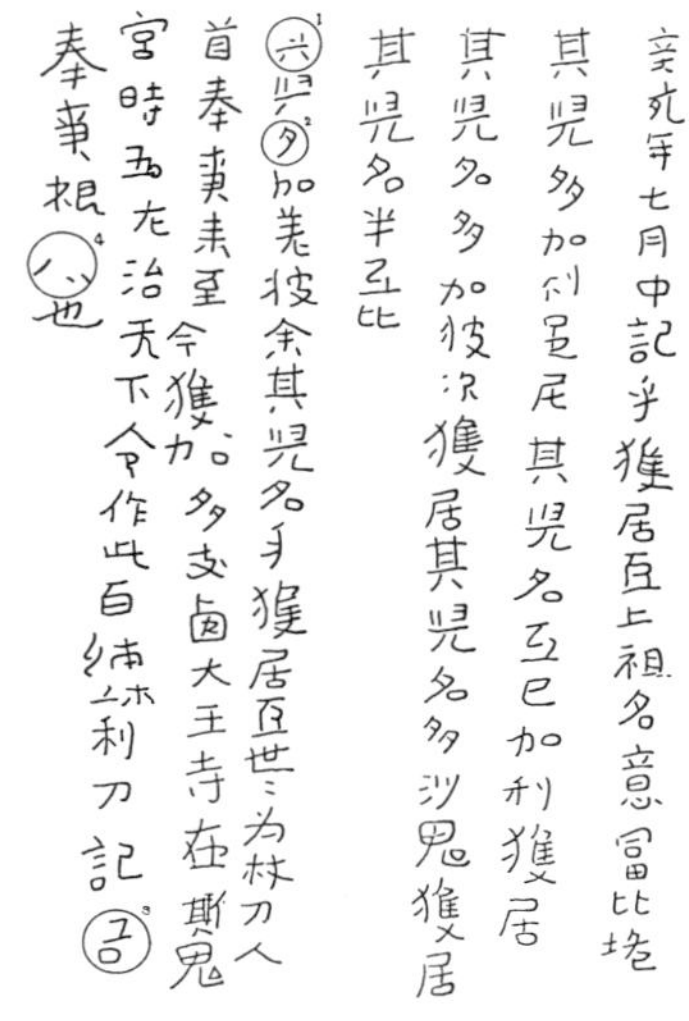

(表)辛亥年七月中記乎獲居臣上祖名意冨比垝其
(裏)(其児名加差披余其児名乎獲居臣世々為杖刀人首
(表)児多加利足尼其児名弖已加利獲居其児名多
(裏)(奉事来至今獲加多支鹵大王寺在斯鬼宮時吾左
(表)加披弥獲居其児名多沙鬼獲居其児名半弖比
(裏)(治天下令作此百練利刀記吾奉事根原也

辛亥年七月中に記す。乎獲居臣《ヲわ(ぐわ)け(こ)ズヌ》。上祖の名は意冨比垝《オホヒコ》、其の児多加利足尼《タカリスクネ》、其の児の名は弖已加利《テヨカリ》獲居、其の児の名は多加披弥《タカヒミ》獲居、其の児の名は多沙鬼《タサキ》獲居、其の児の名は半弖比《ハデヒ》、其の児の名は加差披余《カサヒレ》、其の児の名は乎獲居臣、世々杖刀人の首と為り、奉事《ほうじ》し来りて今に至る。獲加多支鹵《ワカタキロ》大王の寺、斯鬼宮《しきのみや》に在りし時、吾《われ》天下を左治せり、此の百練の利刀を作らしめ、吾が奉事の根原《こんげん》を記す也。

図 6　稲荷山古墳出土の鉄剣銘文の解読（前掲『稲荷山古墳』，門脇禎二による解読）

を示すものではなかろうか。

（もっとも大和国石上神宮に伝来する七支刀には百済か、東晋《しん》の紀年が刻まれている。——種々の説があるが四世紀または五世紀。——しかし、これは日本で作られた可能性は薄く、朝鮮もしくは中国で作られた後に日本に伝来したとすれば、彼地の紀年そのものが日本において行われたという証拠がない限り、わが国暦法の源についての議論からは除外される。）

さて『日本書紀』の書き方を見ると、いかにも唐突である。以前の何らかの取り決めを前提にしなければ読めない。また稲荷山鉄剣のことから考えると、推古天皇以前に何らかの暦を使用していたと思われるので、『政事要略』に「始用暦日」とあるのは、それ以前は暦日を用いていなかったという意味だとすると、どうも何を言っているのか解らない。また後に述べる神武紀元の問題は一層不可解である。

西暦一世紀の「漢委奴国王《かんのわのなのこくおう》」金印の経緯からも知られるように、中国歴代王朝は常に日本に対して、宗主権者としての態度を採っている。それに対して百済はどちらかというと兄弟的な態度を採っているように思われる。その理由は必ずしも明らかではないが、百済を通じて、中国——当時の世界帝国——の文明・文化が日本にもたらされたことは事実のようである（文物渡来という言葉があるが、筆者は文とは——「文化大革命」が「制度大改革」であったことから考えて——制度であり、物は物質文明であると解釈しており、そうすれば、文は当今はやりの言葉でいえば利用技術、すなわち、ソフトウェアだと思っている。文物合せてソフト・アンド・ハード・ウェアとなる）。

新技術と帰化人

『日本書紀』によれば応神天皇の時代（四世紀）に主として百済から多くの帰化人を迎えたことになっている。王仁《わに》は典籍をもって渡来したことになっている。この伝説がどの程度の信憑性をもつものであるかどうかは問題としても、この頃から帰化人に伴って文物が渡来したことは興味深い。すなわち、紡織・金属・陶磁器・鞍などの当時としては全く新しい技術がその担い手と共に渡来した。何故か。本土での政治的理由によるのか。

さて応神陵は世界第一位の高塚であり、仁徳陵は世界一の陵墓基底をもつ。しかもそれらが突然現われる。

そこには前時代との断絶が考えられると言う。実際和風諡号《しごう》（おくりな）の上でも応神以後反正まで「ワケ」という言葉が諡号に入っている。――『古事記』によると⒂応神は「ホムタワケ」⒃仁徳は故あってか別系統で「オオサザギ」、⒄履中は「イザホワケ」、⒅反正は「ミツハワケ」――。それ以前の成務・仲哀・神功(皇后)は「タラシ」を含む――⒀成務は「ワカタラシヒコ」⒁仲哀は「タラシナカツヒコ」、神功は「オキナガタラシヒメ」――というわけで、そこに系譜的断絶を認める人が多い。

水野裕氏（一九一八― ）のように、応神・仁徳自体がツングース族の百済系であったと結論しないまでも、何故《なぜ》か、親百済系の王朝が、新たに出現したのであることは認めざるを得ないと思われる。

（以上、水野裕『日本古代の国家形成』講談社現代新書、一九七〇年参照。）

「元嘉暦と儀鳳暦」

『日本書紀』の持統天皇四年（六九〇）一一月の条に「奉勅始行元嘉暦與儀鳳暦」と書かれている。元嘉《げんか》暦は宋の何承天が作り元嘉二二年（四四五）から六五年間実行された暦であり、一方、儀鳳《ぎほう》暦は唐では麟徳《りんとく》暦と呼ばれるものであり、李淳風の作になり麟徳二年（六六五）より六四年間実行された暦である。『日本書紀』の元嘉暦與儀鳳暦の「與《と》」という言葉が実際どういう意味であるかは必ずしも明らかではない。二つの暦を同時に並用するということはどうもはっきりしない。内田正男氏の試算によると、持統天皇六年（六九二）より持統天皇一一年（六九七）八月までの間のうち、元嘉暦と朔日の干支が合わないものは三回、儀鳳暦と合わないもの一四回となるそうである。したがって同氏によればこの六年間は原則としては元嘉暦を用い、不合の三回だけは、何かの理由で儀鳳暦を援用したか、もしくは推算の誤りかとしている。なお持統天皇五年は元嘉暦とは完全に一致し、儀鳳暦とは四回も異っており、同年が元嘉暦によることは明らかである。持統天皇一一年八月は『日本書紀』の終り（持統天皇はこの月の朔に退位し、文武天皇に位を譲っている）であり、一方『続日本紀』は同年（すなわち文武天皇元年）八月から筆を起している（『続日本紀』のこの部分は儀鳳暦とよく合う）。

表 1 干支名と干支番号

甲子	0	甲申	20	甲辰	40
乙丑	1	乙酉	21	乙巳	41
丙寅	2	丙戌	22	丙午	42
丁卯	3	丁亥	23	丁未	43
戊辰	4	戊子	24	戊申	44
己巳	5	己丑	25	己酉	45
庚午	6	庚寅	26	庚戌	46
辛未	7	辛卯	27	辛亥	47
壬申	8	壬辰	28	壬子	48
癸酉	9	癸巳	29	癸丑	49
甲戌	10	甲午	30	甲寅	50
乙亥	11	乙未	31	乙卯	51
丙子	12	丙申	32	丙辰	52
丁丑	13	丁酉	33	丁巳	53
戊寅	14	戊戌	34	戊午	54
己卯	15	己亥	35	己未	55
庚辰	16	庚子	36	庚申	56
辛巳	17	辛丑	37	辛酉	57
壬午	18	壬寅	38	壬戌	58
癸未	19	癸卯	39	癸亥	59

注：ここでは甲子の干支番号を0としたが，元来は甲子は初めだから 1．前者の算え方を基数法といい，後者を序数法という．前者の方が便利なのは 60 で割り切れる甲子を基本にしているからである．60 で割った時の余りは0～59 とした方が見易い．甲子を1とし癸亥を 60 とすると癸亥で割り切れて，そこが基本になるように見える．なお，この問題については第1章2節6項参照.

さて少し細かいことになるがこの移り変りの点に関して文献上奇妙なことがある。まず『日本書紀』では「八月乙丑朔、天皇定策禁中、禪天皇位於皇太子」とあり、一方『続日本紀』は「八月甲子朔、受禪即位」とある。双方とも八月朔に位を譲った(受けた)という伝承は共通しているが、内田氏も注意しておられるように(『日本暦日原典』雄山閣、一九七五年、五二七頁)その日が、『続日本紀』のほうが干支からみて一日前であるという奇妙なことになっている。もし一日後であるならばそれなりに解釈出来るかも知れない(禅譲の翌日に即位したと)。しかし干支のほうは連続しているものなのであり、これは暦法の如何によらず、今日まで連綿としているのであって跳びやダブリがあってはならないのである。甲子と乙丑とは別の日(前者はユリウス暦で六九七年八月二二日、後者が同月二三日である)なのである。

一方、朔日の干支がいくらということは、暦法が変れば、すなわち、前の暦がよくなかったという意味で変ることはあり得るのである(現代流に言えば、観測・理論の進歩に伴って、月の位置推算は異ってくることはあり得るのである)。この点に関して岩波版日本古典文学大系『日本書紀下』の欄外注はあまり正確とは言えないのではないかと思う。すなわち「朔日干支が異なるのは、書紀が元嘉暦によって……続紀が儀鳳暦によって……といわれる。八月一日践祚は確実であろう」とあるが、以上述べたように八月一日という伝承はたとえ共通であっても、践祚《せんそ》のあった日はそれぞれ別の日であるからである。

歴史的事実はどちらかでなければならない。こうみてくると、この時代でも、干支である事件の起きた日をきめるということは確実にはなされていたのではないという疑いが生ずる。すなわち後からの逆算ではないかと疑いたくなる。この点に疑問をもつ人はあまりいないようであるが、こういう風には『続日本紀』の編纂者も、その後の歴史家も考えないということは実に驚くべきことであると筆者は考える。しかも天皇交替と同時に暦法も替えるとこのような奇妙なことが起り得るのである。

さて元嘉暦は平朔(朔をきめるのに平均朔望月で推算する)によっており、一方、儀鳳暦は定朔(実際に月と太陽が同じ黄経になった日を朔日とする)を用いており、実際の月の運行に忠実であるという意味か

表 2　春海の古暦三法における用数

	太陽年	朔望月	西暦 0 年の正月中の干支	西暦 0 年の閏余
I	365.2464	29.530598	58.7024	27.5085
II	365.2473	29.530598	57.7217	26.5290
III	365.2464	29.530598	57.8460	26.6767

注：正月中とは正月に入るべき中気即ち雨水のことで，干支は甲子を 0 として順番につける．小数点以下は，中気（太陽の黄経できまる）になる時刻を 1 日単位で表わしたものと考えればよい．整数部分で干支をきめる．次の中気をきめるために小数部分は計算上保存しておく．閏余とは（正月）朔から正月中気までの時間間隔である．したがって正月朔は（正月中）—（閏余）で求められる．この場合も整数部分で干支をきめ，小数部分は朔の時刻を表わすものと考える．

らは進歩しており、この並用期間、暦日は元嘉暦で行っても、日月食等の天文現象を推算する意味で儀鳳暦を用いたのではないかと内田氏は推測しているが、あるいはそうかも知れない。

『日本書紀』の暦日

『日本書紀』の神武天皇の巻に「是年也、太歳甲寅。其年冬十月丁巳朔辛酉、天皇親帥諸皇子舟師東征。」と書かれてあり、これが暦日を記した最初であるが、どういう暦での日付であるかについては何も記されていない。暦法の名前が出てくるのは前項の「元嘉暦と儀鳳暦」云々が最初である。しかも元嘉暦にしても儀鳳暦にしてもずうっと後になって中国において作られ日本に導入されたものであり、持統天皇より以前何の暦によっているのかは当然問題になる。この問題を初めて考えたのは渋川春海（一六三九—一七一五）であった。

彼は歳名の誤写三個所、月名の誤写三個所、月朔の脱落五個所はどうしようもないものとして認めたが、それ以上の誤はないものと考えた。しかしこれでは儀鳳暦（ただし平朔）とは合わないので日本古来の暦の存在を推定した。しかし一つの暦で合わせることは出来なかったので都合三つの暦を考えた。第一期は神武以降仁徳天皇一四年（三二六）頃まで、第二期が舒明天皇一二年（六四〇）頃まで、第三期は持統天皇四年（六九〇）頃までである。

表2を見てわかるように、第一期と第三期での太陽年と朔望月はそれぞれ同じである（もっとも朔や中気の原点は異っているが）。これはどうみても暦日を合わせるための作為と見ざるを得ない。しかもここで用いた太陽年は実は彼が作った貞享暦から割り出した神武元年の頃の値なのである。すなわち、貞享暦の太陽年が古代に用いられており、それが一旦捨てられて、また用いられ、さらに後に春海の時代に再び採用されたのであるという奇妙な結果になっている。しかもこの値は現代の天文学からみると到底受け入れられないものなのであって、実際の観測から割り出したとも考えられない。したがって春海の言う日本固有の暦というものは彼の時代の産物であり、『日本書紀』編纂時代のものではなく、いわんや、神武の頃のものでもないのである。

春海の『日本長暦』（成立について、貞享二年（一六八五）、延宝八年（一六八〇）、延宝五年（一六七七）の三通りの解釈がある）はその後中根元圭（一六六二―一七三三）の『皇和通暦』（一七一四）に受け継がれ、明治一三年（一八八〇）の『三正綜覧』（内務省地理局編）も同じ見解にもとづいている。

小川清彦の研究

この問題に学問的検討を加えたのは小川清彦（一八八二―一九五〇）であった。彼は昭和一五年（一九四〇）に「日本書紀の暦日に就て」という論文を書き上げたが、当時はこれを発表できるような情況には至っていなかった。戦後になって、昭和二一年（一九四六）彼は今井湊編『天官書』という自家孔版にこれを発表した（内田正男『日本書紀暦日原典』雄山閣、一九七八

表 3　元嘉暦と儀鳳暦の用数

	太　陽　年	朔　望　月	西暦0年の正月中気の干支	西暦0年の閏余
元嘉暦	365.24671053	29.530585106	57.6974	26.4221
儀鳳暦（平朔）	365.2447761	29.53059701	58.5219	27.3361

注：注意深い読者は既に表2でもお気付きになったことと思うが，中国や日本の古暦に西暦0年での値というものは顕わには出ていないことは勿論明らかである．これらはすべて計算の便宜のために現代流に計算しなおしたものである．もともとは，たとえば**元嘉暦**では暦を計算する原点（上元）は庚辰年であり，この年の雨水は甲子の日の0時，朔も同日0時であると表示されている．これを甲子夜半朔旦雨水という．実際の暦を計算し始める年の元嘉20年(AD 443)は癸未の年であり，上元から数えて 5703 年である．なお太陽年は分数表示で 222070÷608，朔望月は 22207÷752 である．これからの計算がこの表の数値と一致することは検算できる．

年に再録されている)。

彼の論点の骨子はすでに述べた春海が認めた誤伝の外にさらに三個の「閏」字の脱落を認めれば、春海のような恣意的な暦法を考えなくても、儀鳳暦(平朔)で十分説明がつくという。その三個とは

垂仁天皇二三年（紀元前七）一〇月
履中天皇五年（紀元後四〇四）九月
欽明天皇三一年（紀元後五七〇）四月

である。なお儀鳳暦(平朔)から元嘉暦への移行はその辺の記録が乏しいので正確には解らないが大体五世紀中頃と考えられる。

さて小川氏の論点は次のようなものである。『日本書紀』が完成したのは元正天皇の養老四年（七二〇）であり、このときは儀鳳暦(定朔)が用いられていた。その前は元嘉暦であり、実際の記録もなされていたので問題は少いが、実際の記録がなかった時代に対しては事後に推算する外はなかった。この場合古代の暦日は多分太陰暦で何日という形で伝承されていたものと思われるが、その暦はもちろんわからない。というよりも序章で

述べたように、実際の月を見て、何日頃だということしか伝承されなかったと見ることが正しいと思う。一方、中国の史書にならって各日に干支を当てる作業をしなければならないが、それを推算するのに儀鳳暦の平朔の計算だけですましたのであろうということである。儀鳳暦そのものは定朔であるが、その計算を忠実にやることは不可能ではないにしても非常に手間のかかることであり、そうはしなかったであろうと推定するわけである。そう仮定したうえで、干支の書かれてあるものについて逆算をしてみると、すでに述べたように三個の閏が脱落していることを認めれば、明らかな誤伝（これは春海も認めている）を除いては計算と合うことが証明されるというのである。この論法はかなりの説得力のあるものであり、脱落を認めないで、仮想の古暦（何らの文献的証明のない）を考えた春海よりははるかに合理的と言い得る。

神武紀元の問題

『日本書紀』では神武即位は前六六〇年の辛酉年の正月庚辰朔であると書かれてある。しかし神武即位が歴史的ではないことは、すでに明治時代の那珂通世博士以来定説である。がこの暦日が儀鳳暦（平朔）でなされていることは計算の結果明らかである（元嘉暦ではこの年の正月朔は辛巳である）。そのこととこの年を紀元にしているということとは別問題である。定説によれば辛酉年は革命の年であり、大革命は六〇年を一元として、一蔀《ぼう》すなわち二一元毎におこるとされ、推古天皇九年（六〇一）から一二六〇年前である紀元前六六〇年には大革命がなければならなかったとするのである。これに対してもう一元後の斉明天皇七年（六六一）を起点として、一蔀プラス一元前が大革命だったとする説や、二元さげた養老五年（七二一）が起点だとする説もあるようである。

一方、有坂隆道氏は、一蔀一二六〇年という概念は儀鳳暦とは結びつかないものであり、儀鳳暦固有の周数（こういう言葉は初耳ではあるが）である一三四〇年を考えるべきだと唱えた。すなわち天武天皇一〇年（六八一）を起点とすべきだというのである（前掲『飛鳥の歴史と文学』②所収「古代史を解くかぎ」、特に一六〇頁以下参照）。しかし儀鳳暦でいう総法千三百四十というのは一日の区分、つまり太陽年や朔望月がこの総法を分母として表わされるという意味であり、決して一三四〇年で暦が循環するということではないのである。実際、内田正男『日本書紀暦日原典』を見ると、表4のようになっている。

表 4　儀鳳暦による干支

	正月中気（雨水）	正月朔
神武天皇元年（−659）	22.214	16.820
天武天皇十年（＋681）	30.214	7.404

注：−659 とは 660 BC のことである．天文年代学（astronomical chronology）では西暦紀元前（BC）の代りに絶対値で1年少い負数を用いる（第2節6項39頁参照）．

この表を見てもわかるように、神武天皇元年と天武天皇一〇年とはあまり類似性は認められない。ただし正月中気（雨水）の小数点以下は同じである。これには訳があって、次のような事情による。すでに述べたように儀鳳暦の（これは一般的なことであるが）太陽年や朔望月は実は分数表示であり、詳しく言うと、太陽年はここでは 489428 日÷1340 という形で表わされており、一三四〇年経つと、ちょうど整数値（この場合 489428 日）となり、太陽の位置によって決めてある中気（この場合雨水であるが）は一三四〇年でちょうど同じ時刻、すなわち小数点以下が一致するわけである。しかしこの期間の日数は六〇で割ると割り切れず余りが八となり、雨水の干支は八つだけ進むことになる。具体的にいうと、神武天皇元年の雨水は丙戌（二二）であり、天武天皇一〇年のそれは甲午（三〇）ということになるのである（干支と干支番号の対応については表1参照、雨水等の二四節気については表21九〇頁参照）。

一方、朔望月は39571日÷1340であり、両方の小数点以下が一致するためには

39571×(1340÷4)年＝13,256,285年＝163,958,380月＝4,841,788,847日

待たなければならない。正に天文学的数字である。しかも、この日数は六〇では割り切れず、しかも余りが六〇とは共通の因子をもたないので、朔日や中気が完全に一致する（整数部分も含めて）のにはさらにこれを六〇倍しなければならない。すなわち周期は795,377,100年ということになる。これが儀鳳暦の周期である。

	雨水の干支
−324 年	39.214
11 年	56.214
346 年	13.214
681 年	30.214

なお雨水の小数点以下が一致するというだけならば一三四〇年経たなくても、その四分の一の期間で十分である。実際『日本書紀暦日原典』をみると別表のようになっている。したがって、『日本書紀』の編纂者が、この天武天皇一〇年の雨水と同じ小数点以下をもつ年に重大な意味を認めたとすればそれは紀元前三二五年でも紀元後一一年でもよかったわけで、前六六〇年を特に選んだ理由は見当らない。総法千三百四十は直ちに周期一三四〇年を意味するのではなく、この点に誤解があるように思えてならない。

そう考えると、一二六〇年やそれに六〇年を一つまたは二つ加えた辛酉革命の思想（または讖緯思想）が儀鳳暦と両立しないとしても、一三四〇年のほうは儀鳳暦の周期ではないので、したがって神武紀元の根拠は完全には解明されていないと言うべきかも知れないのである。

二月一一日

何故その日を即位紀元としたのかの理由づけはともかく、儀鳳暦（平朔）で紀元前六六〇年正月庚辰朔という日は逆算可能な日なのであって、それを現行のグレゴリオ暦で換算したものが二月一一日なのである。歴史的事実がどうであるのかということと、どういう理論でそう考えたのかと、その日が年代学上いつであるのかの三つは全然異る問題であることを知って戴きたい。なお二月一一日という日は歴史的に言うと初めからそうきまっていたのではなく、実際太陽暦への改暦第一年である明治六年（一八七三）暦では神武天皇即位記念日は一月二九日、明治七年暦では二月一一日（明治六年五月二八日付正院達では二月一〇日にしている）とされ、それ以後この日付が踏襲されている（なおくわしくいうと、明治六年一月二九日は天保暦での正月一日である。明治五年一一月一五日の布告で神武天皇即位紀元記念日に紀元節という名称が与えられた。これが第二次大戦終了まで続いた。昭和四一年六月二五日法律第八六号で「国民の祝日に関する法律」を改正し、建国記念の日を制定した。その日付は政令によるとされ、昭和四一年一二月九日政令でその日は二月一一日となった）。

しかしよく考えて見るとこれは三重の作為である。第一はその起点にはいろいろと問題があるにしても一二六〇年等の讖緯思想等の理論がある。次は儀鳳暦という、当時としては最も確からしい暦法（しかし平朔ではある）を用いているがそれが天文学的に正確とは限らない。何故その暦法での正月朔日に即位したのかの理由はない。第三にはグレゴリオ暦という現在としては一応妥当な暦法を用いてはいるが、逆算しているということである。天文年代学では、いわゆるユリウス暦（前四五年より執行。これについては第二章三節七八頁参照）を執行以前についても用いるのが普通であって、わざわざグレゴリオ暦をそこまで逆算して用いることはしない。そのほうが連続性の上から好ましいのである。どうも日本人は何か新しいものが導入されると、それ本来の使途を越えて用いたがる性質をもっているように思えてならないが、そう思うのは筆者ばかりであろうか。

それはともかく、以上の三重の仮想的思考によって二月一一日という日付が成立っているのであることは注意してよい。このうちのどれ一つがくずれても、そのような日付にはならないからである。因みに前六六〇年正月庚辰朔はユリウス暦では二月一八日であることは計算できる。なお、この日のユリウス通日（これについては第二章四節九七頁参照）は 1,480,407 で六〇で割ると余り二七。ユリウス通日ゼロの干支は四九（癸丑）であるから、この日の干支は $27+49=76\equiv 16 \pmod{60}$ すなわち庚辰となり伝承に一致することがたしかめられる。

大化の改新

皇極天皇四年（六四五）六月丁酉朔戊申（すなわち一二日）に中大兄皇子《なかのおおえのおうじ》は中臣鎌子連《なかとみのかまこのむらじ》（後の鎌足《かまたり》）と謀って、当時絶大な権力をもっていた蘇我入鹿《そがのいるか》（彼は大臣ではなく、父蝦夷《えみし》が大臣であった）を、三韓朝貢《ちょうこう》の際に、大極殿《だいごくでん》で殺害した。翌日蝦夷も中大兄皇子らの軍隊にかこまれて自害した。天皇（女帝）はこれらのことは何もきかされず、いわば抜き打ちのクーデタにあったようなもので、早速庚戌（一四日）に位を中大兄に譲ろうとした。しかし、中大兄は鎌子と相談して位を受けず、叔父の軽皇子《かるのおうじ》を推薦する。軽は軽でまきこまれたくないと思ったのか中大兄の兄の古人《ふるひと》大市皇子を推薦する。古人大市皇子は遂に吉野に籠り出家してしまう。軽皇子は止むなく位を受けることになる。孝徳天皇である。中大兄は皇太子となる。

この直後の記事に『日本書紀』はなにげなく、「改天豐財重日足姫《アメノトヨタカライカシヒタラシヒメ》天皇四年、爲大化元年」（天豐……は皇極天皇の和風諡号である）とある。しかし、これは日本における元号の初めである。中国の文物を盛んに輸入してきたが、どういうものか元号はそれまでは用いていない。これは暦法そのものではないが年に名前をつけるという意味では広義の暦法に属する。

翌二年正月甲子朔にいわゆる大化の改新の詔が発せられる。「大化」という言葉はそれゆえ大改革という意味であろうし、それなりの意義のあることは了解できるが、何故ここで元号を建てたのかについては何も記していないのでよくわからない。また不思議なことに、この詔勅には諸制度の改革はうたってあるが、暦法については何も記していないのである。

改新の詔勅はそれ以後明治初年に到るまでの日本における官僚制度のもとになった大宝律令の先駆をなすもので、藤原（中臣）氏の存続と共に以後一千年以上の寿命を保ったことになる。改新はそれまでの部民を廃し、天皇直轄とし、戸籍を作り、班田し、京師・畿内、国・郡司などの地方制をしき、租調等の税法および賦役などを定めている。この詔勅は唐の律令を念頭において作られたものであることはたしかであるが、大綱を示すだけであるため、官僚制のくわしい組織は後の近江令以下に譲らなければならない。もっともこの詔勅の文章そのものに後のものが入りこんだという疑いがもたれており、大化の時代には実際どこまで実行されたのかについては争われているそうである。それらの問題に立入ることはできないが、本節初めに述べたように、このときどういう暦法が用いられ、暦博士や易博士（後の陰陽博士）、天文博士がどのような機能をはたしていたかについては興味がある。

大化五年（六四九）の次の年の条に、いきなり「白雉元年春正月辛丑朔」云々と出てくる。そしてその後の二月庚午朔戊寅（九日）にはじめて白雉《はくち》の献上の記事が出てきて、ようやく改元した理由がわかる。しかしよく考えてみると、年初からこの日までは一体大化六年なのか、それとも正月に遡って改元したのかわからない。『日本書紀』の書き方からすれば後者のようであるが、そうはっきり断わっておらずただ「改元白雉」とあるだけであり、どうもすっきりしない。

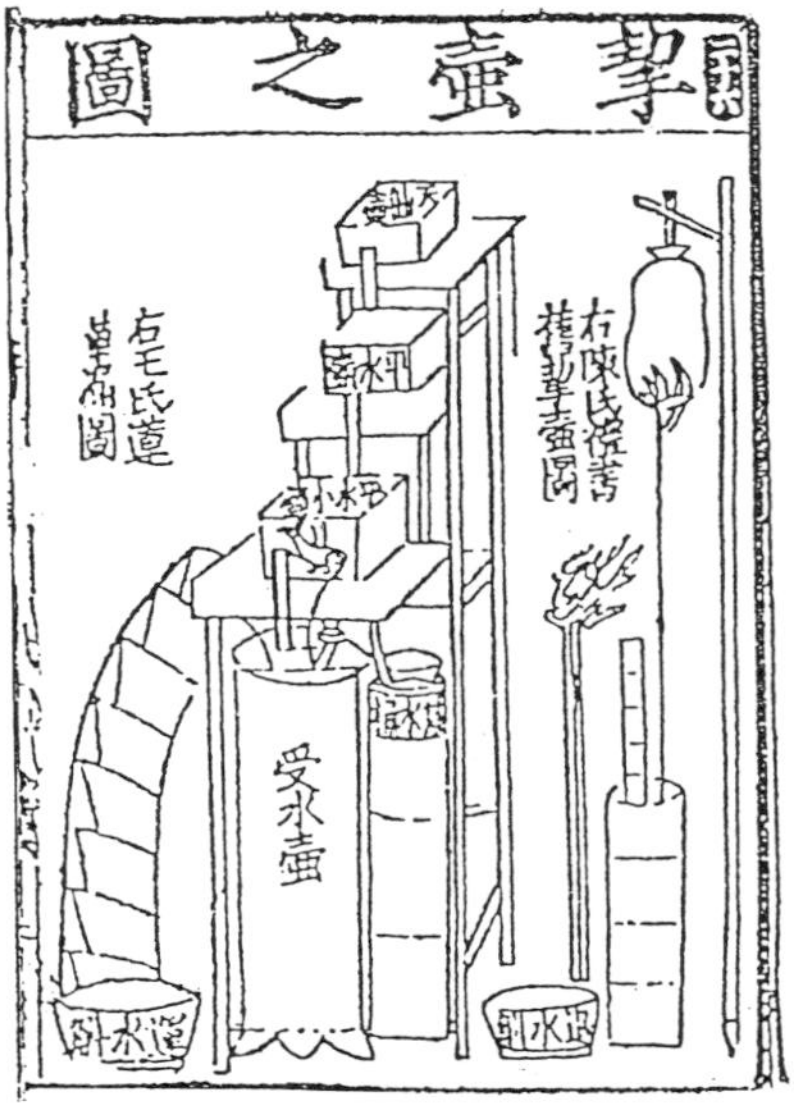

図 7　漏剋（日本における水時計）

漏《ろう》刻《こく》　白雉五年（六五四）孝徳天皇は崩御《ほうぎょ》する。翌年前の皇極天皇は重祚《ちょうそ》する。斉明天皇である。今度はどう言うわけか元号は建てない。その辺の事情は『日本書紀』を見た限りではわからない。

さて斉明天皇六年（六六〇）五月の条に（日付欠）「是月、……。又皇太子、初造漏剋」とある。皇太子は中大兄である（もっとも斉明天皇の時代にははっきりとは書かれていないが）。七年（六六一）七月甲午朔丁巳（二十四日）に、斉明天皇は朝鮮出兵の途中で朝倉宮（現在福岡県朝倉郡朝倉町山田）で崩御する。しかし朝鮮の情況は風雲急を告げ、即位の式をやっている場合ではなかった。中大兄皇子は皇太子のまま政をつかさどった（これを『日本書紀』は称制《しょうせい》と呼んでいる）。百済と高麗は日本に援軍をもとめてきたのである。翌年五月百七十艘を遣したが戦局は思わしくなかった。さらに翌々年（六六三）三月さらに二万七千を遣して新羅《しらぎ》を討たせた。しかし戦局は有利に展開せず、八月白村江で唐新羅連合軍に敗北を喫する。九月には遂に撤兵することになる。同時に百済人を多数日本に渡来させる。

六年（六六七）都を近江に遷《うつ》し、翌七年（六六八）やっと中大兄は即位する。天智天皇である。「十年〔六七一〕正月己亥朔……癸卯……是日、以大友皇子、拜太政大臣。以蘇我赤兄臣、爲左大臣。……甲辰、東宮太皇弟奉宣、施行冠位法度之事。大赦天下。法度冠位之名、具載於新律令也。」すなわち太政大臣以下の官職を定め、新律令を制定したのである。近江令である。

(同年)「夏四月丁卯朔辛卯、置漏剋於新臺。始打候時。動鐘鼓。始用漏剋。此漏剋者、天皇爲皇太子時、始親所製造也、云々。」とある。字義通り解釈すれば斉明天皇六年(六六〇)に漏剋を作るには作ったけれども、それを使用しておらず、六七一年に実用化したということになる。

さてこの四月丁卯朔辛卯を逆算してみると、ユリウス暦で六七一年六月七日、グレゴリオ暦で六月一〇日となる。大正九年(一九二〇)に、六月一〇日を〝時の記念日〟とした。このときの解釈では、斉明天皇六年にはまだ時を刻まなかったということだろうか。もっとも日付がないので換算出来ない!

漏剋がどんなものであったか、くわしくはもちろんわからない。岩波版『日本書紀』の斉明天皇の条の欄外注には「水時計。中国で古くから使われていた。銅壺に湛えた水が小孔から漏出するにしたがって、中に立てた銅箭の目盛が水上に現われるのを読みとる仕掛け。目盛は昼夜十二時を各四剋ずつに刻んである」とある。

陰陽寮

陰陽寮《おむやうれう(のつかさ)》と言う言葉が『日本書紀』に現われるのは天武天皇四年(六七五)正月の条である。すなわち「四年春正月丙午朔、大學寮諸學生・陰陽寮・外藥《とのくすり》寮、及舍衞《さえ》女・墮羅《たら》女・百濟王善光・新羅《しらぎ》仕丁等、捧藥及珍異等物進。……庚戌、始興占星臺。」とある。しかしよく読んでみるとこの年大学寮や陰陽寮をおいたとは書かれてなく、すでに存在している官職にある人々がめずらしいものを献上したと解釈できる。したがって陰陽寮等が天武朝のとき初めてできたとは思われないし、それが天智朝か、あるいはその前であった可能性を全く否定することはできないように思われる。

さて、暦・陰陽寮等暦法に関する制度がいつ実際に始まったかについての情報は乏しい。これは筆者の推察では、神武の時代にすでに暦法が始まっていたということが、『日本書紀』の大前提であるので、それ以後のいついつに実際何をどうしたということは、理論上書くことはできないのである。したがって、それらのものが当然存在していたものとして、いきなり途中から書き出すのである。しかし、それでは本当は歴史記述としては不完全になっている。たとえば神武のときこれこれの暦法や、それを管掌する役職があったと書かなければ、実は擬制が擬制として通用しない。別の言葉でいえば、擬制を真実の如く思わせる方法とはなっていないと思うが、『日本書紀』の編纂者がなにゆえそうは書かなかったのか誠に不思議である。逆に言うと不完全にしておいたのは、そうは書ききれなかったのか。それは擬制に対する歴史家の良心と言うか、プロテストと解釈すべきだろうか。その辺は実に面白い。よく読めば一遍にバレるような書き方をしているのである。「心ある人はさとれ」か。

それに反して時法すなわち漏剋に関しては、神武の昔にまで遡る必要を感じなかったせいか（何故か）、二つの事件を書いている。こちらのほうは最近その跡が明日香村で発掘されたとも聞くし（朝日新聞一九八一年一二月一八日付朝刊、他各紙）、こちらに対する信憑性はかなり高いように思われる。何故擬制を作る必要性がなかったのか興味あることである。

その後の文化・文明の輸入と消化という観点から、日本における暦法・時法に関して多くの頁を費やさなければならないが、ここでは取敢えず先を急ぐことにする。

二　太陽暦の採用

明治維新

慶応三年（一八六七）、公武合体と尊王攘夷を唱えていた薩長連合軍らは幕府を倒して新政府を樹立すると、それまでの方針を変えて開国に踏切る。睦仁《むつひと》親王は翌慶応四年（一八六八）九月八日即位して明治と元号を改め、一世一元を宣告する。同時に五ヵ条の御誓文《ごせいもん》を発し、その中で、「広く世界に知識を求める」ことを約束する。しかし西洋天文学導入に功績のあった幕府天文方の中心であった浅草天文台は幕府消滅と共に廃屋同然となり、一時東京府の管理の下におかれるが、明治二年（一八六九）一〇月一七日開成学校に器械類一切が引渡され、完全に消滅することになる。

これより先、幕府倒るると見るや陰陽頭《おむみようのかみ》土御門晴雄は、慶応四年（一八六八）二月朔に朝廷に願書を提出して「……推暦のことはもともと当家が管轄していたものを、徳川方の力におされて無理やりにもって行かれ、天文方という役所ができた。したがってこれからは当家にお任せ下さい……」と申立てた。新政府はいずれは西洋天文学を研究するような所に任せるにしても、すぐあてがある訳ではなく、しかも弘暦のこと（暦を印刷して頒布すること）は一日もゆるがせにできないので、土御門の言分を入れて、推暦のことは任せたらしい。

明治三年（一八七〇）二月天文暦道は大学（表35二六八頁参照）の管轄になり、天文暦道局をおいた。同時に晴雄の嗣子《しし》和丸をそこの御用掛にした。八月には名称を星学局と改めている。星学とはアストロノミーの訳であり、西洋流天文学の研究も同時に行うつもりであった。同じく八月には内田五観を星学局督務に任じている。また鮫島小弁務使がロンドンに渡航するに際し、閏一〇月には銀五千両を与えて星学器械取調買入を仰せ付けている。このようなあわただしい情況のもとでも土御門和丸は京都に留まり、東京には出てこなかった。理由は必ずしもはっきりしないが、一二月には彼は解任される。明治四年（一八七一）七月大学を廃した際、星学局は文部省設置に伴い、そこに移され、名も天文局と改められる。翌明治五年（一八七二）四月には天文局は外人教師の便のためか、南校に移される。場所は天文暦道星学局の時代は仰高門内に置かれていたが、南校は一橋で、幕府洋書調所のあった所である。このように組織はたびたび変ったが、ここで一貫して推暦・編暦を行い、弘暦者による頒《はん》暦の照合、検査を行っていたことには変りない。こうして弘暦者からは冥加金と称する上納金を徴している。明治三年（一八七〇）暦については金一七五三両二貫八三七文、明治四年（一八七一）暦については金一万両の冥加金が上納されたという記録がある。

改暦の太政官達

そうこうしているうちに明治五年（一八七二）一一月九日突然、太陰太陽暦から太陽暦への改暦に関する太政官達《だじょうかんたつし》（第三三七号）——太政官とは後の内閣にあたる——が出される。その事情はあまりはっきりしないが、一つには経済問題があったと言われる。というのは翌六年は天保暦（当時施行されていた太陰太陽暦）では閏年（図9参照）であった。明治になって、年俸制

図 8　明治時代の袂時計（Waltham 社製）

から月給制になったのであるが、閏年では月給を一三回出さなければならず、その負担が馬鹿にならなかったらしい。もちろん表向きの理由は人心の刷新である。古来政治改革と改暦とは結びついていた。一方この時期すでに、皇漢学派と洋学派の争いに終止符が打たれている。実際、皇漢学派の中心であった昌平黌《しょうへいこう》の伝統を引継いだ大学本校は前年の一八七一年には閉鎖されている。京都兵学所御用掛市川斎宮の建白書《けんぱくしょ》（意見を申し述べた文書）も一一月五日付で出されている。そこには同時に定時法の採用も提案されている。定時法とは現在のように、一昼夜を等分する方法で、それまでの昼夜別々に等分する不定時法 temporal time とは異なる。この定時法は懐中時計（袂《たもと》時計と誌されている）の輸入普及が原因となっているようである。

さて、この建白書をよく見ると、そこで提案されているものはヨーロッパでのグレゴリオ暦（第二章三節七六頁参照）そのものではなく、立春を年初とし、置閏法については四百年に三回閏年をはぶくことは同じであっても、その年次に関しては独自の方式を採っている。すなわち、神武天皇即位紀元（第一章一節七項二〇頁）年数が百で割れても四百では割り切れない年は平年とするとしている。具体的に言えば、この特別の平年はたとえば西暦一九〇〇年（明治三三年）にではなく、西暦一九四〇年（神武天皇紀元二六〇〇年＝昭和一五年）にすることになる。改暦の太政官達に四年毎の閏日のことしか触れられていない理由については、従来はっきり

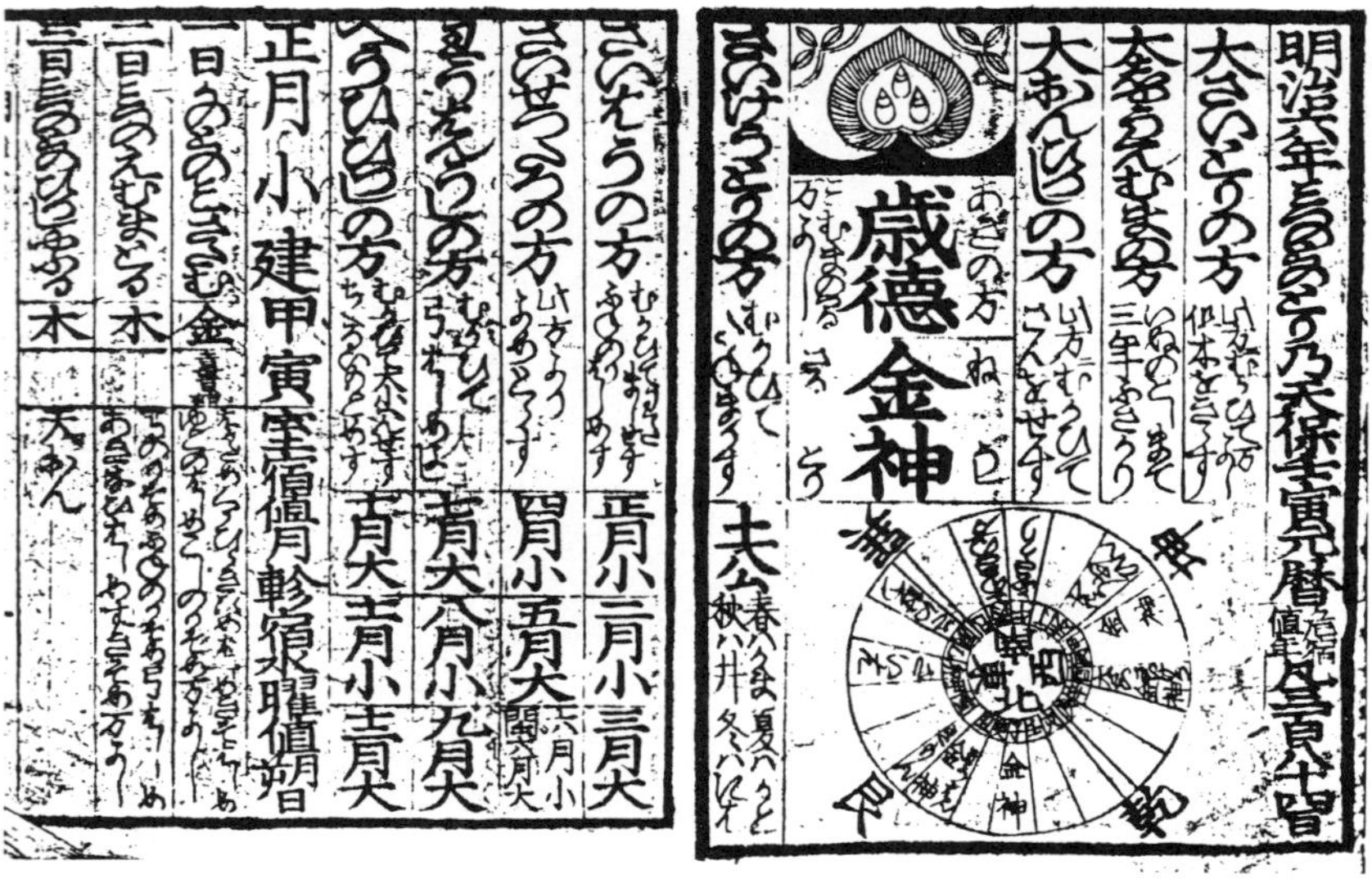

図 9　明治 6 年（1873）太陰太陽暦の本文最初の 2 頁

とは説明されていないが、私見では、これはグレゴリオ暦の置閏法がはっきり知られていなかったためではなく、この特別の平年をいつにするか、すなわち、さしあたっては一九〇〇年にするか、一九四〇年にするのかの議論がまとまらなかったためではないかと思う。これを純粋の洋学派と皇学派的洋学派（?）との対立と言っては言い過ぎであろうか。

それはさておき、明治五年一一月（日付を欠く）の権《ごんの》大外史塚本明毅による比較的漸進的な建議（彼はそのとき直ちに改暦を行うのではなく、三両年並用試行をし、太陽暦の便利さを徹底させた後に、太陽暦一本にすることのほうがよいとしている）にも拘わらず、突然前記のように太政官達を見る。すなわち明治五年一二月三日を新暦明治六年一月一日にするというのである。そのときすでに明治六年（一八七三）暦は印刷されており、急遽刷り直しすることになった。この経済的損失は後長く尾を引き、明治一四年（一八八一）になって初めて解決したという。

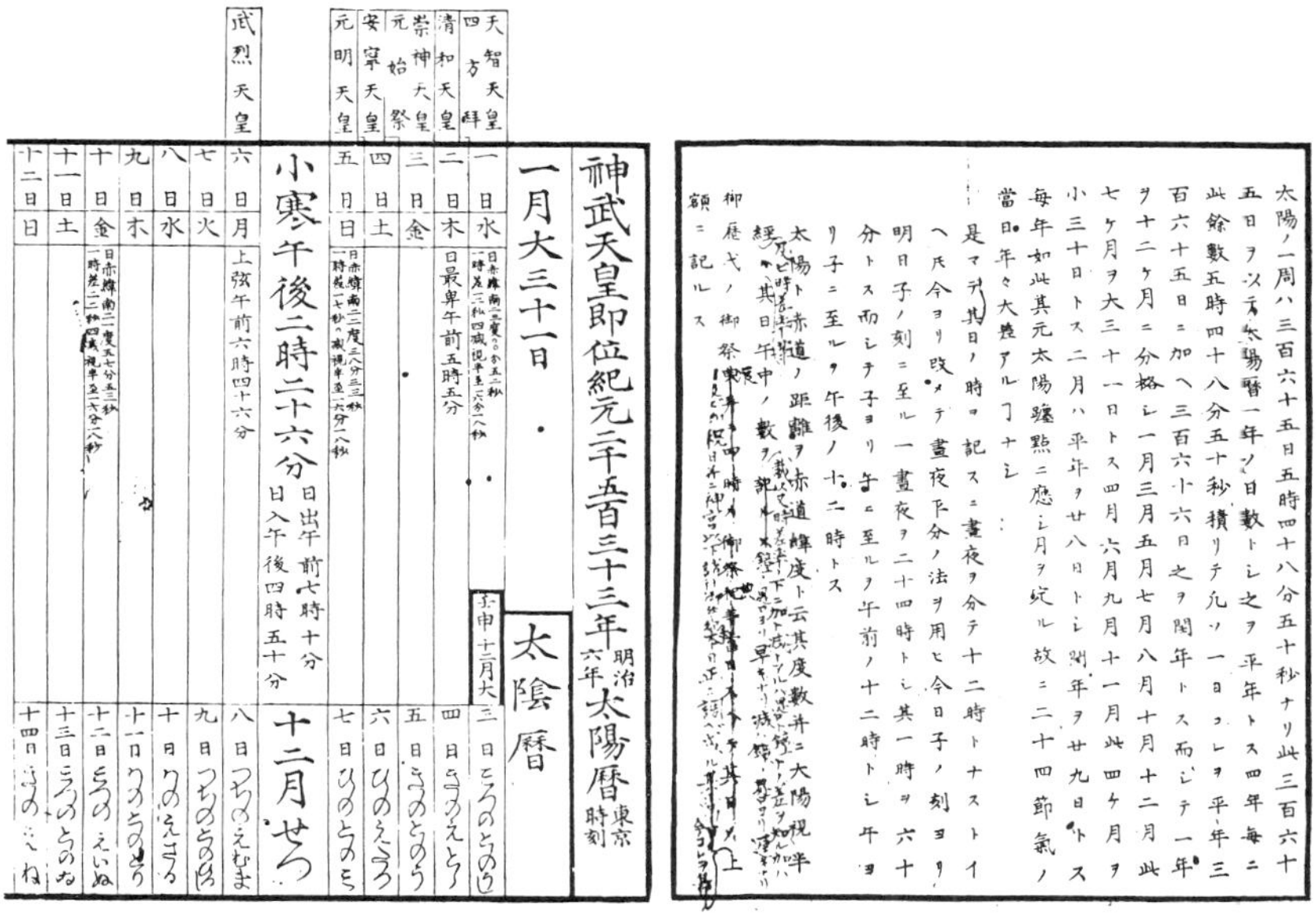
神武天皇即位紀元二千五百三十三年 明治六年 太陽暦 東京時刻

一月大三十一日

太陰暦 壬申十二月大

小寒午後二時二十六分 日出午前七時十分 日入午後四時五十分

十二月せつ

一日 水 天智天皇 四方拝
二日 木 清和天皇 日最卑午前五時五分
三日 金 崇神天皇 元始祭
四日 土 安寧天皇
五日 日 元明天皇
六日 月 武烈天皇 上弦午前六時四十六分
七日 火
八日 水
九日 木
十日 金
十一日 土
十二日 日

太陽ノ一周ハ三百六十五日五時四十八分五十秒ナリ此三百六十五日ヲ以テ太陽暦一年ノ日數トシ之ヲ平年トス四年毎ニ此餘數五時四十八分五十秒積リテ凡ソ一日ニ成レヲ平年三百六十五日ニ加ヘ三百六十六日之ヲ閏年トス而シテ一年ヲ十二ケ月ニ分ケ一月三月五月七月八月十月十二月此七ケ月ヲ大三十一日トシ四月六月九月十一月此四ケ月ヲ小三十日トス二月ハ平年ヲ廿八日トシ閏年ヲ廿九日トス毎年如此其元太陽躔點ニ應シ月ヲ定ル故ニ二十四節氣ノ當日年々大差アルヿナシ

是マテ其日ノ時ヲ記スニ晝夜ヲ分テ十二時トナストイヘトモ今ヨリ改メテ晝夜平分ノ法ヲ用ヒ今日子ノ刻ヨリ明日子ノ刻ニ至ル一晝夜ヲ二十四時トシ其一時ヲ六十分トス而シテ子ヨリ午ニ至ルヲ午前ノ十二時トシ午ヨリ子ニ至ルヲ午後ノ十二時トス

太陽ト赤道ノ距離ヲ赤道緯度ト云其度數并ニ太陽視半經…

御暦弌ノ御祭…額ニ記ルス

図 10 明治6年(1873)太陽暦の本文最初の2頁

太政官達中に含まれている改暦の詔書の文言について。

「……季候早晩ノ變ナク四歳毎ニ一日ノ閏ヲ置キ七千年ノ後僅カニ一日ノ差ヲ生スルニ過キス……。」

四年毎の置閏についてはすでに述べた。問題は後半である。この当時知られていたグリニヂの航海暦では、一年の長さを三六五・二四二二一六日(三六五日五時四八分四七・四六秒)としており(この点現在の知識とあまり変らない)、一方グレゴリオ暦では平均一年の長さを三六五・二四二五日としているからその差は一年につき〇・〇〇〇三日であり、約三千年で一日の差を生ずるのであって、七千年というのは明らかに誤りである。これは一年の長さを市川斎宮が三六五日五時四九分弱＝三六五・二四二三六日と端折ったための誤算と思われる(このことは東京天文台伊藤節子氏の注意による)。

改暦に伴う新政府のあわてぶりは次のことからも明らかである。すなわち、一一月二三日付で、一二月朔、同二日を一一月に繰り入れて、一一月三〇日、同三一日とするようにとの布告（第三五九号）が出されているが、翌日正院《しょういん》達（正院とは後の内閣に当る）で取消を通告している。字義通りの朝令暮改とは言えぬが、それに近い。

なお一九〇〇年を平年にすることは、この改暦の太政官達には含まれておらず、明治三一年（一八九八）の勅令まで待つことになる。

明治三十一年
勅令第九十号

朕閏年ニ關スル件ヲ裁可シ茲ニ之ヲ公布セシム

御名御璽

明治三十一年五月十日

内閣總理大臣　侯爵伊藤博文

文部大臣　文学博士外山正一

勅令第九十號

神武天皇即位紀元数ノ四ヲ以テ整除シ得ヘキ年ヲ閏年トス但シ紀元数ヨリ六百六十ヲ減シテ百ヲ以テ整除シ得ヘキモノノ中更ニ四ヲ以テソノ商ヲ整除シ得サル年ハ平年トス

この勅令で「グレゴリオ暦」そのものになった。注意しておかねばならぬことはいわゆる西暦やグレゴリオ暦という言葉は含まれておらず、神武天皇即位紀元が登場することである。『理科年表』に今でも神武天皇即位紀元が載せられていることの法律(令)的根拠がここにあると先輩から教えられているが、いかがなものであろうか。しかしさらに考えてみると、その神武天皇即位紀元とは何であるかの法的根拠はどこにもない。すなわちその定義は日本の法令には書かれていないのである(たとえばこの勅令に明治三一年は神武天皇即位紀元二五五八年であるとでも書かれてあれば話は別であるが)。一体これをどう考えるのか、一つの法律的問題となるのである。一つの答えは神武天皇即位紀元はすでに知られており、法律上は慣習法 lex non scripta と考えるということである。ではすべての人に客観的に神武天皇即位紀元が既知のものなのか。本当にそれが歴史的かということになると、これは別の歴史学上の問題に発展する。一般に何は何であると定義されていれば、それが真実であるかどうかに関わりなく、一応は定義としては受け入れられるが、そうでないときはこのようなやっかいな問題となりうるのである。定義されているとしても、また別の問題が生ずることがある。すなわち、「今年(その定義は?)は……年である」ということを正確に表現するのは実にむずかしいことなのである。また同じことであるが、「今日(とはいつか?)は……日である」という文書を書いたとしても、その日のうちならともかく、後になってしまえば何の意味もないことは明らかであろう。それがいつのことかさっぱりわからないのである。予め何らかの日付についての枠組を前提としない限り。定義をして行くときに用いた言葉の定義を聞かれると際限がないのである(数学的な問題では根本的な概念は無定義語として扱うのと似ている)。それはさておきこの勅令で西欧なみのグレゴリオ暦が日本にも導入され、一応の結着を見ることになる。

午前・午後

明治五年の話に戻そう。太政官達にはそれまでの不定時法を改めて、定時法を採用することも書かれている。すなわち「時刻ノ儀是迄昼夜長短ニ随ヒ十二時ニ相分チ候処今後改テ時辰儀時刻昼夜平分二十四時ニ定メ子刻ヨリ午刻迄ヲ十二時ニ分チ午前幾時ト称シ午刻ヨリ子刻迄ヲ十二時ニ分チ午後幾時ト称候事」（時《じ》辰儀《しんぎ》とは今日の言葉で言えば時計のこと）とあり付録として次の「時刻表」が載せられている。

午前	零時即午後十二時　子刻	一時　子半刻	二時　丑刻	三時　丑半刻
	四時　寅刻	五時　寅半刻	六時　卯刻	七時　卯半刻
	八時　辰刻	九時　辰半刻	十時　巳刻	十一時　巳半刻
	十二時　午刻			
午後	一時　午半刻	二時　未刻	三時　未半刻	四時　申刻
	五時　申半刻	六時　酉刻	七時　酉半刻	八時　戌刻
	九時　戌半刻	十時　亥刻	十一時　亥半刻	十二時　子刻

注意深い読者はお気付きと思うが、この付表は午前と午後に対し平行的になっていない。第一に行数からいってもそうである。また、午前が零時から一二時までになっているのに、午後は一時からである。では一体一二時から一時まではどちらに属しているのであろうか。達の本文も厳密に言うと混乱がある。子刻や午刻は瞬間すなわち時刻であると見做しても、その間隔を一二等分したものは間隔

すなわち時間であって、時刻ではない。したがってそれを幾時と呼んでも正確には時刻を指すことにはならないのである。それともここに書かれた幾時というのは時間であろうか。

すなわち午後の一時を第一時（一二時または〇時から一時までの一時間）と、とれば、それなりに理解することはできるし、午後の部については書いた人の意図はそのようでもある。しかし、それでは午前の部と釣合いが取れない。しかもここにも矛盾がある。すなわち、何刻というのを時刻と見做したこととは両立しないのである。それゆえこの表はどちらにしても厳密に読むと何だか訳がわからないのである。

なお午前・午後という表現は日本ではこのとき初めて現われたものと思われるが、これは英語で ante meridian, post meridian（ラテン語の原形はそれぞれ ante meridiem, post meridiem であり、meri-diēs は昼の真中を意味するので、昼の中央の前、または後という意味になる）である。したがってヨーロッパ語の訳としてはもちろん問題ないが、ヨーロッパ語それ自体には問題があると言う人がいる（たとえば早乙女清房、天文月報第八巻九号一〇一頁「時刻の称え方について」（一九一五））。正午の後、何時間という意味で、午後一時半というのはいいにしても、午前一〇時半は、正午の前一時間半だから理論的には午前一時半と言うべきであると言う。もっとも彼はそれを推奨しているのではなく、午前・午後にはこのような非論理性があるから、それを止めて二四時間制を採るべきだと論じているのである。しかし時計が一二時間で一周しているので、今だに二四時間制は定着していない。国鉄の「時刻表」には用いられているけれども。

ついでながら、午前という言葉の不合理性に気がついたためと思われるが、ポーランドの「時に関する法律」(一九二二)では夜半後(または「子」後)という意味で po północy (ppn.) という言葉を用いている。「午」後は po południu (ppd.)。

「午後十二時三十分」

さて筆者が太政官達やそれに含まれる付表を持ち出して長々と議論しているのは、好事家的観点からのみ穿鑿《せんさく》しているのではない。実は困ったことが生じているからなのである。すべてこの「達」に原因があるわけでもあるまいが、この太政官達は法律上現在も生きているので、法理論上はどうしても問題にしないわけには行かないのである。さて困ったこととは「午後十二時三十分」と言うのは正しい表現か、「具体的にはそれは昼なのか夜なのか。」という問合せの電話が東京天文台にかかってくるからなのである。「正午を三〇分過ぎた時刻を正確に言うのにはどういう表現になるのか、公式文書に書くのにはどうしたらよいのか。」とも言ってくる。午後と十二時三十分の間に句読点を入れれば昼のこととして読めなくはない。すなわち、それは午後であって、十二時三十分であると。しかし正確には午後零時三十分(これは元来の日本語の表記法で、午後〇時三〇分または横書きでは午後0時30分でもよい)とすべきであろう。現にNHKテレビ表示ではそうなっている。しかし、時計が12という数字を表示し、柱時計が一二回ボンボンと音を出している以上(正午や正子で音を出さなくするか)、一二時何分という表現を全く消滅させるわけには行くまい。そこが困りものなのである。午後一二時三〇分を論理的に解釈すると、ある日の正午から一二時間三〇分後であるから翌日の午前〇時三〇分のことになってしまうのである。

機械時計の他に最近はディジタル時計が普及してややこしくなっている。すなわち二四時間制を採れば問題ないが、ディジタル時計は一般に一二時間制を採っている（もっとも二四時間制にするためには、法律的には「達」のこの部分が邪魔になるので、これを廃止しなければならない）。さて p.m. 12：30 は昼のことであるらしいのは日付の変り目からみてもちろん確かであるが、以上の非論理性を拡大していると筆者は思っている。昼のほうは習慣だからかまわないと言えないこともないが、夜半の午前〇時三〇分に目覚しを掛けようと思うときに、どうしたらよいか一瞬迷うのではないか。いずれにせよ推奨は出来ない。この習慣は止めたほうがいいと思っている。

序数と基数

前々項に一時を第一時と見做し、これを現代流の〇時から一時までの一時間という間隔であると読む方法はどうかということを述べたが、このような考え方は実際ドイツにはある。すなわち、われわれが普通八時半というとき、halb neun《ハルブノイン》 と言う。neun は9であるから、一瞬九時半のことではないかと間違うがそうではないのである（neun halb は九時半）。種あかしは第九時の真中という意味だからである。第一時は〇時から一時とすれば第九時は八時から九時となる。

これは数の数え方に関係することなのである。数学的に言うと序数 ordinal number と基数 cardinal number の差に関連している。前者は第一、第二、……と順序をつけるときの数で、後者は単に物を一、二、三、……と数えるときの数である。英語で言えば前者は first, second, third, ……で後者は one, two, three……である。日本語は「第」をつけて序数にするが、ヨーロッパ語で最初のほうは全く別の系統言葉を用いているのは、概念的に別種のものであることを意味している。さてこの区別は、分割できず個数で勘定できるものに対してはそれほどやかましく言う必要はないが、分割できるものについては、たとえば今われわれが問題にしているような時間に関しては、事が面倒になるのである。第一番目の真中は何もないもの（空、すなわち零）プラス半分だから0.5と言うべきか、第一のものの真中、すなわち halb《真中》 der ersten《第一》 (Stunde《時》) というべきなのかが問題なのである。前者の言い方にはゼロの存在を予想しなければならず、これは歴史的に言うと、八世紀のインドに於て初めて発見されたものなのである。ゼロが数として一人前に扱われたのである（吉田洋一『零の発見』岩波新書参照）。もっとも現在のドイツ語では halb d. ersten と序数を用いず、halb eins と基数を慣用的に用いているが、本当は序数でなければ理窟に合わないのである。

これらの用法の淵源はギリシアにあり（もっと以前に遡るかも知れない）、実際たとえば περὶ《ペリ》 ὥραν《ホーラン》 πέμπτην《ペンプテーン》 τῆς《テース》 ἡμέρας《ヘーメラース》（昼の第五時のあたりに）とか ἀπὸ《アポ》 τρίτης《トリテース》 ὥρας《ホーラース》 τῆς《テース》 νυκτός《ニュクトス》（夜の第三時から）という言い方をしている。この場合ちゃんと序数 πέμπτος《ペンプトス》（第五）τρίτος《トリトス》（第三）を用いている。——以上の用例は『新約聖書』による。すなわち紀元後一、二世紀のものである。——なおギリシア語の ὥρα《ホーラ》 は昼 ἡμέρα《ヘーメラー》 または夜 νύξ《ニュクス》 それぞれを一二等分したもので、昼の第一時とは現代流に言えば午前六時から七時までのことである。以下同様（定時、不定時両方存在する）。

序数のことを述べたついでに紀年法の問題に移ろう。紀元一年の前の年は紀元前一年である。この場合、紀元後数と紀元前数とにまたがって考える場合は注意を要する。すなわち、紀元前一年と紀元後一年の間隔（同一の日付と考えて）は一年しか経っていない。同じ紀元後の年号の間ではその間隔は、年号の差とすればよいが、紀元前と紀元後のときには、その和から一を引かなければならない。

いちいちそうするのは面倒なので天文年代学 astronomical chronology では紀元前については絶対値が一だけ少い負数をもって紀元年数とするという約束をしている。たとえば紀元前四五年（ユリウス暦施行の年）は −44 とするのである。こうしたほうが便利であるのは以上の説明でおわかりと思うが、もう一つ便利なことがある。それは閏年を求めるときである。負数にしておいて四で割り切れる年が閏年なのである。すなわち、紀元四年の一つ前の閏年は紀元前一年＝1 BC＝0 なのである。もう一つ前の閏年は 5 BC＝−4 である。

1, 2, 3, 4, ……を自然数 natural number と呼ぶが（自然数に 0 を含める方法もあり、このほうが現代的である）、1 の一つ前は 0 そのもう一つ前は −1 さらに −2, −3, …… として、零 zero および負数 negative number を導入し、全体合せて整数 integer と呼ぶ。負数に対して自然数を正数 positive number ともいう。正数だけが自然の数であるというのは以上の説明でおわかりのように古代の感覚なのであって、現代流に言えば不自然、すなわち加減が自由にできないのである。

さて元来紀元××年、紀元前××年というのは序数なのであって、基数ではないのである。はっきり言えば紀元一年というのは紀元後第一年のことなのである。紀元前一年は紀元前第一年なのである。同様なことが元号にもある。改元が行われたその年を普通……元年というが、これは第一年なのである。翌年は第二年。したがって、元号による年号を、西暦に換算するとき、やっかいなことが起る。たとえば昭和改元は一九二六年に行われたのであるが、西暦年号から昭和年号を計算するときは一九二五（六でない）を引かなければならない。もし、改元の年を〇《ゼロ》年と呼ぶ習慣があれば、改元の年の年号を引けばよいことになり、二つのことを記憶している必要はない。また通算の場合も計算しやすい。しかし〇《ゼロ》年という基数の考え方、すなわち数学的な考え方は、この問題にはなじんでいないのである。それはともあれ、以上見て来たことを要約すれば、昭和五七年は昭和第五七年なのであって、本当は昭和五七年ではないのである。

三　ドンその他の報時方法

官制の変遷

話を元に戻そう。一八七三（明治六）年五月天文局は湯島一丁目二十番地師範学校構内に移される。ここは現在東京医科歯科大学のある所である。一八七四年には天文局は廃され、編暦時刻決定の業務は文部省編書課に属することになる。七五年六月には時刻決定の業務は内務省に移され、翌七六年二月には編暦の業務も内務省図書寮に引継がれる。七七年同省の地理局に移される。一八八一年内務省は東京城内旧本丸天守台に地理局測量台を建設した。

一方、一八七八（明治一一）年二月文部省では東京大学理学部用のために、観象台を本郷元富士町に建設する。ここは現在の東京大学工学部のある所である。この観象台は七〇年鮫島小弁務使が渡欧の際に渡された金額に、その後の生じた不足額洋銀六千ドルを加えて購入した天文器械を設置するために設けられたものである。すなわち内務省は専ら事業的の仕事を行い、文部省は学生の教育・研究を

図 11　午砲（ドン）用の大砲

現在，小金井市小金井公園に移設してあるが案内板には「1871年（明治 4 年）太政官布告により正午に大砲を打ち，市民に時をつげることになり以来 1929 年（昭和 4 年）4 月に廃止されるまで「ドン」の名で市民に親しまれた大砲で初めは皇居内本丸跡に砲台を造り，正午をつげました．この大砲は徳川斉昭によって造られたものであります」とある．

行うように分担したようである。

午砲《ドン》　さて一般に時刻を知らせるために、一八七一年九月九日より晝十二字（ここでは時の代りに字という文字を用いている）に旧本丸で大砲一発ずつ毎日時号砲を発射している（もちろん空砲）。最初は兵部省武庫司の執行による。同年の兵部省海学兵学寮の真時表（平時法とも言う。今日の言葉では視太陽時と平均太陽時の差であり、均時差のこと。図37 一一四頁参照）を用いることになっており、したがって午砲は平時（平均太陽時）によっている（平均太陽時については第三章二節一一三頁参照）。しかし、その場合時刻測定の管轄がどこであるかは明らかでない。翌七二年には陸軍省兵学寮が正午天度測法を行うように記録にはあるが、その場所は審かでない。

七五（明治八）年には正午時号砲は東京鎮台の管轄に移され、翌七六年には衛戍兵《えいじゅ》（後の近衛《このえ》師団）によっている。また七二年には宮城内の太鼓櫓での時報太鼓は廃される。一方、七四年からの頒《はん》暦《れき》面上の時刻は東京城内旧天守台の子午線に準拠している。

七九年には東京以外の各地でも午砲の発射が許可され、午砲はドンと愛称されて親しまれた。これは一九二九（昭和四）年に正午サイレンと交代するまで続けられた。なお今でも半ドンと言う言葉がときどき聞かれるが、これは土曜日での半日勤務のことをさす言葉で、オランダ語のドンタク（日曜のことで、鈍宅と書いた）の半分という意味のようである。午砲《ドン》と関係があるという説もある。

標準時

かくして欧化政策がとられて行く。旧幕時代、時刻をきめるときの子午線は京都であったが、万事刷新の世の中の例にもれず、東京の子午線での時刻を採用することになったが、これは東京付近に限られ、関西では大阪の子午線を基準にしていたらしい。

そのような情勢のときに降って湧いたのが一八八四（明治一七）年の国際子午線並びに計時法会議であった。この詳細については別に譲る（第五章三節二一三頁参照）ことにして、一つだけ注意をしておこう。すなわち国際的な会議のメンバーに選ばれたこととの意義についてである。二五ヵ国のうちの一国となったのである。国際的に一人前に認められる第一歩だったのではなかろうか。事実翌々年の一八八六（明治一九）年には第一回の条約改正会議が持たれている。もっとも実際治外法権が撤廃されるのは日清戦争（一八九四〜五）後の一八九九年になってからであるが。

それはともかく、国際子午線会議の結論を受入れて、日本は一八八八（明治二一）年一月一日より、全国一斉に、グリニチ基準東経一三五度の子午線での時刻を公式に採用することになる。

図 12 空からみた明石天文科学館（東経 135° の子午線上にある）

表 5 明治 44 年（1911）10 月 1 日東京市内の主な郵便局等の時計の誤差

丸ノ内郵便局	+0.5	浅草停車場	0.0
京橋郵便局	+1.0	本所郵便局	−3.0
新橋停車場	0.0	両国郵便局	+1.0
逓信省構内郵便局	0.0	（以下は電信法によらず，午砲による）	
芝郵便局	−0.5	東京市庁大時計	+0.5
白金郵便局	+2.0	銀座服部大時計	−1.0
牛込郵便局	+6.0	第一高等学校大時計	0.0
上野停車場	0.0	工科大学大時計	+1.0

注：+は早すぎ，−は遅れを示す．単位は分．
（天文月報第 4 巻 7 号 80 頁 1911 による）

電信法

この標準時を全国に伝えるためには、有線による電信法が採られた。それには内務省地理局観象台での観測をもとに、そこから標準時を毎日正午に逓信《ていしん》省東京電信局に通報し、同局は全国の各郵便電信局、各電信局へ通知するという方法が採られた。このとき従来の東京時を一九分一秒遅らせて標準時とした(明治二〇年〔一八八七〕一二月二三日付逓信省公達第三三九号)。

このときの時刻の精度がどの程度のものであったかの資料は現在筆者は持ち合せていないが、明治四四年東京の末端郵便局等での精度を示す資料はある。それを表5に掲げるので、これから一応の推測をして戴きたい。

午砲の精度

一方、午砲の精度がどの程度であったのか。表6は東京天文台で聞いたドンを、天文台の時計と比較して求めたものである。ここに出てくる東京天文台とは現在の東京天文台の前身であって、明治二一年(一八八八)それまで海軍観象台のあった場所(麻布区飯倉町三丁目十七番地――現港区麻布台二の二の一で現在は建設省国土地理院関東地方測量部がある)に、内務、海軍、文部三省が協定して、それまでの海軍水路部観象台、内務省地理局観測課、

表6 午砲の精度(+は早すぎ,−は遅れを示す.単位は秒.)

明治45年(1912)				大正8年(1919)			
1月4日	−0.5	7月15日	−6.5	1月7日	−1.0	7月16日	+0.5
2月7日	−6.5	8月16日	+4.0	2月17日	−2.0	8月14日	0.0
3月1日	+1.0	9月24日	0.0	3月5日	0.0	9月18日	+1.0
4月16日	0.0	10月24日	+1.5	4月15日	−4.0	10月23日	−1.0
5月15日	−3.5	11月16日	−23.0	5月2日	+0.5	11月15日	0.0
6月8日	+0.5	12月19日	−1.0	6月9日	−9.0	12月20日	+17.0

(天文月報第5巻4号46頁 1912; 10号118頁1913による.)　(天文月報第13巻7号106頁1920による)

そこには毎日の値が掲載されているが,ここでは代表的のものをランダムにピックアップした.

帝国大学理科大学天象部を統合して設立したもので、文部省の帝国大学（理科大学）に帰属させた（現在の東京天文台は東京大学の附置研究所として、三鷹市大沢にある）。

表の数字では丸の内宮城（東京城）から（旧）東京天文台まで音波が伝播する時間は九秒として観測値から引いてある。

標時球

無線が一般化していなかった時代、船舶は航海中はクロノメータと呼ぶ時計を保持していた（これについては第三章三節「グリニチ天文台創設」一二七頁に述べる）が、時々帰（寄）港したときに時計を合わせる必要がある。したがって、主要な港で入港している船舶に対して報時が行われていた。これが標時球と呼ばれる方法である。高い塔の上にある球を正午に落下させるのである。この方法は逓信省管船局が企画《きかく》して、明治三六年（一九〇三）三月より横浜、神戸両港において実施された。東京天文台から信号を有線で送り自動的に標時球を落下させた。その後門司においても明治四一年六月より実施された。その精度を示す資料を紹介しよう（表7）。原文には毎日の値が発表されているが、ここではランダムに日を選んである。なおこの年（大正三年（一九一四））門司での故障二一回、横浜の故障一四回、神戸の故障二回と記録されている。

図 13 門司標時球
高さ約 30 m の鉄塔の上にある球を毎日正午に電信で約 10 m 落下させる．港内にある船舶はそれを見て自分の時計を合せた．

表 7 標時球の成績（単位は分，符号は前と同じ）

大正 3 年（1914）

1 月 9 日	+0.11	7 月 6 日	+0.53
2 月21日	+0.33	8 月22日	−0.06
3 月24日	−0.32	9 月14日	+0.33
4 月 1 日	−0.11	10月 9 日	−0.20
5 月 6 日	−0.03	11月 6 日	−0.47
6 月10日	−0.03	12月14日	−0.01

（天文月報第 7 巻 12 号 148 頁 1915 による）

表 8 無線報時の精度（+は早すぎ，−は遅れ，単位は秒）

大正 3 年（1914）

7 月11日	−0.41	9 月 1 日	−0.08
8 月15日	+0.13	10月 7 日	−0.01

（以上，天文月報第 8 巻 9 号 104 頁 1915 による）

大正 13 年（1924）

1 月 7 日	−0.07	4 月 6 日	−0.51
2 月23日	+0.08	5 月14日	−0.01
3 月17日	−0.14		

（以上，天文月報第 17 巻 7 号 111 頁 1924 による）

昭和 17 年（1942），JJC 学用報時（東京無線電信所（船橋））

9 月 1 日11時	+0.004	9 月23日23時	+0.230
9 月15日21時	−0.004	9 月26日21時	−0.052

（以上，天文月報第 35 巻 12 号 156 頁 1942 による）

表 9 NHK ラジオの時報（正午）の精度（時報−JJC）

1932 年			1933 年		
8 月 6 日	+0.66	手働式による（旧様式）	1 月 1 日	−0.01	機械による（新様式）
8 月10日	−0.02		1 月 8 日	0.00	
8 月17日	−0.23		1 月11日	−0.015	

注：+は早すぎ，−は遅れを示す．単位は秒．JJC とは学用報時（表 8 参照）
（以上，天文月報第 26 巻 5 号 84 頁 1933 による）

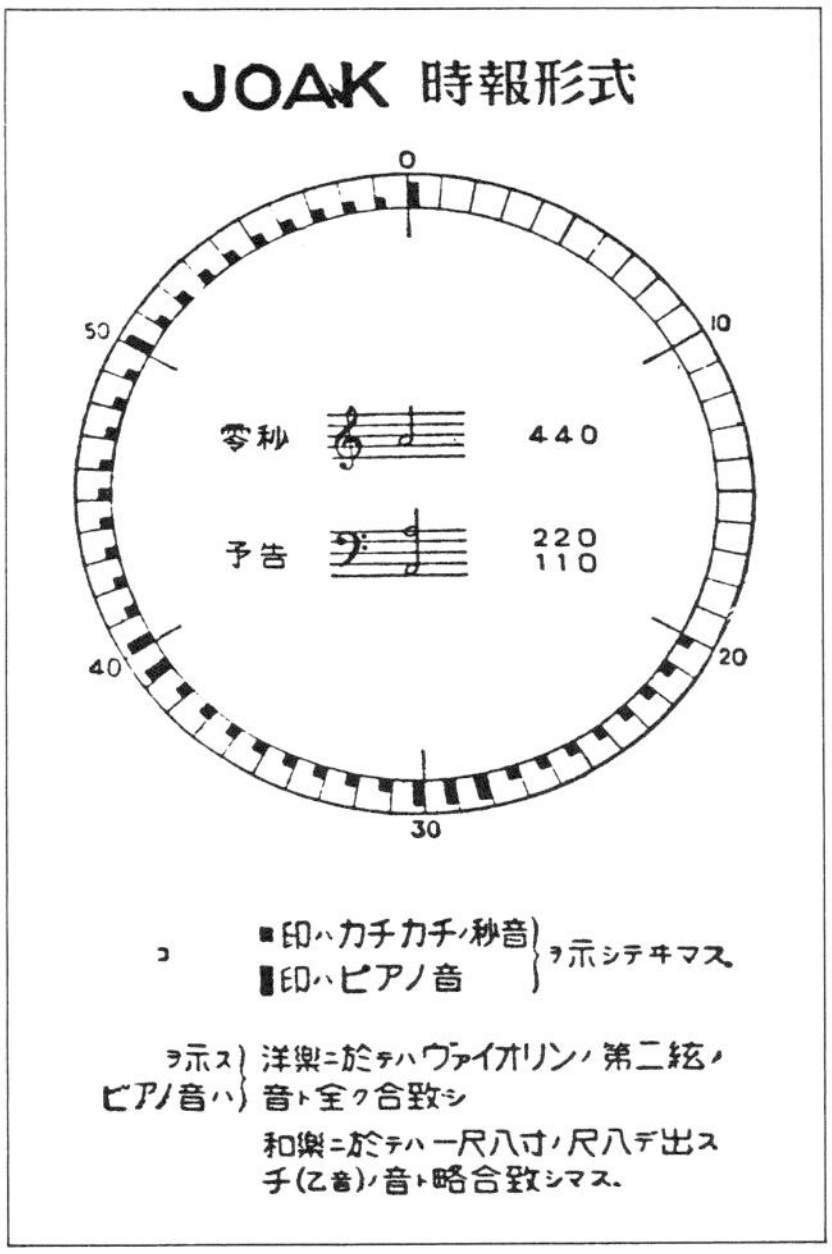

図 14 NHK, JOAK の時報形式（昭和８年）
（天文月報第 26 巻５号 83 頁 1933 年５月より）

無線報時

外洋航行中の艦船へ無線電信法により、標準時を通報することはフランス、米国に於て始められた（このことについては第五章四節「国際時刻比較と報時」の項で再び取上げるが、ここでは日本での事情を述べる）。日本でもこれにあまり遅れないで、逓信省と東京天文台との協議の上、明治四四年（一九一一）一二月一日より実施された。初めは試験的であったが、成績がよく、翌大正元年（一九一二）九月一日から正式に発足する。その方法は東京天文台より陸上連絡電線により、銚子無線局に中央標準時を伝え、そこで自動的に電波を発射させるものである。発射時刻は午後九時、同九時一分、二分、三分、四分の五回。（以上、通信局長通牒《つうちょう》第五三〇号、大正元年八月二八日付による）。

大正五年（一九一六）さらに船橋無線局からも発射されることになる。電波の波長は銚子が六〇〇メートル（周波数五〇〇キロヘルツ）、船橋が四〇〇〇メートル（七五キロヘルツ）であった。さらに大正一四年（一九二五）からは夜間のみならず昼間も発射される。午前一一時〜同四分の五回である。なお前年には船橋局は東京中央電信局舎内に移され、名称も東京無線電信局となる。次いで一九三三年九月より、東京無線電信局は分秒報時以外に学用報時（ＪＪＣ）も行うことになる。学用報時とは、一分間に六一回の秒（?）信号を出し、一致法を用いて、六〇分の一秒までの精度で受信できるような方式である。

一方、昭和一五年（一九四〇）一月より、東京都市遞信《とし》局検見川分室から標準電波を発射する。このときの呼出符号がＪＪＹである（四〇〇〇、七〇〇〇、九〇〇〇、一三〇〇〇キロヘルツ）。これは周波数の基準となるもので、混信を防ぐことが直接の目的である（遞信省告示第一号、昭和十五年一月六日）。

第二次大戦後、標準分秒信号と、周波数標準との両方の機能をそなえた標準電波（四〇〇〇、八〇〇〇キロヘルツ）が昭和二三年（一九四八）八月より連続発射されることになる（ＪＪＹ）。このとき、標準時計は東京天文台、周波数標準器は小金井の遞信省電波標準所（現郵政省電波研究所の前身）が管理し、検見川の標準電波発射所から電波は発射するというややこしい方式がとられている（文部省遞信省告示第一号、昭和二三年八月二日）。

現在の問題は国際的な関係も見なければならないので、後に（第五章四節二三二頁）に譲ることにする。なおラジオ、電話等の時報については第五章（三節二二八頁）に述べることにする。日本の話はひとまずこのくらいにして、次章からは世界的な問題から論ずることにする。

第二章　太陰暦と太陽暦

一　古代人の天文学

人類と天体

人類にとって天体とは何なのか。これは人間文明の起源に関する一大テーマであるが、その完全な解答を出すことはここでは控えなければならない。しかし、一つの点についてだけは述べておこう。人類と他の動物との違いは、道具を用いること、なかんずく火を用いることであると言われる。境目のむずかしい問題は他の本に譲るとして、人類の次のステップ、すなわち、狩猟時代から農耕時代に入ったときに天体が彼等の生活圏に入ったのではないかと想像される。それは季節の意識ではないかと思われる。もっとも狩猟時代に季節の観念が全く無かったと言うことはできないであろう。冬においては獲物の確保がむずかしいからである。けれども、いずれにせよ狩猟はあなたまかせであり、農耕のように計画性をもったものではない。

農耕を効果的に行うのには巨大な組織が必要であり、それを動かすのには官僚制度の整備が伴ってくる。そのなかには神官もいる。神官は知識階級である。農耕には時期が大切である。そのためには

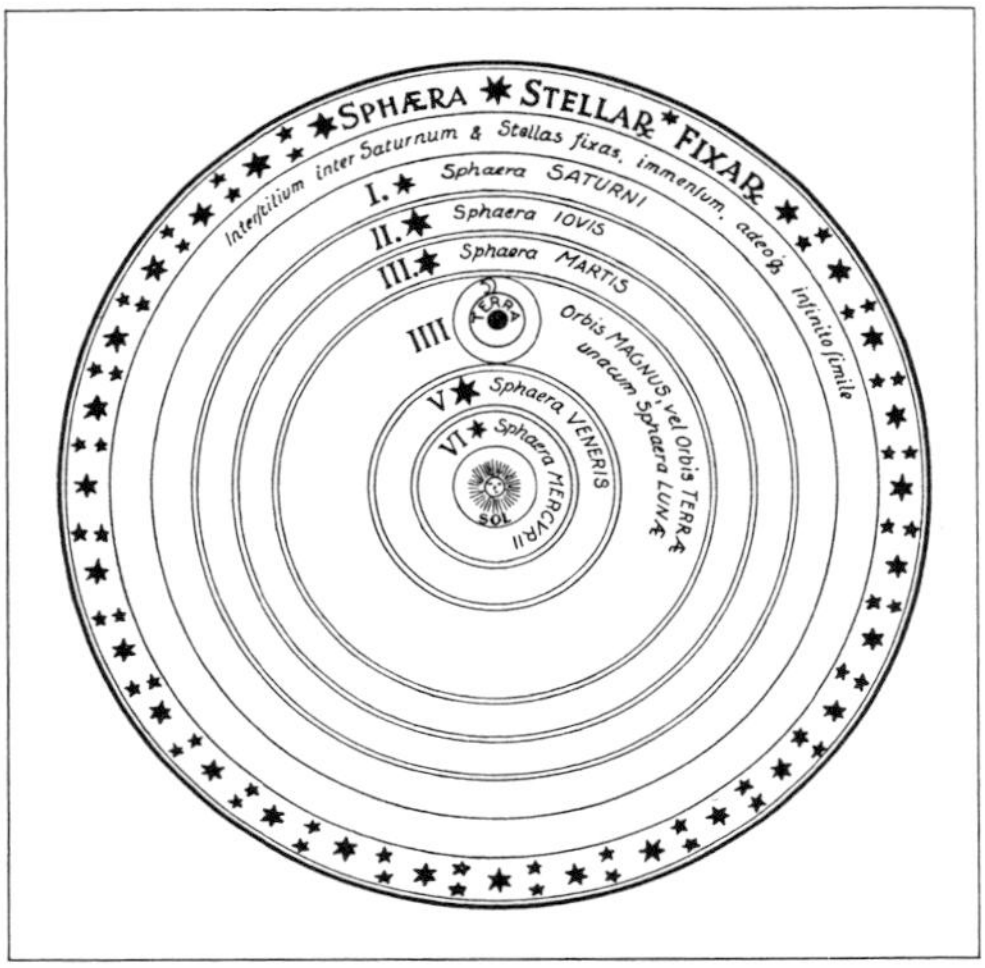

図 15 日月惑星運行図
(Max Caspar (ed.) : J. Kepler, Gesammelte Werke, Bd, I, S. 103, C. H. Beck'che Verlagsbuchhandlung, München, 1938 より)

一年の長さとか、日を数える方法が知られていなければならない。太陽の日周運動が昼夜を支配することはわかっても、どうして、その昼夜が季節によって異るのかはそう簡単なことではない。しかしそのことが恒星の見え方と関係することは重大である。たとえば、太陽が没すると同時に没する星は時期によって異っている。別の言葉で言えば、太陽が恒星の間を少しずつ運動していることが季節を決めていることであるということの発見である。すなわち、太陽が恒星からなる星座や「宿」に次々と宿ることが、人類に季節を与えているという認識である。そのことから、太陽、次に月、その次に惑星が星座と邂逅することが結局人類に影響を与えるという概念を生み出すことになる。これがバビロニアに淵源する占星術 astrology の根本概念である。それに対して、東洋では日月惑星の運動が時を測る基準になることについては同様であるけれども、直接それらが人類に影響を与えるとは考えていなかったようである。むしろ天変のほうが重要視されていたのではないか。その意味で前者は「暦道」、後者は「天文」と言われた。たとえで言えば前者は生理学、後者は病理学か。——余談になるが、天文という言葉はしたがって現在とは大分違っている。明治三年（一八七〇）に天文暦道掛を改めて星学局としたが、後者は西洋流の天文学astronomyを研究する場所の意味らしい（第一章二節参照）。

現在の知識からは、季節が異るのは太陽の赤緯が違うためで、黄道が赤道と傾いていることが主原因で、太陽が黄道上、どの星座、つまり黄道十二宮もしくは黄道獣帯zodiacのどこにいるかに直接よるのではないことは言うまでもないが（傾きがなければ季節の差は生じない）、古代人が天体の位置と人類という全く別のものの間に関係をたててそれを吟味しようとした態度は決して笑えないと思う。現在でも、なぜ天体が途中の媒介なしに万有引力を及ぼすのかを説明できる人はあまりあるまい。そう教えられたから、そう思っているに過ぎないのではなかろうか。それはともかく、今日本で西洋流の占星術がはやっているのは一体どういう訳だろうか。東洋流の占いが当てにならなくなったからであろうか。

さて、太陽の次に人類にとって重要な天体は月である。月は約二九・五日で太陽に対して、天球を一周する。それゆえ月の月相をみれば、新月から何日たったかの日数がわかるし、一年の間に何度朔望を繰返すかを知れば、それによって自然の移り変りの様子が知られることになる。その意味で、月は日を数える時計のようなものである。一方、太陽は彼等にとっては恵をもたらす神であった。

完全な暦　それらの問題はさておき、天文学的問題に立ちかえろう。一年は何月になるか。二九・五を一二倍すると三五四日となり、一年の長さ三六五に比較すると約一一日ばかり足りない。これを三倍すると約一ヵ月になる。したがって、三年たつと、約一ヵ月季節と朔望が狂

表 10　太陽（回帰）年と（平均）朔望月

$$1\text{回帰年} = 365.2422\ \text{日}$$
$$1\text{朔望月} = 29.53059\ \text{日}$$
したがって
$$\frac{1\text{回帰年}}{1\text{朔望月}} = 12.36827\cdots$$

ってくる。これをどうするかが、大きな問題である。何故か自然はそれほど単純ではないのである。

一ヵ月の長さは過去から現在まで実にいろいろの数字が得られているのであるが、それをいちいちここで挙げることは面倒なのでここでは現在の値を使うことにする。今まであげた値は、現在の値に対する近似値だと思っていただきたい。なお現在の値そのものに対する問題は後の第四章（二節一四六頁）にまとめて論ずることにする。

表10をご覧願いたい。一年は12.36827ヵ月と出た。これに近い近似分数を求めることを考える。それには連分数の表示方式によるのが一番よい。その計算の実際は表11に述べてあるのでご覧願いたい。さてこの表の右下を見て戴きたい。分母分子空欄の部分はまだ操作が続くことを意味する。現在でも十分な精度で求めるのはむずかしいので小数表示でもどこかで打切っている。一年の長さや、一朔望

表 11　連分数表示

$$12.36827 \fallingdotseq 12+\cfrac{1}{2+\cfrac{1}{1+\cfrac{1}{2+\cfrac{1}{1+\cfrac{1}{1+\cfrac{1}{17+\cfrac{1}{1+\cfrac{1}{\ }}}}}}}}$$

注：このような形式での表示を求める方法は次の通りである．12.36827 の整数部分（12）を分離し，小数部分の逆数を求めて，2.71538 を得る．この整数部分（2）を分離し，再び小数部分（0.71538）の逆数を求めて，1.397849 を得る．さらにこの整数部分（1）を分離し，小数部分（0.397849）の逆数を求めて，2.513514 を得る．以下同様の計算を行う．分離した整数部分を上の方式に順序よく並べればよい．

月の長さは実を言うと、過去二、三千年では上にあげた数値の最終桁か、それ以下のところでは変化するので、一年の月数も最後の桁は多少あやしい。この連分数表示では、したがって、一応ギリギリのところまで求めてある。最後の数は観測を十分長期間にわたって整理し、またいろいろの理論的考察をしなければ本当のことはわからない。それはともあれ、このようなことをすれば、原理的に、いつかは打切れるのであろうか。すなわち太陽年と朔望月の比は結局は分数の形で表わされるだろうか。これは古代ギリシア以来の問題である。もし分数で表わされたとすると、分母の年数経てば、月の運動は完全に元に戻る。それ故、その期間の間の暦を作っておけば、あとはその繰返しになるから、未来永劫完全な暦ができ上ることになる。しかし分数で表わされるかどうかは、観測的に求まるものについては、有限の時間では結着がつかず、判断のしようもない。

有理数と無理数

一方、数学的問題については理論的に考察することができる。たとえば二乗して2になる数は分数の形で表わされるだろうか。これは正方形の対角線の長さの問題であり、ピュタゴラス Pythagoras（582頃-497/6 BC）学派の問題であった。彼等は努力したけれども、遂にそれを求めることはできなかった。そしてその不可能性をうすうす知っていたらしい。彼等にとって数とは整数だけであり、すべての量は最小単位――それはある量を有限個に分割したものである――の整数倍、すなわち分数の形で表わされると思っていた。それが、正方形の対角線の長さは、一辺の長さの分数比では表わされないとなると、これは造化の欠陥を示すものに外ならなかった（または魔の数として、門外には公けにしなかったという）。

表 12　途中で打切った場合の近似値

Ⓐ	Ⓑ	Ⓒ	Ⓓ
			$2+\frac{1}{1}=3,$
		$1+\frac{1}{2}=\frac{3}{2},$	$1+\frac{1}{3}=\frac{4}{3},$
	$2+\frac{1}{1}=3,$	$2+\frac{2}{3}=\frac{8}{3},$	$2+\frac{3}{4}=\frac{11}{4},$
$12+\frac{1}{2}=\frac{25}{2}$	$12+\frac{1}{3}=\frac{37}{3}$	$12+\frac{3}{8}=\frac{99}{8}$	$12+\frac{4}{11}=\frac{136}{11}$
$=12.5$	$=12.333\cdots$	$=12.375$	$=12.3636\cdots$

Ⓔ	Ⓕ	Ⓖ
		$17+\frac{1}{1}=18,$
	$1+\frac{1}{17}=\frac{18}{17},$	$1+\frac{1}{18}=\frac{19}{18},$
$1+\frac{1}{1}=2,$	$1+\frac{17}{18}=\frac{35}{18},$	$1+\frac{18}{19}=\frac{37}{19},$
$2+\frac{1}{2}=\frac{5}{2},$	$2+\frac{18}{35}=\frac{88}{35},$	$2+\frac{19}{37}=\frac{93}{37},$
$1+\frac{2}{5}=\frac{7}{5},$	$1+\frac{35}{88}=\frac{123}{88},$	$1+\frac{37}{93}=\frac{130}{93},$
$2+\frac{5}{7}=\frac{19}{7},$	$2+\frac{88}{123}=\frac{334}{123},$	$2+\frac{93}{130}=\frac{353}{130},$
$12+\frac{7}{19}=\frac{235}{19}$	$12+\frac{123}{334}=\frac{4131}{334}$	$12+\frac{130}{353}=\frac{4366}{353}$
$=12.36842\cdots$	$=12.368263\cdots$	$=12.368272\cdots$

注：有理数ではない数に対して連分数表示はどこまで行っても終りにならない．それを途中でやめれば近似の分数が得られる．表 11 の場合たとえば $\cfrac{1}{2+\cfrac{1}{1+\cdots}}$ の $\frac{1}{1+\cdots}$ を省略すると 2 だけが残り，全体としては $12+\frac{1}{2}$ となる．上欄の左上（Ⓐ）の計算はそのことを示している．次の列（Ⓑ）では $\cfrac{1}{2+\cfrac{1}{1+\cfrac{1}{2+\cdots}}}$ の 2 度目の $\frac{1}{2+\cdots}$ を省略したことにあたる．以下同様．

上の表で同じ行に出てくるものは右へ行けば同じ箇所での計算値が近似がよくなっていることが確かめられる．

下欄（Ⓔ～Ⓖ）は勿論上欄（Ⓐ～Ⓓ）の右に書くべきであるが紙面の都合で別に書いてある．各列の最終行は近似値を表わす．そのすぐ上が近似の分数である．なお，次のことが確かめられる．

Ⓑ　Ⓓ　Ⓕ　?　Ⓖ　Ⓔ　Ⓒ　Ⓐ

$$\frac{37}{3}<\frac{136}{11}<\frac{4131}{334}<\cdots\cdots<\frac{4366}{353}<\frac{235}{19}<\frac{99}{8}<\frac{25}{2}$$

すなわち近似が高まるにつれて左右に振れるが，いつも内部に入ってくる．どこまで行ったら最終値になるか？

以上のことは無理数 irrational number（不合理な数！）の存在を暗示するものであるが、その言葉からも窺《うかが》えるように古代ギリシア人には無理な問題であった。（もっともユークリッドに無理数論の萌芽はある。）それが無理でなく、数の体系に取入れられたのは実に一九世紀になってからのことである。

一年の月数の問題に戻ろう。古代人にとって、このような問題があろうとは露知らず、十分な観測さえ集めれば、それはいつかは完全な数（自然数）の比、すなわち分数または有理数 rational number で表わされると思い、努力を重ねてきたのである。しかしいつまで経っても完全な暦は遂にできなかった。すなわち、何年経っても完全には元に戻らなかったのである。現在でもそうである！

さて表12をご覧願いたい。一年の月数を簡単な整数比で近似することを考えよう。それには前の表11（五四頁）の連分数を途中で打切ればよい。ある程度の誤差を無視すれば大体の整数比が得られる。結果は、

$$\frac{37}{3}<\frac{136}{11}<\frac{4131}{334}<\cdots<\frac{4366}{353}<\frac{235}{19}<\frac{99}{8}<\frac{25}{2}$$

となる。

回教暦のように一年を一二ヵ月とし、そのまま順次暦年をきめている方法もあるが、普通は、季節との調和を考えて、ときどき一年を一三ヵ月とし、余分の月を閏月と呼ぶ。ときどき閏月をおき、全体として季節とずれないようにする暦法を太陰太陽暦と呼び、バビロニア・ギリシア・中国・日本等において行われてきたものである。どういうふうに閏月をおくか（置閏法という）が具体的に問題にな

ってくる。そのために一年の月数の近似値を計算しておいたのである。さて、外側から見てゆこう。右端の 25/2 というのは一年おきに閏月をおくことを意味する。すなわち、一二ヵ月の年と一三ヵ月の年とを交互にするのである。次は左端の 37/3 すなわち三年に一回閏月をおくことになる。以上の二つは実際に行われたかどうかわからないが、二年毎にやったり三年毎にやったりすれば、結構うまく合せられたと思う。これが不定期的置閏法の実際ではなかろうか。

古代ギリシア　次は 99/8 つまり八年に三回である。これはギリシアでは八年法 octaeteris, ὀκταετερις と呼ぶ。閏月を第三、六、八年におく。八年法には二種類あって、一つは一年の長さを三六五日とするもの。他は三六五・二五日とするものである。前者はしたがって、

$$8\times(30日+29日)\times6+29日+29日+30日=2920日=8\times365日$$

これはユウドクソス Eudoxus (400-347 BC) のパピルスに見られる。後者はゲミヌース Geminus (50 BC 頃) の著作に現われている。すなわち

$$8\times(30日+29日)\times6+3\times30日=2922日=8\times365.25日$$

ここでは大の月（三〇日）が五一回、小の月が四八回である。

次は 136/11 であるが、これは見当らない。

次は 235/19 で、ギリシアではメトン (Meton) によって発見されたものである（中国では章法という）。さて、次の問題は一年の長さである。19 年=235 月が、ちょうど整数日を含むか、一年は三六五・二五日とするか、それとも別のものか。前者の場合一年を (365+5/19) 日 とすることが、考えら

れる。この場合、

$$19年=235月=6940日$$

であり、大の月一二五回、小の月一一〇回を含む。これをメトン周期という。

一方、後者を取ると

$$19年=19\times\left(365\frac{1}{4}\right)日=6939\frac{3}{4}日$$

となる。この場合、四倍して七六年で整数日数をもつことになり、

$$76年=940月=27759日$$

であり、これをカリポス (Callippus) 周期という。この場合の平均朔望月は(29+499/940) 日である。(中国では太初暦および四分暦がこれにあたる。)

ギリシアでは前四三二年にメトン法が導入され、前三三〇年頃にカリポス法が導入されている。

さて後に述べる(第三節八四頁)ように教会暦では太陽暦以外に太陰暦的要素も用いるので、朔望月をいくらにするかが必要になっており、しかも、曜日も復活祭をきめるのに必要であり、7×76年=532年の周期で一巡することになる(アレキサンドリア流)。この方法はグレゴリオ改暦まで用いられていた方法であり、現在でもエチオピア教会暦では採用されている。

表 13 古代ギリシアにおける太陰太陽暦

	太陽年 365. 日＋	朔望月 29. 日＋
八年法 (1)	.0000日	.49495日
〃 (2)	.2500	.51515
メトン法	.2632	.53191
カリポス法	.2500	.53085
ヒッパルコス法	.24671	.53059

さて、カリポス法に対する重要な修正はヒッパルコス Hipparchus (190–120 BC) によって行われた。彼は回帰年は三六五・二五日よりも約三〇〇分の一日短いことを発見した。三〇〇年はカリポス周期の四倍の三〇四に近いから、三〇四年で一日短くした。すなわち、ヒッパルコスでは

304年=16×235月=111035日

となる。

二　ものを言う粘土板

粘土板の発掘

一八四二年在モースルのフランス総領事であったボッタ Émile Botta (1802–70) がメソポタミア Mesopotamia (現イラク) のコルサバードでアッシリア王サルゴン二世 (Sargon II, 在位 721–05 BC) の宮殿遺跡を発掘し、多数の粘土板に誌された文書を発見した。続いて、一八五〇年にはイギリス人レヤード A. H. Layard (1817–94) が同じくニネベ Nineveh でアッシリアのアシュールバニパル Assurbanipal (669–27 BC) の王宮を発掘し、図書館らしきものを発見した。そこには竹ベラのようなものでひっかいた文字を含んでいる多数の粘土板があった。

この文字はその形体から楔形《せっけい》文字 cuneiform (cunei<L) cuneus くさび。G) Keilschrift) と呼ばれる。この文字は実を言うとこのとき初めて西欧に知られたものではなく、ペルシア Persia (現イラン) にあるペルセポリス Persepolis の碑文に刻まれていたものであった。その発見は一五世紀に遡る。こ

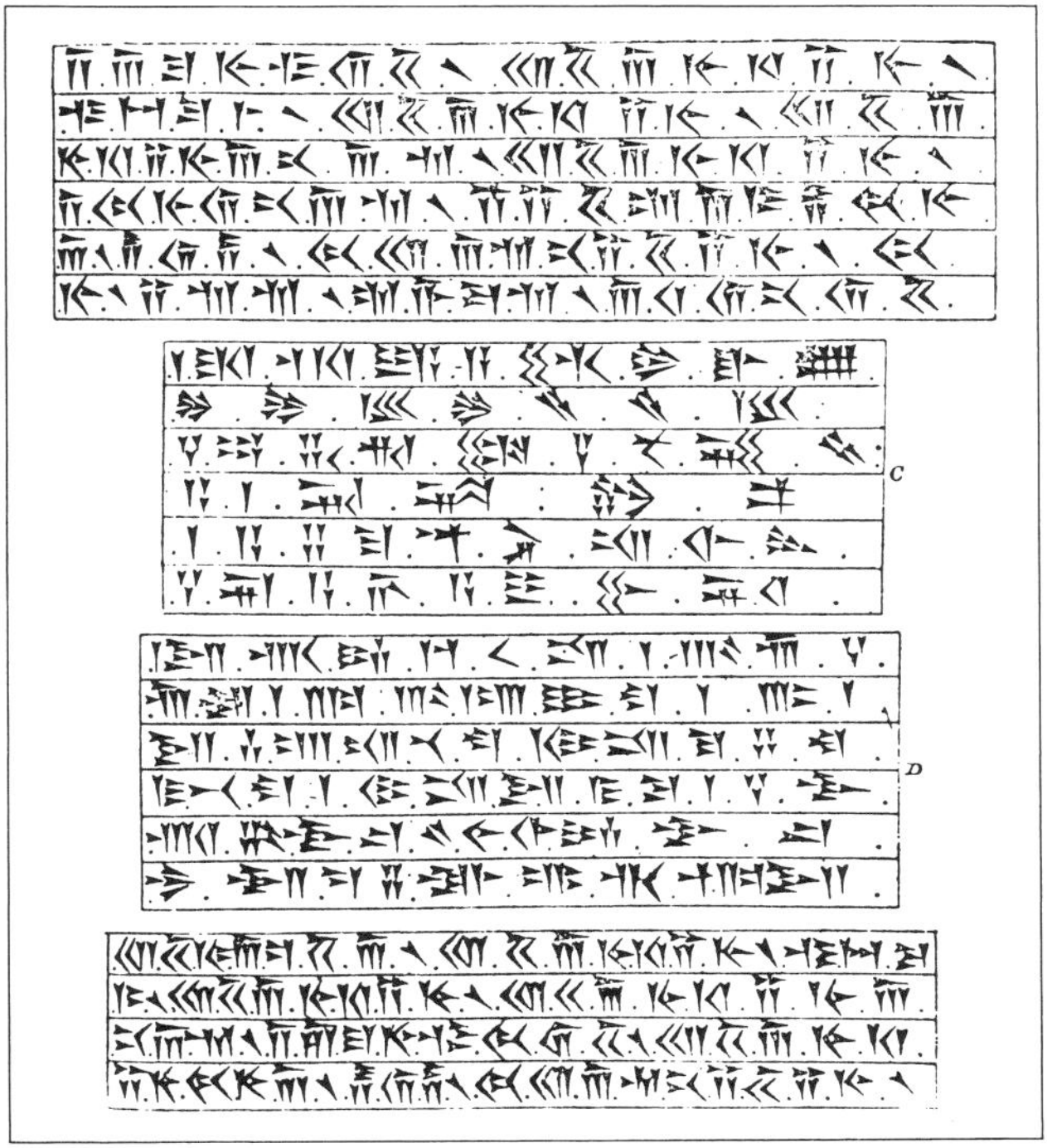

図 16　ペルセポリス（古代ペルシア）の碑文．ニーブールによって筆写されたもの．
（杉　勇著『楔形文字入門』中央公論社，1968 より）

の碑文は三種類の様式で書かれ、一つは古代ペルシア語、もう一つはエラム語であったが、これらはアルファベットで書かれていたため、比較的早く解読された（その解読自体もちろん大変なことであるが、ここでの話には直接つながらないので省略し、先を急ぐことにする）。さて第三種の言葉はなかなか解読されなかった。そういった時代に今述べた粘土板が発見されたのである。それは第三種の言葉とよく似ていたのである。第一種の文字が四二、第二種の文字が一一三個あるのに較べて、この第三種は少くとも五〇〇を越えることがわかり、どう解読してよいかわからなかったのである。

解読のカギを発見したのはアイルランド人ヒンクス E. Hincks (1792-1866) であった。彼はこの複雑な文字をアルファベットでなく、シラブル（子音＋母音＋子音）であると解し、また「国」とか「人」とか「神」とかを示す限定詞を見つけだした。また同時に表音文字以外に表意文字があるのではないかと考えた。これは漢字の世界と同じである。限定詞を漢字の「偏」や「冠」に類似と解することができる。しかも表意文字と音節文字を併用するのは正に日本語での送り仮名方式と全く同一である。

アシュールバニパル宮殿の、ライオンの間で見つかった古記録の断片は、旧約聖書のノアの洪水譚と非常に似ていることがわかり、一躍有名になった。バビロニアの出土記録はその他、宗教文書、占星文書、暦や観測記録、医術書、歴史書、語学書、教科書、学習書、公文書、売買取引の記録、文学書や法律書類まで含まれている。

図 17　バビロニア粘土板（暦）の写真
（O. Neugebauer : Astronomical Cuneiform Texts, vol. III, Lund Humphries, 1955 より）

現在最も古いとされているものはウルク（現ワルカ）で発掘された第四b期出土の約六八〇通の古文書で、前三一〇〇年頃に遡るとされている。

バビロニアやアッシリアの歴史や記録は、元来旧約聖書に伝えられ、われわれに関係あるものでは、プトレマイオス Klaudios Ptolemaios（紀元後2世紀）のアルマゲストの中の天文観測として記されている。プトレマイオスはバビロニアの観測を用いて、太陽や月の諸定数を決めているのであるが、現在直接にバビロニアでの観測が用いられることになれば、諸定数の検討に役立つことになるのは言うまでもない。それがひいては、現在の観測の不確かさをおぎなうことになれば現代的意味も見出されることになるのである。「ものを言う粘土板」とはそのことを指している。しかし現在のところ、そこまでは至っていない。プトレマイオスの時代に知られた事実を、粘土板で確かめているのが現状のようである。

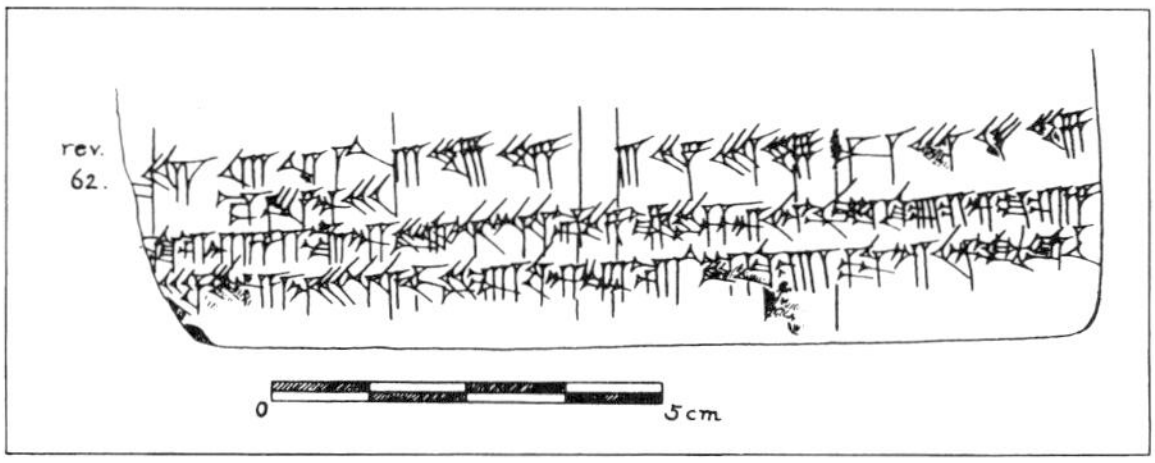

図 18　バビロニア暦の筆写
(O. Neugebauer : Astronomical Cuneiform Texts, Lund Humphries より)

(本項を執筆するにあたり、杉　勇著『楔形文字入門』中公新書、一九七二を参照した)

六〇進法

数字を表わすのに、まず一と十を表示する。一は垂直の一本棒(上側が太く下側が細い楔形になっている)。二は二本縦棒を横に並べる。十はひらがなの「く」のような形(これは左中央の角から斜め右上にはねたものとこの角から右下に「はねた」ものの合成である)。文字はすべて左から右に横書する。もっとも数が多くなると見にくいので、一つの数字に対して横は三個まで、二行もしくは三行に書いてあるようである。十位の数は一位の数より左側に書く。こうすれば九九までは表わせることになる。また暦の場合は大きな数や小数を表わす必要から六〇進法を採っている(図19参照)。

六〇進法 sexagimal system の起源はいろいろと言われているようであるが、あまりはっきりとはしない。一年が三六〇日に近いとか、六〇は二、三、四、

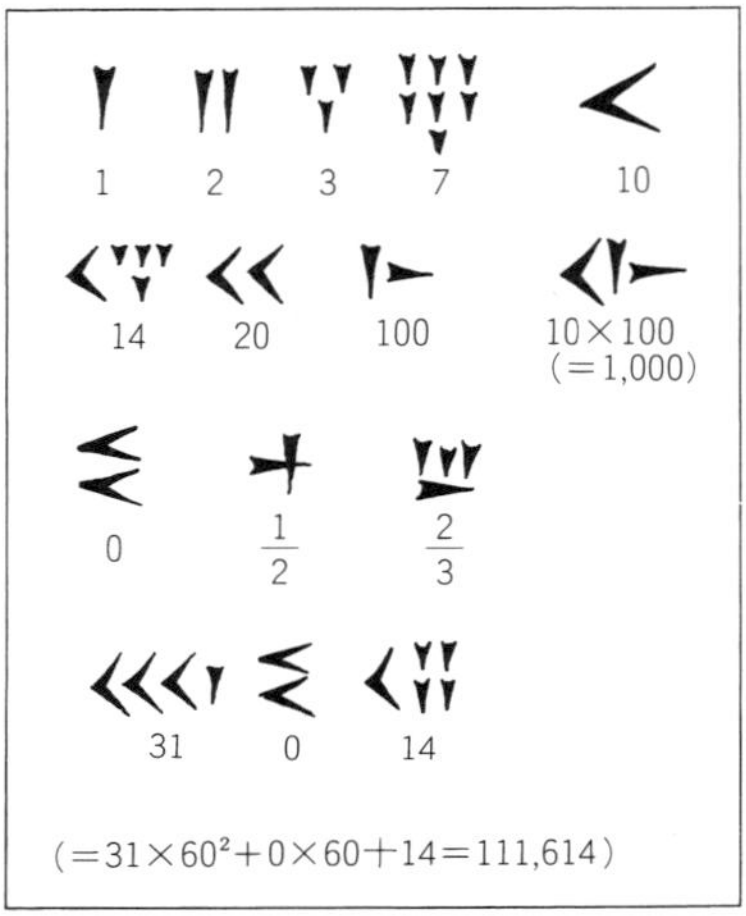

図 19 バビロニアの数表記法
注：第1行および第2行は 10 進法の表記法による．一方，第4行は大きな数に対応し 60 進法による表記法．

五、六、一〇、一二、一五、二〇、三〇で割りきれるとか、いろいろの理由があるのであろう。ともかく、六〇進法は時間や角度において、現在われわれにも影響を及ぼしている問題である。

イギリス人と話していて（イギリスでは最近まで一ポンドが二〇シリングで、一シリングは一二ペンスであった）、たとえば三人で割勘《わりかん》するときは便利だとよく言っていた（そのイギリスも、天下の趨勢に押されて、一ポンドを一〇〇ペニーに切換えた）。イギリス人と上のような議論をするときには、いつも「では七人の場合はどうするのか」と言うことにしているが、「そんなことは滅多にない」という顔をするだけで、それ以上話は進まない。すべての数で割り切れるような最小単位などというものは存在しないのであるから、理論上は向うの負けであることはたしかだが、三を含む分数で表わすのは実際上の便利があることもたしかである。しかし、上に述べてきたように本家本元のバビロンでも、六〇までは一〇進法 decimal system で表わしているのであり、一〇進法と六〇進法の混用ということは、やはり実際問題としては不便であることはたしかである。最近の卓上計算機では三角関数を引くのに度の単位で、あとは一〇進法の小数表示になっているものが基本であるが、これはこれからの一つの行き方であると思う。三六〇度を一周とすることについての習慣からはなかなか抜けきれない（一周を四百等分して度（°）のかわりに、grad とする方法もあるがあまりはやってはいない)。もう一つややこしいことは一日が二四時間という点である。角度と時間の二重性の上に六〇進法、どうもややこしいことおびただしい。しかも日本語の表記法では時間の「分」と角度の「分」も同じであるから、本書でもいつもそれを断わらなければならないという不便がつきまとう。いつになったら、これらのバビロニアの桎梏から解放されるのであろうか。私事になるが、筆者は小学校に入る前、九九を覚える以前に、一日の秒数、八六四〇〇を計算したそうで、そのことをあとあとまで母が自慢していたが、その八六四〇〇という数字に今でもこれほどまで悩まされるとは夢にも思わなかった。

さてバビロニアでは、一より小さい数を表わすのに、六〇分の一 (1/60)、三六〇〇分の一 ($1/60^2$)、さらに二一六〇〇〇分の一 ($1/60^3$)、……を単位にした数字を並べて書く。この方法はギリシアにも伝わり、現に「アルマゲスト」でも用いられている。それに反して、現在では秒のところまで、すなわち、三六〇〇分の一までは六〇進法を用いるが、それ以下は一〇進法の表記法を用いるのが普通である。これは、一五、六世紀の観測の精度がせいぜい角度の分であり、プトレマイオス等の文献との比較から慣用的にせいぜい秒のところまで計算していたものの、それ以下では、やはり計算が不便なので、一〇進法にしてしまったのではないかと筆者は想像している。

なお六〇進法のついでに零のことも述べなければならない。たとえば $5/60+13/60^3$ という数字を表わすのに、5 と 13 の間を十分あけておかないと $5/60+13/60^2$ と混同されやすい。十分ひろくあけておくかわりに、二番目の数が「ない」ということを表示する記号もあったようである。それは「十」

の字を上下に二つならべたもので（二十は横にならべる！）ある。しかし、これは数ではなく、「ない」ということを表わしていた。ちょうど日本人が一三〇五六を読むのに、イチ、サン、トンデ、ゴ、ロク、というようなものである。「零の発見」はインドであり、彼等はそれが拡張された数であり、$1+0=1$, $1\times 0=0$ という算法にもとづくものであると考えた。そういう意味からは時代的に古いとはいえ、バビロニアは、そのプライオリティを主張することはできないであろう。これはギリシアに於いても同様である（第一章二節六項四〇頁参照）。

なお現代の電子計算機の内部では二進法が用いられている。二進法 binary code の場合、表わされる数字は1か0かどちらかになる。これは電気的に電流が流れるか流れないか、または電荷が溜るか、溜らないかの違いで記憶されるので無駄がない。一番経済的な方法である。しかし、計算を人間の頭でやるとき、桁数がやたらに多くてやりきれない。しかも今まで述べてきたことからもわかるように、たとえば五分の一は有限な方法では表わせない。無限小数になる（ただし循環する）。5は101であり、1/5は0.00110011……であり、どこまでも続くことになる。それゆえ計算上はどこかで打切らざるを得ない。それでは不正確ではないかと反論されるが、それは程度問題であることは1/3と原理的に同じである。

セリウコス王朝時代の暦

チグリス・ユウフラテス川の流域での歴史は紀元前六〇〇〇年に遡ると言われる。そこは多くの民族の活動の場であり、言語もいろいろであって、決して一様ではない。相互乗入れもあるようである。われわれが後に問題にする時代では、ギリシア人が建

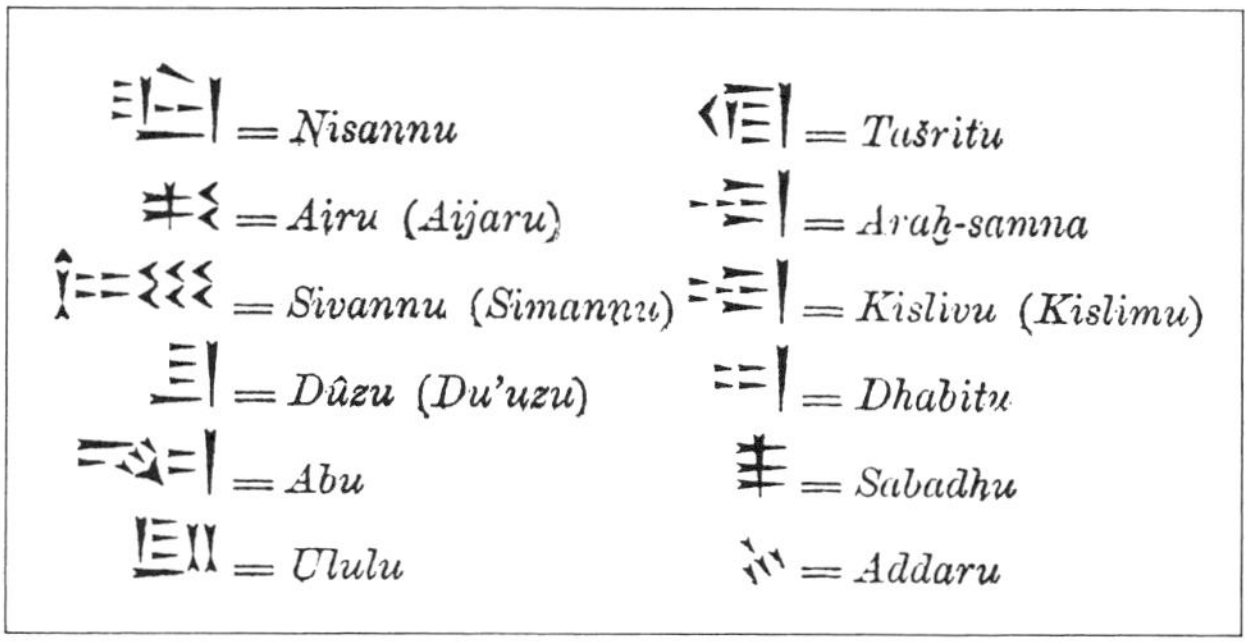

図 20　バビロニアの月名
(F. K. Ginzel : Handbuch d. Math. u. Tech. Chronologie, Bd. I, S. 113, J. C. Hinrichs'sche Buchhandlung, 1906 より)

注：月名と神名（天体名）の対応は次の通り

月　名	神　名	天体名
Nisannu	Anu または Bêl	
Airu	Ea(人間性の主)	
Sivannu	Sin(Bêl の子)	月
Dûzu	勇者 Ninib	太陽
Abu	Nin-giš-zidda(？)	水星
Ululu	Ištar(女神)	金星
Tašritu	勇者 Šamaš	火星
Araḫ-samna	Marduk(主神)	木星
Kislivu	勇者 Nergal	土星
Dhabitu	Pap-sukal(Anu および Ištar の使者)	
Sabadhu	Rammân(天地の神)	
Addaru	七神	

てた王朝であるが、どういうわけか、その言語はセム語に属するバビロニア語なのである。征服者の文化的被征服か。それはともあれ暦に関係ある月の名前を今あげることにするが、その起源は必ずしもよくわかっていないが大体のことは想像される。図20の一番左側が楔形文字で、次の列が読み方、注には関係すると思われる神名および天体名が誌されてある。

さて、紀元前三二三年、アレキサンダー大王はペルシア遠征の途中に死んだ。彼の帝国は分裂し、小アジア、バビロニア、ペルシアは彼の将軍であったセリウコス Seleukos の支配となった。彼の後裔が同地を治めて、前六四までその王朝は続くことになる。それでバビロニアでの、このときをセリウコス王朝時代という。次の支配者はローマである。

暦の解読

さて、南バビロニアのウルク Uruk で発掘さ

図 21 アレキサンダー大王 Alexander the Great, *Μεγάς 'Αλεξάνδρος* (在位 336—323 BC) 2300 年祭記念切手(ギリシア, 1977).
本当は 1978 年が死後満 2300 年! この辺の事情については第1章2節6項序数と基数, 39 頁参照.

れ、セリウコス時代と推定されている粘土板の中に表14のように翻字されるものがある。これは二の断片をつなぎ合せたもので、現在イスタンブールに保存されているそうである。さてこれを翻字し、解読したアメリカのノイゲバウワー Otto Neugebauer の説を紹介しよう。

中央のアルファベットで翻字した部分の sig は第三月(バビロニアの第一月ニサン Nisannu は春分の頃始まるので、第三月は現在で言えば五、六月頃になる)の略符号。šu(shu) は第四月の略符号である(これらは実際の月名とあまり関係ないようであるが、それについては審かにしない)。実際の月名は図20に掲げてある。さて月名略号の次が日付であると考える。表に出ているものは六、七月頃の何かであることは明瞭である。左端の行数の表示は別として次の数字が一つずつ増えていることを考えると、これは毎年の何かの事件ではないかと見当をつける。なお〔 〕でくくってある部分は欠落部の推定であり、2, 26 とコンマで区切ってあるのは六〇進法での数であると考える。すなわち 2,26=2×60+26=146, ここで何故 [2] が出て来たかは後にのべる。

さて右端にある a および kin-a は閏月を意味し、a は第一二月を kin-a は第六月をダブらせることを意味するらしい。

その左側の数字が次の問題となる。これを全体として六〇進法であるとして読めば、行と行の差を取ると特徴的なことが読み取れる。先ず第四行から第三行を引くと、これは一番問題なく 11, 3, 10 となる。同様に第九行と第八行の差も同じ 11,3,10 である(ただし、—で表示した所は前々項にのべた0と読む)。第一〇行と第九行、第七行と第六行および、第六行と第五行の差も同様である。ただし、第六行では最後の数字が抜けているので、そこを0として読む。

さて各行の月名に続く最初の数字は、三〇以上の数がないことから日付と考えられる。第四行に上の共通の差を加えれば 33,50,50 となり、第三月を三〇日と仮定すれば、次の月のことになり矛盾しない。同様のことは第七、八行についても言える。ここでも第三月は三〇日である。第五行と第六行の間には閏月が入っているとすれば、第六行では第三月になった理由も納得いく。

表 14 ウルク出土の暦の断片

3（行）	[2, 2]6	sig	11, 44, 30	
4	[2, 2]7	sig	22, 47, 40	
5	[2, 2]8	šu	3, 50, 50	a
6	[2,]29	sig	14, 54	
7	[2,]30	sig	25, 57, 10	
8	[2,]31	šu	7, −, 20	kin-a
9	[2,]32	sig	18, 3, 30	
10	[2,]3[3]	[s]ig	29, 6, 40	a

(O. Neugebauer : 前掲書 vol. III, p. 136, no. 199 より)

さてこうみるとこの表は何かの事件の表示であることがわかり、このあたりに存在する天文学的事件は夏至であるので、これは毎年の夏至ではないかと見当をつけるのである。

さて、一方 235/19 を六〇進法で表わしてみると、

$$\frac{235}{19}=12;\ 22, 6, 18, 56, 50, 31, 34, \ldots\ldots$$

となる。ここでセミ・コロンは小数点の位置を示している。この数字は見方を変えれば、一年の長さを朔望月を単位にして測ったものである。すなわち 12ヵ月と $(22/60+6/60^2+18/60^3+\cdots)$ ヵ月ということになる。そこで朔望月の 1/30 を単位にとれば一二ヵ月を別にして、六〇進法で表わすと 11, 3, 9, 28, 25, 15, 47, …となり不思議と出土文書の各行の差と一致する（9 を 10 と読み替え、以下は省略したものと見る。すなわち彼等は月数と年数の比を 235/19 というふうに考えたのではなく、六〇進法表示での近似値を用いたと解釈するのである）。すなわち上記の差 11, 3, 10（現在の小数表示で 11.0528…）は夏至点の、

したがって季節の、朔望に対する遅れ（これを一般に epact という）の差を朔望月の 1/30 を単位として測ったものであると解釈するのである。なお一朔望月を二九・五日とすると、この epact は 10.8686 日（六〇進法の表記では 10, 52, 7）となって上記の差と異り、したがって、単位が実際の一日と考えることに無理がある。日が単位とすると、二ヵ月のうちに一日狂ってしまい、せっかく一九年七閏をやっている意味はなくなるからである。バビロニアで実際どのような朔望月を知っていたか、すなわち大小の配置をどうしたかは、出土文書だけからでは明らかではないが、一方、一九年七閏は約1/2, 600, 000 の相対精度で知っていたと考えるほうが合理的である。しかも上の計算で、30 を越えたとき、30 を引いて、次の月名を表示しているので、このやり方は実にうまい方法だと思える。実際の各月の日数は別に決めていたと解釈するのである。そうすれば月名の次の数字は概略日付を表わしていたと考えて差支えない。すなわちこの表は夏至の日付を表わしていると解釈することが可能なのである。

さて次に年次の決定に移ろう。セリウコス紀元一八年は kin-a の閏年すなわち第六月をダブらせることがわかっているので、置閏法が紀元一八年と、ここに現われている時代と同じと仮定して、第八行との間が丁度一九年の整数倍になるようにすると、第八行はセリウコス紀元で 151 年とすると具合がよい。151－18＝133＝19×7 であり、151＝2×60＋31 であるから。ここで三一は第八行の年次である。したがって、欠けた所を六〇進法で2 であると推定するのである。セリウコス紀元一五一年はユリウス暦で紀元前一六一年（－160）である。

さて、この年の夏至は実際どうなっていただろうか。セリウコス紀元一一三年第四月はユリウス暦で June 22 頃に始まることが知られており、一九年周期の同じ位置にあるこの年も同じ頃であると考えられるので、表の第八行の第四月七日はユリウス暦で June 28 日頃となる。一方、現在の天体暦から逆算すると、この年の夏至は ユリウス暦で June 26 であることが確かめられる。またセリウコス紀元一五一年（－160）第四月の（定）朔は June 19 であり、バビロニアの月初は朔ではなく first appearance（初めて月が見える日）であることからみて、月初は多分 June 21/22 頃ではないかと想像される。したがって表記（第八行）の日付はユリウス暦紀元前一六一年六月二七または二八日のことであり、現在の知識では夏至は六月二六日なので、一日程度で合っていると見ることができる。

以上の検算は年（セリウコス紀元）、月初、夏至の日付という三つの要素で行ったものであり、他の組合せでこのように合うことは多分あり得ないことなのである。したがってバビロニアの暦が、現在の知識に合った、かなり優秀なものであると想像することも可能である。

解読の結果

以上のことをまとめてみると次のようになる。

㈠粘土板のこの部分は紀元前一六六―一五九年の夏至の日付（および時刻）を当時の暦日で表わしたものである。

㈡ sig は第三月（Sivannu）、šû は第四月（Dûzu）の略号であり、たとえば最初の第三行は前一六六年の夏至は第三月の一一日に起ることを意味する。コンマで区切った部分は六〇進法で表わした日付の小数部分である。

㈢日付および六〇進法での表示の単位は普通の一日ではなく、平均朔望月の三〇分の一で表わされているので具体的にはややこしい。しかし、日付だけを見れば一、二日の差異はあるが、現在の暦を逆算してみると大体のところは正しいことがたしかめられる。

㈣たとえば八行目については、第四月はユリウス暦で 161 BC June 22 に始まるので第四月七日は June 28 となり、一方現在の計算では夏至はユリウス暦で June 26 となる。なお（定）朔（太陽と月の黄経が一致するとき）は June 19 である。バビロニアでの月の初めは東洋のように朔ではなく、朔後初めて月が見えるときで二、三日は後になる。したがってかなりよい一致が得られる。

㈤ a および kin-a と書かれた年は閏月で前者は第一二月をダブらせ、後者は第六月をダブらせる。

㈥ 一九年七閏はほぼ満足されていると思われ、計算上

$$19\text{年}=\left(235+\frac{20}{216000}\right)\text{朔望月}$$

となっている（$216000=60^3$）。

ギリシアの場合、一九年の日数を整数値にするか（メトン）その四倍を整数値にするか（カリポス）またはその一六倍を整数にするか（ヒッパルコス）かの差はあるにしても、すべてある年数たてば、完全にもどるような大小月の配置を考えているのであるが、バビロニアの場合、一九年に七回の閏月をおくことは基本であっても、各月の大小の配置についてあらかじめ一定のルールはなかったようである。この点がギリシアの考え方と全く異なっていたと見るべきである。したがって、一年の日数がはっきりと決っていたわけではないようである。もっともこの点について、異論がないわけではない。実際二〇世紀初期にマーラー E. Mahler という人はバビロニアでもメトンと全く同じ周期、すなわち、一九年を六九四〇日とし、置閏および、大小の配列を一定のルールであると見ている。しかしこれは文献的には確認されていない。またクグラーは朔望月をヒッパルコスと同じと見ているようであるが、これも確かめられてはいない。

バビロニアとギリシアの差

ノイゲバウワーはむしろ先にのべたように、朔望月を単位にしたエパクト、すなわち季節と朔望のずれだけがバビロニアでは問題であって、実際の朔望月の日数は不確定であるというか、経験的《エンピリカル》に決めていたのではないかと見ている。ここがギリシアと大いに違うところだと解している。

この問題の現代的意義を、すこし誇張して考えると次のようになるのではなかろうか。ギリシアでは一定の期間の暦を作り、それが繰返されると考える。実際はなかなかそういった完璧の暦はできないので、その期間はだんだん長くなって行く。一方、バビロニアでは、実際はそう簡単につかまえられるものではないから、基本的な問題はともかくとして、実際はそのときそのときの観測等でチェックしながら適用してゆく。こうすれば具合が悪くなっても全体のシステムを変える必要はなく、部分的改良で済むというわけである。

ギリシアの場合、すでに述べたような有理数と無理数というような根本的な問題に気がついた。それに反して、バビロニアではもともとエンピリカルだからそんな問題はおきない。一九年と二三五ヵ月との間の差異の問題も、六〇進法で考えたから、割りきれず端数が出てきたのであって、ギリシアなら、分母に一九という数をもってくることで、こういったキタナイ差は初めから考えない。しかし考えようによっては、バビロニアのほうが現代的な気もする。それはある程度の有効数字で我慢して、あとは打切るという小数表示方式の元祖を見るような気がする。分数計算のほうがある意味で厳密であるが、その計算のヤヤコシイことは今でもかわらない。第一、二つの数のどちらが大きいのか、小さいのか一日ではわからないのである。厳密といったが、これはすべての数が有理数で表わされる限りである。無理数が出てくればもうお手上げで、実際その問題の呪縛から逃れられなかったのである。理論的と実際的の考え方の差をここに見るのである。

バビロニアの年初　さてここに紹介した夏至表をもとに一九年間の夏至の日付を推測することができる。平均はシワン月（第三月）の二二日くらいとなる。このことから同様に春分の日付を求めると平均アダル月（第一二月）の一八日頃となる。逆の見方をすれば一年の初めであるニサン月は平均春分後一二日ということがわかる。バビロニアにおいて、この時代はニサン月から始まっているようであるが、もっと古い時代ではタシュリート月（ここでは第七月）から始まっている場合もあるようである（すなわちこの場合の年初は秋分後平均二日である。換言すれば、元来は秋分が原点のつもりではないかと思われる）。

（本節に関して、次の書物を参照した。Otto Neugebauer, A History of Ancient Mathematical Astronomy, Part One, Springer, 1975.）

三　太陽暦問答（その一）

初めに　A「今日は先生に暦についていろいろとお教えいただきたいと思って参りました。」
B「どうぞよろしくお願いします。まずときどき閏年になりますが、どうしてこんな面倒なことをしなければならないのですか。二月二九日に生まれた人は四年に一度の誕生日で不公平です。

毎年同じ日数ではいけないのですか。」

A「それは一年がちょうど三六五日でないからなのでしょうね。先生。」

T「一年と言っても正確には回帰年(tropical year といい、太陽の見かけの運動で、春分を通過してから次にまた春分を通過するまでの期間）というのですが、それは三六五・二四二二日なのです。それで約四年に一日余計の日を付け加えないと、次第に季節と合わなくなってしまうのです。このことは随分昔から判っていたことで、紀元前四六年にローマのシーザー Gaius Iulius Caesar（102–44 BC）が改暦を行ったときに公に採用されたものです。」

A「ユリウス暦というものですね。」

B「でも季節と合わなくなるというのはどういう意味なのですか。」

T「日付と季節が合わないと、たとえば一月《いちがつ》がいつの間にか、冬でなくなり秋になり、そのうちに夏になり、しまいには一年喰い違ってしまうのです。もっとも閏年という考え方を持たなかった古代エジプトでは一年を三六五日としたため、一四六一暦年が一四六〇自然年だということを見出しています。祭事は暦年でやり、一方農業等は自然年でやるという方式を採っています。それにはヘリアカル・ライジング heliacal rising といってシリウスが太陽と共に昇る日を暦年上の日付で決めるということを神官の仕事としてやっており、これを公布するという形で解決していました。暦は過去・現在・未来の事件を一義的に確定し得るような枠であればいいという立場から言えば、この古代エジプトのやり方もそれなりに意味があるわけですが、やはり人間の生活が季節と結びついている以上、閏日を挿入するほうがぴんときやすいのです。閏というものを考えないもう一つの例は回教暦(これは太陰暦で、月のみちかけの周期を一ヵ月としており、その一二倍を一年とする)では一年で約一一日も季節とずれてしまいます。」

B「回帰年とは何ですか。あまり聞き馴れない言葉だと思いますが。」

T「天文学的一年と思えばよいでしょう。実際太陽が春分点にあれば、昼夜の長さはほぼ等しく、また次の年に太陽が春分点にあれば、やはり昼夜の長さはほぼ等しいのです。春分の日からきまった月日経ちますと、そういう日は毎年同じ昼の長さや、夜の長さとなるのでたとえば春分の日をいつもほぼ同じ日付にしておけば、日付によって、昼夜の長さがそれぞれほぼ決ってくるということになります。気候は一日の日照時間が最大の原因ですから、春分がいつもほぼ同じ日になるような暦を作っておけば季節と日付が一致するわけです。」

A「いまでもユリウス暦のままの国はありますか。」

T「たぶんないと思います。四年に一日閏日をおくこの方法では約一三〇年に一日狂いがでてしまっていますので、太陽暦を用いている国では大概もっと新しいグレゴリオ暦を採用しています。」

グレゴリオ暦

B「四年に一度でないとどうするのですか。私はてっきり閏年は四年に一度、つまり西暦で4で割れる年だとばかり思っていました。」

A「それはユリウス暦というんだよ。」

T「そうです。現行暦では一〇〇で割り切れるが、四〇〇では割り切れない年は特に平年ということになっています。つまり、一七〇〇年、一八〇〇年、一九〇〇年は平年です。それに反して二〇〇〇年は閏年。日本で明治六年から太陽暦を採用しましたが、この点についてはっきり表現していなかったため、一悶着ありました。すなわち明治三三年（一九〇〇）を平年にするためわざわざ勅令（明治三一年〔一八九八〕勅令第九〇号）を出しています。」（この問題については別掲第一章二節三項三四頁参照。）

A「グレゴリオ暦に世界中が統一されるまで、かなりの暇がかかったと聞きましたが、どうしてなのですか。」

T「それは宗教的対立のためなのです。ローマ法王グレゴリオ一三世 Gregorius XIII（在位 1572–85）が、この改暦の教書を発したのが一五八二年二月二四日で、同年の一〇月四日の翌日を一〇月一五日にすることにしました。カトリック教国のイタリア、スペイン、ポルトガル、フランス、ポーランド等は直ちに実施しましたが、新教国であるドイツ（一部）、オランダ、デンマーク等は一七〇〇年、英国は一七五二年、ギリシア正教国であるギリシアは実に一九二四年（完全に同じではない）。その間、日本は一八七三年（明治六年）、中華民国は一九一二年（民国元年）、ソビエト・ロシアは一九一八年（十月革命の翌年。因みにソビエト政府樹立はグレゴリオ暦では一一月七日であって、一〇月ではない）。日本、中国、ソ連は革命またはそれに類するものに関係していますが、キリスト教国ではカトリック以外はローマ法王の決めた方法には、なかなか従えなかったのです。暦を変えるということは、実は復活祭の日取りを決める上に大変な変動があり、そう簡単ではないのです。教会の行事は復活祭の日付を基準としたものが多いからなのです。

その途中での混乱を避けるという意味から、たとえばケプラーのような人の手紙では、Leipzig, 11./21. Okt. 1630 というようになっており、最初がユリウス暦、あとがグレゴリオ暦というふうに二重の日付をつけてあります。こうすれば非常にわかりよいと思います。またこれはドイツに行って気がついたのですが、ヨーロッパでは今でも日付はいつも都市の名前と同じ行に書く習慣になっています。これはいろいろの都市や町と交渉しなければならず、その町の日取りは公式に決まっているので、一緒に書けば混乱はないという意味からでしょう。つまり何々町の何日ということだと思います。」

B「話は変りますが、なぜ閏月を二月におくのですか。」

ユリウス暦

T「これはユリウス暦から尾を引いている問題なのです。シーザーが改暦を行ったとき(前四五年が新暦第一年)、当時の公用年であった Ianuarius (ラテン語ではIとJの区別がなく普通はIを用いる) を年初とする方法を採りながら、一方、古ローマ暦での最後の月である Februarius に閏日をおくという方法を採ったからなのです。くわしく言うと王政時代は Martius を年初としていたが、共和制時代には慣習上は Martius、公式的には Ianuarius が年初であった。Martius (三月) が年初であることはたとえば September, October, November, December がラテン語の 7 (septem), 8 (octo), 9 (novem), 10 (decem) からきていることからもわかります。また、さらに七、八月の古名が Quintilis, Sextilis (5 は quinque, 6 は sex) であったのを、前者は前四四年シーザーを記念して Iulius に、後者は前八年にアウグスツス Augustus (前名 Gaius (Iulius Caesar) Octavius, 63 BC–14 AD) を記念して Augustus と改称されているのです。」

表 15　月名と日数

和名	月　名	古ローマ暦	ユリウス暦	和名	月　名	古ローマ暦	ユリウス暦
1月	Ianuarius	29	31	7月	Iulius (Quintilis)	31	31
2月	Februarius	28	28または29	8月	Augustus (Sextilis)	29	31
3月	Martius	31	31	9月	September	29	30
4月	Aprilis	29	30	10月	October	31	31
5月	Maius	31	31	11月	November	29	30
6月	Iunius	29	30	12月	December	29	31

B「各月の日数を覚えるのにニシムクサムライなどと小学生のとき苦労した経験があるのですが、どうも不揃いですね。」

T「これもローマの伝統がいまだに残っているのです。実に二〇〇〇年にもなります。とにかくシーザーの改暦のときに、それ以前の太陰太陽暦の一年に一〇日を付加したその方法が残っているのです。二月は虐待されっぱなしです。三一日のものはそのままで、二九日が三〇日または三一日になっています（古ローマ暦では二月を除いて全部奇数になっているのは、ギリシア以来の奇数は完全数という考えからきているらしい）。この日数はグレゴリオ暦でもそのまま変りませんでした。暦は慣《イナ》性《ーシア》が非常に大きいのでなかなか変更されないのです（なお一ヵ月という単位は以上の歴史からもわかりますように月のみちかけの周期と関係していることは明らかです）。フランス革命ではすべての旧体制(ancien régime)を変革しようとして、たとえばメートル法を打ち立てたのですが（メートル、キログラムはそのときの産物。同時に一〇進法も断行した）、しかし暦法・時法ばかりは失敗したのです。何んでも新旧両方の休日（新は五および〇のつく日）を休んでしまったとか。時法は昔ながらの六〇進法、二四進法です。」

A「七月以降の名称の由来は伺いましたがそれ以外はどういう意味ですか。」

T「Ianuarius は Latium の神 Ianus から、Februarius は februa（清め）なる語と関係あり、祓の行事が行われたようです（一年の終りにか?）。Martius は Mars（軍神）、Aprilis は女神 Aphrodite(?)、Iunius は Iuno からといわれています。Maius はよくわかっていません。これらの名はすでに述べたように古ローマ暦からの伝承であり、随分長い寿命をもっています。現在ヨーロッパ語では、音韻上の変化はありますが、すべて以上のラテン語に由来しているわけです。日本ではどういうわけか簡単に数字を用いています。」

年　初

A「年初が 1. Jan. であるのはわかりましたが、それは天文学上に意味はあるのですか。太陽暦は季節に関係あるように伺いましたが、どうもあまりはっきりしていないようですが。たとえば冬至とか春分とか立春とかとの関係はどうなのですか。」

T「それもまた歴史的な問題で、天文学的意味が昔はあったとしても、少くとも現在は天文学的には意味がないといったほうが正しいでしょう。もっとも Bessel 年初というのがあって、平均太陽赤経が二八〇度のときを指しますが、この二八〇度という数字は一二月三一日か、一月一日頃にキマリよく、こういう数字になっているので、天文学の計算上導入したもので、話が逆なわけです（こまかいことになりますが、一九七六年の国際天文学連合の会議で一九八四年以後はこういう決め方でなく、一年の長さを一定の日数で表わし、それをどんどん積算して行く方式が採られました）。

さて歴史的と言いましたが、これには二つの要素が入っています。それはユリウス暦制定の事情とグレゴリオ暦制定の事情です。まず前者から。すでに紀元前四五年が新暦の第一年と言いましたが、その前年紀元前四六年は総日数四四五日に及ぶ変則的な年にしました。それを後世マクロビウス Macrobius（AD 5 世紀）は最後の乱年 annus confusionis ultimus と呼びました。要するに、新しい年の初めを何かの有意義なものにするためで、天文年代学的に検討してみると、紀元前四五年の元日の翌日が、太陰暦である古ローマ暦の Ianuarius 月一日に当る可能性のあることが判明しており、シーザーは改暦第一年の初日が旧（太陰太陽）暦に一致するようにしたと思われます。実際、現在の知識を逆算しますと朔は -44 年 Jan. 2, 3^h50^m GMT となっています（H. H. Goldstine による）。ある年の年初が偶然太陰暦のそれと一致したとしても、長い年月の後には全然無関係であると思ってもさしつかえないわけです（もっともこれは現代流の考え方で、太陽暦と太陰暦の関係はこの章のはじめのほうにあるように、また実際的に当時はカリポス周期で完全だと思っていたフシがあるので、七六年を一セットとして考えた場合は繰返すと思っていた）。ただその年初は冬至の近くに設定したことは確かのようです。冬から春にかけて年が改まるということは自然の蘇生と関係あることですが、それが冬至の近くか、春分の近くかということはいろいろの暦で違ってきていることです。しかし、こまかいことになりますと、以上のように偶然が支配していることになります。

再びグレゴリオ暦

さてもう一つの問題はグレゴリオ暦についてです。この暦を制定したのは、ユリウス暦の平均的遅れ（日付が季節に対して）のため当時実際の春分が三月一一日になっており、それを改正するためだったのです。一〇日省いて（別の言葉で言えば日付を一〇日多くして）

春分が三月二一日になるようにしたのです。この三月二一日というのはユリウス暦制定当時のもの(三月二三日)ではなく紀元後四世紀のそれです。それゆえ現在のグレゴリオ暦は春分が三月二一日前後になるように決めてあるといって差支えない。そういうように逆に年初が決めてあるわけで、これもまた一つの歴史的偶然なのです。つまりユリウス暦制定当時のそれではなく、ユリウス暦を約四百年間実施した時代での春分の日とあまり違わないようにしてあるのです(春分の日付については表19、25参照)。」

B「紀元後四世紀に何かあったのですか。」

T「くわしく言うと紀元後三二五年のニケア宗教会議なのです。このときアレキサンドリア流の復活祭の日取りの方法がキリスト教会内で採用されたのです。グレゴリオは、このニケア宗教会議の状態に復するようにしたわけです。そのときの事情はこうなのです。復活祭の日取りはユダヤ教の逾越《すぎこし》祭(英語 Pasch ヘブライ語 pesakh)を基準にしているわけですが、ユダヤ暦は太陰太陽暦であり、したがって復活祭も月相と季節に関係があり、しかも曜日も関連してくるのです。すなわち、復活祭は春分もしくはその直後の満月(月齢一四日)の後の最初の日曜日(満月の日が日曜のときは次の日曜日)ということになっています。さてアレキサンドリア流では太陰太陽暦としては結局七六年に二八回の閏月をとるカリポス法(76年=940月=27,759日)を用いていることになります(ただし復活祭の日付が一巡するのはさらにこれの七倍すなわち 532 年。暦元は紀元二八四年八月二九日)。春分は三月二一日。暦面上は春分は固定されて、先程の規則で毎年の復活祭を決めていたのです。ところが実際の天文学上の春分は一六世紀には三月一一日頃になっていました。このことはグレゴリオ以前にも知られていたことで、たとえば教会はコペルニクスに改良案を求めましたが、彼は遠慮深く、当時の天文学は不確かで、暦を改良するほど知識が揃っていないとして断わっています。さて春分の日を暦面上のものにするか、天文学的のものにするかは、また満月の計算をどういう（太陰）暦法でやるのが実際に合っているのかは天文暦学上の問題であるわけです。実際にこれを実行したのはジリオ Aloigi Giglio 等の委員会でした。そこで彼等はすでに述べたように一〇日を飛ばし、さらに閏年の計算方法を現行のものにすることを提案したのみでなく、満月の計算方法も変更したのです（くわしいことは次項にゆずり、ここでは一ヵ月の長さについてのみ表16に掲げてあります）。

一年の長さはユリウス暦の三六五・二五日に対して、グレゴリオ暦では三六五・二四二五日で一年あたり約〇・〇〇〇三日だけ長く、約三千年に一日だけ長くなります。」

A「グレゴリオ暦にも太陰暦の要素があるとは知らなかった。太陽暦だけだと思ったというか、学校ではそう習いました。」

T「一般にはそうでしょうが、それでは何故ローマ法王が暦法の改正に乗り出したのかはわからないでしょう。」

A「どうも変だと思っていました。」

図 22 コペルニクス Nicolaus Copernicus, Mikołaj Kopernik (1473-1543) の肖像（ポーランドの天文学者）

表 16　グレゴリオ暦における用数

5,700,000年＝70,499,183月＝2,081,882,250日
（＝297,411,750週）

したがって
1回帰年＝365.2425日
1朔望月＝29.5305869日

T「さてグレゴリオ暦ではともかく天文学的春分が三月二一日の近くに来るように決めたということが重要で、逆に言えば、年初はその三月二一日の七九日（または八〇日）前と定義しているのです。」

B「今、グレゴリオ暦では春分は三月二一日とおっしゃいましたが、いつもそういうふうにはなっていないではないですか。」

春分の日と復活祭

T「たしかにおっしゃる通りです。春分・秋分の日の一覧表は別のところ（表25、一六九頁）であげておりますのでそこをご覧下さい。実は一九六〇年から日本の時刻では、閏年で春分の日は三月二〇日になっています。四年に約四五分ばかり春分が早くなりますから、約三二年たちますと閏年の翌年もまた三月二〇日になります（以下同様。ただしこれは平均的な話で、正確には表25をご覧下さい）。こうして今のところ二一〇〇年まで続きます。このように、春分が三月二一日というのは平均的の話であって、いつもきまってそうなるのではないのです。今、日本の時刻ではとわざわざ断わってあるのは意味のあることで、一日の境目が局所時（日本はグリニヂ時プラス九時間）で異るため、世界中で春分の日を共通にするわけには行かないのです。ご承知のように日付変更線のすぐ東側とすぐ西側では、絶えずまる一日だけ日付が違っているのです。天文学的な春分という瞬間は同じでも、それゆえ暦日の上では一日の差があるわけですから。注意しておきますが教会暦法上の春分はどこの子午線ということ

を決めず、いつも暦面上三月二一日と固定してあります。このことは東洋流のやり方に比べて、ずっと大らかですが、それには理由があります。

また、復活祭の日付に用いる月齢は一月一日の月齢をもとに計算するのですが、こちらもどこの子午線ともきめておらず、暦面上の一月一日に対する月齢です。各（太陰）月の初日（月齢一日）の日取りも、平均的な値を用い、表になっております。東洋流の言葉では、平朔（第一章一節一六頁）を用いていることになります。こうすれば、復活祭の日取りは暦面上世界中で同じ日になり、時刻を問題にしても、高々一日の差しか生じないことになります。もしそれに反して、春分の日付や、満月の日付を、その地点の子午線にすると、場合によっては復活祭の日取りが一ヵ月も違ってくることになり、実際的にはいろいろ面倒なことがおきます。くわしいことはこの程度にしておき、一九八一―二〇二〇年までの復活祭の日付を表17に掲げておきました。」

表17　復活祭の日付（グレゴリオ暦）

年	月	日	年	月	日	年	月	日	年	月	日
1981	4	19	1991	3	31	2001	4	15	2011	4	24
82	4	11	92	4	19	02	3	31	12	4	8
83	4	3	93	4	11	03	4	20	13	3	31
84	4	22	94	4	3	04	4	11	14	4	20
85	4	7	95	4	16	05	3	27	15	4	5
86	3	30	96	4	7	06	4	16	16	3	27
87	4	19	97	3	30	07	4	8	17	4	16
88	4	3	98	4	12	08	3	23	18	4	1
89	3	26	99	4	4	09	4	12	19	4	21
90	4	15	2000	4	23	2010	4	4	2020	4	12

四　太陽暦問答（その二）

T「ところで二至二分の間隔が等しいかどうかご存知ですか。」

二至二分

B「二至二分て何ですか。」

T「二至とは冬至・夏至で二分とは春分・秋分のことです。」

B「そう大体二二、三日頃になっているから、大体同じじゃないんですか。」

A「そうもいかんでしょう。各月の間にバラツキがありますから。ええと、たとえば夏至から秋分まで大の月が二回ありますから、九三日ですか。ちょっとまって下さい。一年を四で割ると九一・四ですから平均よりもちょっと多いようですね。」

T「くわしく言うときは時刻も考慮に入れなければならないので、

表 18　1981 年（冬至）〜1982 年（冬至）までの二至二分の時刻（中央標準時）

	日　付	通日	時刻	差
冬至	1981年12月22日	356日 (−9)	7時51分	
				89日　0時　5分
春分	1982　3　21	80	7　56	
				92　18　27
夏至	6　22	173	2　23	
				93　15　24
秋分	9　23	266	17　47	
				89　19　52
冬至	12　22	356	13　39	
				計 365　5　48

（理科年表による）

表18を見てください。これは一九八二年のものです。もっとも冬至は一九八一年のものも入れてあります。こうしないと間隔は計算できませんから。ご覧のようにかなりバラツキがあります。」

B「こんなに違っているとは思わなかった。」

T「そうなんです。月の日数のデコボコに隠れていて、あまり気がつかないのです。」

A「その原因は何なんですか。」

T「太陽黄経が一様に増加しない（力学的に言えば、地球軌道速度が一定でないためにおきる。地球からみた太陽の方向は太陽から見た地球の方向の逆であるが、ここでは一々ことわらず、太陽の位置と言えば、地球から見た太陽の位置の意味とする）ためなのです。」

プトレマイオス

B「ケプラーの楕円運動ですか。」

A「そうです。しかし、これはケプラー以前にすでにプトレマイオスによって発見されています。」

B「そうですか。プトレマイオスは円運動だと聞きましたが。」

T「それはそうです。しかし、彼は等速円運動だけでは天体の運動が説明できないのを知っており、この等速円運動をする導円 deferent 上の点を中心とする、もう一つの円 epicycle, ἐπίκυκλος《エピキユクロス》——［円の］上の円という意味——を考えました。地球からみていると、一定の角速度にはならず、遅速があるわけです。または天体（この場合太陽）そのものは等速円運動をしていても、地球が、その円の中心にないため、太陽が地球に近いところ、すなわち近地点 perigee では見かけ上速く動いているように見えるとも表現することができます。円の中心からずれた位置にあることを離心 eccenter——center は中心で、ec は英語の from にあたるギリシア語の接頭辞です。したがって中心から離れるという意味——といいます。

ケプラーの話は第三章（一節一〇二頁）に述べますので、ここでは省略しますが、プトレマイオスの時

表 19　過去の二至二分の日付，時刻（日付はユリウス暦）

年	春分	（間隔）	夏至	（間隔）	秋分	（間隔）	冬至	（間隔）	（翌年）春分
−1500	（4月）3.7日	（94.3日）	（7月）7.0日	（91.1日）	（10月）6.1日	（88.4日）	（翌年1月）2.5日	（91.5日）	（4月）4.0日
−1000	（3月）30.7	（94.3）	3.0	（91.6）	2.6	（88.4）	（12月）30.0	（90.9）	（3月）30.9
−500	26.7	（94.2）	（6月）28.9	（92.0）	（9月）28.9	（88.5）	26.4	（90.6）	27.0
000	22.8	（94.0）	24.8	（92.4）	25.2	（88.6）	22.8	（90.2）	23.0
500	18.9	（93.7）	20.6	（92.8）	21.4	（88.9）	19.3	（89.8）	19.1
1000	15.0	（93.5）	16.5	（93.1）	17.6	（89.1）	15.7	（89.5）	15.2
1500	11.1	（93.1）	12.2	（93.5）	13.7	（89.5）	12.2	（89.1）	11.3

注：小数点以下はグリニヂ時（正子より測る）を 10 進法で表わしたもの．
例：4月3.7日＝4月3日17時（グリニヂ時）．
この表は R. Schram, Hilfstafeln für Chronologie（1882）による．

代にすでに今日の言葉でいえば中心差 equation of center が見出されていたことは強調してよいことだと思います。それが二至二分の間の時間間隔を観測的に求めたことからきているのです。」

A「プトレマイオスの体系は今日では何の役にも立たないと思っていましたが。」

T「宇宙観としての体系は現在もちろんコペルニクスによって置き代っていますが、彼の用いた観測値そのものや、モデルを構成している数字は無意味ではないのです。彼は実際、春分から夏至までの時間間隔を九四・五日とし、夏至から秋分までを九二・五日とし、一年の長さを三六五・二五日としています。」

A「さきほどの数字と少し違っていますがそれは観測の誤差なのですか。」

T「そうではないのです。当時春分から夏至までの間隔はむしろそれに近かったのです。」

B「それはまたどういうことなのですか。」

T「一言でいえば近地点が動いているのです。それを説明する前に、現在の理論から逆算したものをお目に掛けましょう。表19をご覧なさい。プトレマイオスの数字は一日以内で十分合っていることがおわかりでしょう。」

A「近地点が動いているとはどういうことなのですか。」

T「現在の知識では、太陽の近地点は黄経すなわち、春分点からの角距離は二八一・二度であり、一年あたり、約六一・九秒（角度）で増加しています。ですから、紀元〇年の頃は近地点は、二四八・五度の方向にあったのです。冬至のときには、太陽は二七〇度にありますから、近地点は、冬至点より西にあったのです（現在は冬至点の東一一・二度）。一三世紀には冬至点と近地点は一致していたことになり、その当時は秋分から冬至までの期間は冬至から春分までの期間とほぼ同じになります。

近地点（力学的には地球の近日点）の移動のうち大部分は歳差 precession によるもので、一年あたり五〇・三秒です。これは地球の赤道方向のふくらみに太陽や月の引力が働いて、地球の自転軸そのものが、空間に対して動くために起るものです。春分点は黄道上を天体の運動方向とは逆に回るため、空間に固定した点でも、その分だけ黄経が増えるようにみえるのです。地球軌道の近日点はそれ以外にも、空間に対して、年あたり一一・六秒（角度）ずつ前進します。その結果、太陽のみかけの近地点も同じだけ前進するのです。」

A「プトレマイオスの値が現在の値とほとんどぴったり一致しているとは思わなかった。」

T「現在プトレマイオスの説は全然使いものにならないように思われていますが、それは、地球中

表 20　二至二分時刻に対する中心差の影響

二至二分	視太陽	平均太陽	差(視-平均)
1981年冬至	12月22.327日	12月21.903日	+0.424日
1982年春分	3　21.331	3　23.214	−1.883
夏至	6　22.099	6　22.524	−0.425
秋分	9　23.741	9　21.835	+1.906
冬至	12　22.569	12　22.145	+0.424

注：計算の簡単のため，時刻（中央標準時）は日単位で小数部分として表わしてある．例えば 21.2 日＝21 日 4 時 48 分である．

表 21　24 節気（このうち偶数番目のものを中気という）

名称	太陽黄経	概略の日付	名称	太陽黄経	概略の日付
小寒(しょうかん)	285°	1月6日	小暑(しょうしょ)	105°	7月7日
大寒(だいかん)	300	1月20日	大暑(たいしょ)	120	7月23日
立春(りっしゅん)	315	2月4日	立秋(りっしゅう)	135	8月8日
雨水(うすい)	330	2月19日	処暑(しょしょ)	150	8月23日
啓蟄(けいちつ)	345	3月6日	白露(はくろ)	165	9月8日
春分(しゅんぶん)	0	3月21日	秋分(しゅうぶん)	180	9月23日
清明(せいめい)	15	4月5日	寒露(かんろ)	195	10月9日
穀雨(こくう)	30	4月20日	霜降(そうこう)	210	10月24日
立夏(りっか)	45	5月6日	立冬(りっとう)	225	11月8日
小満(しょうまん)	60	5月21日	小雪(しょうせつ)	240	11月23日
芒種(ぼうしゅ)	75	6月6日	大雪(たいせつ)	255	12月7日
夏至(げし)	90	6月22日	冬至(とうじ)	270	12月22日

心という説についてだけであり、用いた数値そのものは別に問題ないのです。その解釈は正しくなかったと言えますが。

中心差のことをもう少し続けましょう。太陽が一定の角速度で黄道上を運動していたとしますと、平均的な二至二分が得られますが、それと実際のものとの比較をしてみましょう。表20をご覧下さい。これが結果です。

視太陽の時角（これを視太陽時という）の代りに平均太陽の時角（平均太陽時）を用いて時刻を定義することはすでに述

べました（第一章三節四三頁）が、この差が実際時計面で問題になるのは一八世紀になってからで、それまでは、むしろ、視太陽が黄道上を動く速度が一定でないことを観測的に確かめたので、それが例えば二至二分の時刻の平均からのずれに現われてきます。この時刻差は視太陽時と平均太陽時の差（均時差 equation of time）の三六五・二四二二倍もあるので、はるかに観測し易いわけです。二至二分のみでなく、二四節気も現在視太陽の黄経を一五度おきに採っていますので、その時間間隔も一定ではありません。これを定気といいます。それに反して時間間隔を平均に採ったものを平気といいます。

すこし正確に言いますと、いわゆる平均太陽は赤道上を一定の速度で回転するようにしてありますので、ここで考えている平気の場合の黄道上の平均太陽とは違うわけです。その差は黄道が赤道と傾いているためです。もっとも二至二分では二つの平均太陽の差の影響はありませんので、今の表は均時差と同質のものとなります。もちろん単位は違っております。こまかいことを言いますと全く同じではなく、多少異っておりますが、少し程度が高い議論が必要なのでここでは省略しておきます。」

再び年初について

T「さて表19をもう一度眺めて下さい。紀元前千年を見て戴きたい。春分は三月三〇日、夏至は七月三日、秋分は一〇月二日、冬至は一二月三〇日です。この頃では二至二分が月のかわり目とほぼ一致していることがおわかりと思う。このことは逆に言えば、次のことを推定させるのに十分なのです。すなわちユリウス暦とは元来冬至が一月一日、春分が四月一日、夏至が七月一日、秋分が一〇月一日になるように作製したのではないかと。現在の各月の日数の不揃いを説明する試みはいろいろとあり、前節のものもその一つです。しかし、それほど十分ではありません。一二月と一月の三一日をたとえば三〇日とし、その余った分を二月にまわしたとすると、一一月、一二月、一月、二月と四ヵ月も小の月が続くことになります。冬の期間の一月《ひとつき》が短い理由として、この時期では太陽が近地点付近におり、軌道速度が速く、平均より秋分・冬至の間や冬至・春分の間が短いということを考えれば納得できますが、これ以外の方法は十分説得的でありません。こう考えますと、以上の推定は年初のみでなく、各月の日数の配置についても、ある程度の理由づけになっているのではないかと思えるのです。

もっともユリウス暦は前四六年に採用されたものであり、その間約千年の隔たりがあることも事実です。一方もう少しくわしく申しますと、二至二分が全体として月のキレメに一番近いのは前八六〇年頃です。もしユリウス・カエサルの天文学者が用いた天文学的記録が案外古くて、平均として前八六〇年頃のものだとすれば（これは古エヂプト暦の歴史から見て、考えられないことではありません）、この推定は十分成立し得ることなのです。私はまだ文献的にこのことを検証したわけではありませんが、かなりあり得ることだと思っているのですがね。」

A「そうしますと、さっきお話になった太陰暦との関連以外にもこのような推定もなり立つということですか。」

T「そう考えてみたいと思っています。」

A「そうしますと、クリスマスは元来北欧の冬至祭だということですから、冬至、年初、クリスマスは元来は同じものだったのが、現在は一二月二二（または三）日、二五日、一月一日とそれぞれの機能によって分離してしまったことになりますね。」

B「もしそうなら随分わかり易いのですがね。」

T「別々の伝承で、その伝え方が異ったために、そのように分離したと考えられるのですがね。ただし、これは確定的なことではなく、一つの推定に留まりますことを付け加えておきます。」

B「話は変りますが、明治何年生れの人は何歳かというようなとき、西暦に直したほうが早いわけですか。」

元号と西暦

T「それは人によって違っていると思いますが、私はそうしています。明治に対しては（一八）六七を足せば西暦になります。大正に対しては（一九）一一、昭和は（一九）二五足せばいいわけです。または昭和に五八足せば明治に、一四足せば大正の年号になります。といいますのは明治四五年＝大正元年、大正一五年＝昭和元年だからです。一五ではなく一四を足すことに注意（この問題については第一章二節六項三九頁参照）。大正一五年と昭和元年はそれぞれでは完全な一年をなしておらず、双方足して丸一年になることに注意して下さい。」

その辺の事情をくわしく見るために法律的な表現を次に挙げておきます。

大正十五年詔書（元號ヲ昭和ト爲ス詔書）（大正十五年十二月二十五日詔書）

朕《ちん》皇祖皇宗ノ威靈ニ賴《よ》リ大統ヲ承《う》ケ萬機ヲ總《すぶ》フ茲《ここ》ニ定制ニ遵《したがい》ヒ元號ヲ建テ大正十五年十二月二十五日以後ヲ改メテ昭和元年ト爲ス（なおこの詔書は元号法（昭和五十四年六月十二日法律第四十三号）により明文的にではなく廃止されているようである。）

「**問題**」　さて、十二月二十五日は大正、昭和の、いずれに属するのか。大正改元でも同じ問題がある。すなわちその年の七月三十日は明治に属するのか、大正に属するのか。

（大正十五年詔書に文句をつけて申訳ないが、文言上「……十二月二十五日以後ヲ改メテ昭和元年ト爲ス」の表現はよく考えてみるとあまり正確ではない。すなわち、同日以後いつまでたっても昭和元年なのか。昭和二年、三年と呼んではいけないのか。）

一方、明治改元（明治元年九月八日布告および詔）の場合は何日以後とは書かれてなく単に「改慶應四年爲明治元年」となっていたために、慶応四年は抹殺され、正月元日に遡ってすべて明治に書き改められることに理論上なっていた。しかしすでに出された公文書を全部書き換えたかどうかは審かにしません。なおそうすることは他は可能であっても少くとも改元の詔書はできない筈。というか何を何に改めたのかを書かなければ意味がありません。慶応四年をすべて抹殺することは不可能なのである。すなわち自分自身を否定する命題を書くことは矛盾なのです。――ラッセルのパラドックス（「クレテ人はうそつきだ」とクレテ人は言った！）。（この問題を別にすれば、この場合は明治二年、三年……は理論上問題はない。）

ちょっと脱線しましたが、以上明治・大正・昭和と天皇が代る毎に年号を取り換えたのは通算するのには不便です。けれどもたとえば「明治は遠くなりにけり」といったような時代区分をするのに便利だという人もいます。」

西暦その他の紀年法

A「西洋では西暦一点ばりですか。」

T「欧米では現在は西暦を用いています。もっとも「西暦」という言葉は西洋の暦という意味で日本でだけ用いている表現であって、むこうではAD（Anno Domini 長く言うと Anno ab Incarnatione Domini Nostri Iesu Christi—我等の主イエス・キリストの受肉からの年—要するにキリスト紀元）。混乱のおそれのないときは何もつけません。このキリスト紀元は六世紀のディオニシウス・エクシグース（Dionysius Exiguus, 530 AD 頃）によって使用され、それが次第に他の紀年法を駆逐して一五、六世紀には一般に用いられるようになったのです。ですから思ったより比較的新しいのです。なお現代の歴史学的研究によれば、キリストの誕生は紀元前四—六といわれています。一八世紀の終りに、紀元前も統一的に用いられるようになったのです（英語で BC, before Christ）。AD一年の前年がBC一年です（なお、この問題については第一章二節六項参照）。」

A「ADやBCが一般に用いられる以前は何を用いたのですか。」

T「一般にどこの国でも国王や皇帝の治世の何年という方法が多いようです。それ以外にいろいろの通年用の紀年法があります。たとえばユダヤ暦では BC 3761 年（10 月 6 日）を暦元（太陰太陽暦）にとって創世紀元と呼んでいます。これは現在でも宗教的には用いています。また回教暦では AD 622 年 7 月 16 日金曜日（ユリウス暦）がヘジラ紀元（太陰暦）です。古ローマでは BC 753 年 4 月 21 日がローマ建国紀元です。ギリシアでは四年周期の Olympiad があり、その第一周期第一年は BC 776 年です。中世にはイベリヤ半島で BC 38 年に暦元をもつスペイン紀元というのがあり、一五、六世紀まで用いられていました。その他古代にはコンスタンティヌス帝によってきめられたIndictio《インディクティオ》というのがあり、AD 312年9月1日からAD 313年8月31日までがその第一年です。このIndictioは日付の確定に非常に重要な役割をはたしています。丁度これは東洋の十干十二支のような役割をしていると考えられます。」

B「十干十二支とは甲子、乙丑……のことですね。それがまたどうして。」

T「全く同じというわけではありませんが日付の確定には役立つという意味で。東洋のほうから言いますと、東洋では暦がしばしば変更され、そのうえ元号の変遷が多いので、今になって暦を再構成するのには大いに役立っているのです。干支は連続しているため、途中のことが少々わからなくても、その前後だけで年次または日次をおさえることができるのです（具体的例では第一章一節参照）。

干支は年ばかりでなく日にもついていますから、東洋のように太陰太陽暦を用いているところでは、この助けがなければ、いつが大の月か、小の月か、すぐわからなくなってしまいます。日付については西洋ではシーザー以来太陽暦を用いていますので途中グレゴリオによる改暦がありましたが、割合はっきりしているので、あまり問題はないのですが、年号のほうはJanuary 1に一年ずつ増すという方法ばかりでなく、中世にはクリスマスまたは復活祭がくる毎に年を改めていた習慣もあるので（これをstyleという）、Indictioを用いて年を確定している場合が多いのです。八月九月がきれ目ですと、今問題になっているところは途中では変りませんから。もっとも、用心のいい人はたとえばFebruary 25, 1359/1360というふうに、両方の年号を書いてあります。つまり一三五九年から一三六

○年にかけての二月二五日ということで、これは現代流でいえば一三六○年の二月二五日という意味で、復活祭までは一三五九年を使う習慣によって表わせば一三五九年であるということを意味しています。Dec.28, 1325/1326 という表現もあります。くどいようですが、これは現代流では一三二五年一二月二八日ということになります。

ユリウス通日

通日《つうじつ》とはある暦元の日からの通し番号で表わした日付のことです。グレゴリオ暦が採用されたとき、改暦によって起るかも知れない混乱を防止する目的で、一六二九年にスカリージェ Josephus Scaliger はユリウス通日というものを考えました。それは BC 4713 年 1 月 1 日正午（グリニチ時）を暦元、つまり○・○《ゼロテンゼロ》（これは失礼しました。一種の重箱読みでした。日本語はレイ・テン・レイ）とした通日です。（これをユリウス通日と呼ぶのはユリウス・カエサルとは無関係で、ヨセフス・スカリゲルの父がユリウスだったのを記念したと言われています。たとえば一九八二年一月一日正午（グリニチ時）は 2,444,971 です。こういう通日を用いれば、無味乾燥かも知れませんが、世界中の事件を正確に位置づけることができるわけです。何年何月何日というと、いつも何の暦で勘定したのだと聞かれる訳ですから、いつもあいまいさが残るわけですが、これですと、計算違いをしない限りピタリと出せるわけです。」

B「BC 4713 年に何かあったのですか。」

T「いや別に何もないのです。計算上のもので、この日に世界が始まったと主張しているわけではありません。どうしてこの日を暦元にしたのかと言いますと、暦元で太陽章（二十八年）、太陰章（または黄金数、十九年）、さきほどの Indictio（十五年）がそれぞれ第一年になるように決めたものです。全周期は七九八〇年ですから、もう一周期前の紀元前一二、六九三年でもかまわないのですが、数が大きくなり過ぎるのは不便だからと言うことと、歴史記録がそんなに古いものはなさそうだと思ったからなのです。（なお太陽章は7×4年で、ユリウス暦ではこの周期で曜日が循環する。）

ついでに言いますと、曜日は途中全然飛ばしてないと考えられますから（記録が存在する限りは）、この暦元を逆算しますと月曜日ということになります。たとえば1982年1月1日の通日は2,444,971ですが、これは7で割ると余りが4ですから、金曜日ということになります。また日の干支も同様に計算できます。今度は1982年1月30日の通日は 2,445,000 で、60 で割り切れるから暦元と同じ癸丑。年のほうの干支については暦元では戊子ですので、1982 年については

1982＋4712＝6694＝60×111＋34 すなわち干のほうが四つ先つまり壬（34＝3×10＋4）。支のほうは十先（34＝2×12＋10）つまり戌。よって 1982＝壬戌（みずのえいぬ）。」

A「ユリウス通日というのは聞いたことはありますが、そんなふうに利用できるとは思わなかった。」

週と世界暦

B「ところで曜日の起源は何ですか。」

T「七日という周期は朔望月の四分の一に関係あるわけで、太陰暦を用いていた古代バビロニアに起り、それがユダヤ暦に入ったものと思われます。七日毎休んだわけで Shabath といって今日の土曜日にあたります。しかし現在の日本語の名称はヨーロッパからきており古代ローマが起

源とされています。古代ローマでは一日を二四等分して、一時間ずつを一つの惑星、日、月が支配すると考えられていました。その順序は平均運動のおそいものから並べて（距離の遠いものから並べて）土木火日金水月となります。」

B「その順番と曜日の順番は一致していないですね。」

T「そうです。今もいいましたように、これは各時間を支配する惑星、日、月です。一日の最初の時間を支配するものは、その日の代表だから、一日全部を支配すると考えた訳です。」

A「ちょっと待って下さい。二四を七で割ると三が余るから、三つ目毎になるのですね。」

T「そうです。」

A「そうしますと、土の次は日、次は月。その次は火。……なるほど。」

T「なお週の始まりはこの考えからすると土曜日となるわけですが、ユダヤ教の考えと結びついて日曜からとなりました。今日でも日曜日が週の最初ということになっています。それがキリスト教では日曜日にキリストが復活したことになっており、それを記念するために、日曜日は仕事を休んだのです。」

B「週の最初から休むなんて、随分妙だと思っていました。」

T「いやそういう意味ではないのです。もっとも最近はそうとられたくないためか、月曜日を週の初めにする考え方もあるようですが。またユダヤ教では今でも土曜が休みです。一方回教国では、マホメッドがメディナへ逃れた日、さきのヘジラ紀元ですが、これが金曜であるために金曜日が休みです。」

B「日曜日を赤くし、土曜を青くするのはどういうわけですか。」

T「日曜日を赤でぬる習慣は欧米にもあるようですが、土曜日が青いのは日本だけのようです。その理由は知りません。」

B「今の暦で曜日が一定せず、毎年変るのは不便ですが。」

T「カレンダー屋さんが失業する（これは失言）のを防ぐためではないのですが、たしかに不便ですね。これを変更して、毎年同じ暦にする運動はあったのです。

すなわち、世界暦運動というものですが、このところ下火になっています。これは一九三〇年以来アメリカのアケリス女史 Elisabeth Achelis によって提案されたもので、一年の最後に週外日（曜日なし）の世界休日をおくことにしています。なお閏年では六月の最後の日をやはり週外日にしようというものです。また同時に各月の日数も平均化して、一、四、七、一〇は三一日、それ以外は三〇日にし、一月一日を日曜日にしようとする案です。一時国連の経済社会理事会UNESCO（表34二四七頁参照）に提案されるところまで進みましたが、反対が多く、遂に審議は無期延期されてしまいました。週日が不連続になることが最大の反対理由のようです。とにかく改暦ということは大変なことで、そう簡単には実施されないものです。」

結び

T「さてこの辺でまとめてみたいと思います。いままで主として現行暦に含まれているいろいろな要素を歴史的に見てきたわけですが、要するに、暦にある年、月、日というものは、回帰年、朔望月、地球の自転周期という自然現象になるべく一致するように、しかもなるべく簡単な関係で結びつくように配置したものなのです。しかしこの二つは矛盾したものなのです。正確にしようとするとどうしても複雑になってしまいます。また数学的にいうとこれらの間の関係は無理数らしいので（無限の精度が得られないので、本当のことは誰にもわかりません）むずかしいのです（第二章一節二、三項参照）。暦の歴史とは実にこの無理数（らしいもの）との戦いであり、現在も続けられているものなのです。――タンタロスの水――。人類はその数字を次第に精密に求めてきたのです。ですから古代の暦が現代の数字と合わないのは笑うべきことではなく、それらの知識の綜合として現在の天文学の基礎ができ上ってきたのだといっても決して過言ではないのです。また一方、今日でも月の運動理論の中に含まれる潮汐項はよくつかめていないので、古代の日・月食の記録に頼っているところもあるわけで（特に第四章二節一五四頁参照）、これらは本章や本節だけの問題ではなく、本書全体の問題にもかかわってきているところです。」

（前節および本節は岡山県教育庁社会教育課内岡山天文博物館設置委員会発行「おかやま天文教室」第八号、一九六五年一月の拙稿「暦の話」を一部変更の上再録したもの）

第三章　近代天文学の成立

一　皇帝付数学者

プラハ　一六〇〇年一〇月一九日、ヨハネス・ケプラーは彼の妻と養女を連れて、プラハ Praha（英語では Prague）にやってきた。それは彼の願いを入れて、在プラハのティホ・ブラーエが皇帝ルドルフ二世 Rudolph II（在位 1576–1612）の許可をとって、彼を招待したからである。というのは前任地のグラーツ Graz では非カトリック教徒は追放されることになり、ケプラーはそこに居られなくなったからである。最初はブラーエの助手という身分であったが、翌年ブラーエが死ぬと、彼はその後を襲って皇帝付数学者 Imperatoris Mathematicus となった。皇帝（すなわち神聖ローマ帝国皇帝）は当時の習慣にしたがって、銅版・金・ガラス・機械等の技術者、音楽家、画家、建築家等々を宮廷に集めていた。皇帝付数学者もそれらの一員であり、具体的には惑星の運行を研究する人であり、占星術によって国家ならびに皇帝の運勢を探究する技術者である。すなわち学問をやるための学者ではなかった。

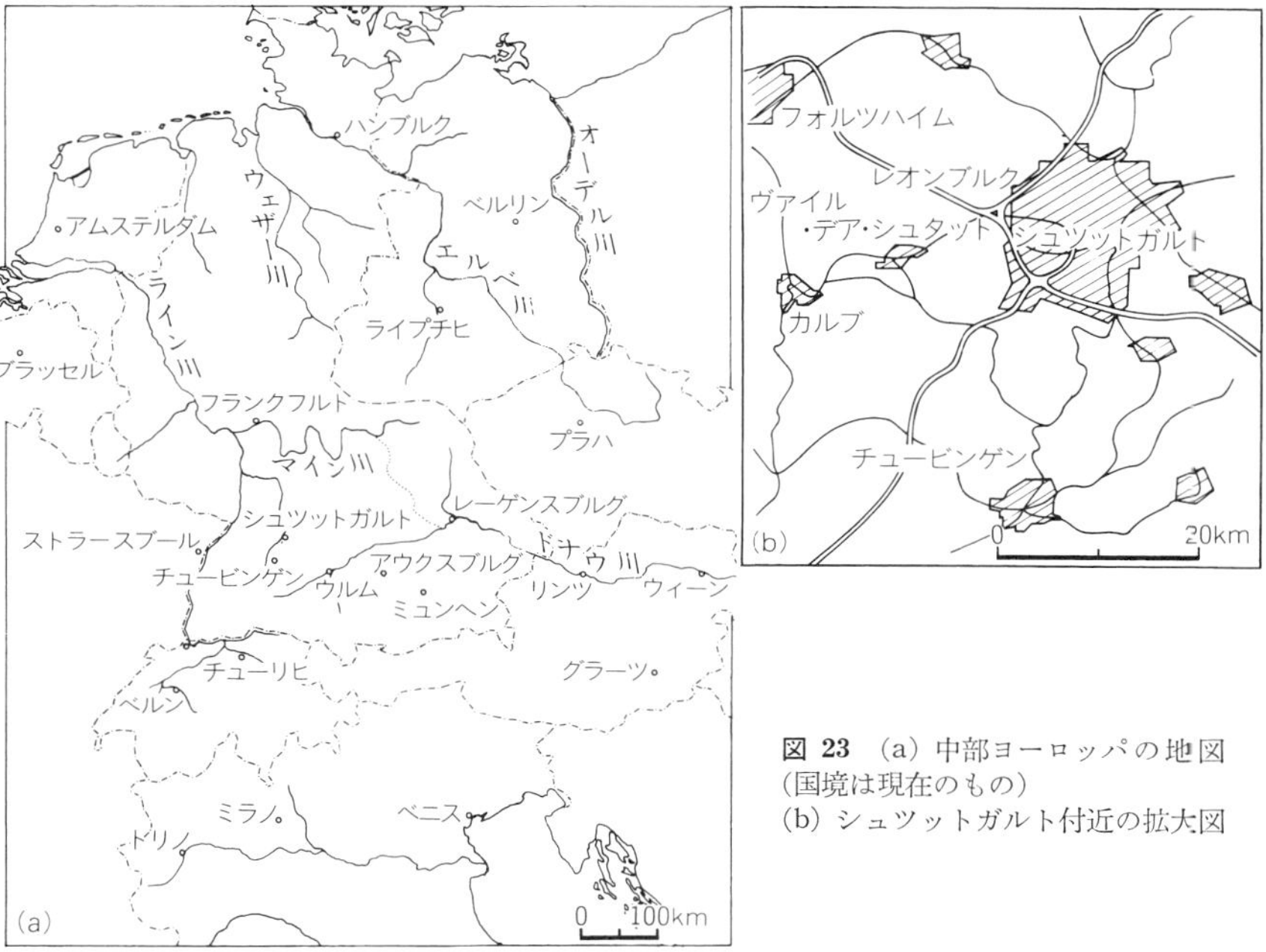

図 23 (a) 中部ヨーロッパの地図(国境は現在のもの)
(b) シュツットガルト付近の拡大図

ことにハプスブルグ家のルドルフ二世は占星術に凝っていたらしい。それは国内的にはプロテスタント・カトリックの抗争、国際的にはトルコ軍の侵入という政情不安な時代にあり、確固とした政治的信念をもたなかった皇帝としてはあたりまえのことであったかも知れない。

これよりさき、デンマークの貴族であったティホ・ブラーエは招かれて、プラハに滞在し皇帝の食客となった。彼は以前デンマーク王の庇護のもとにフヴェン島ウラニボルグで約三〇年間、惑星の観測を行ったが、これは望遠鏡が発明される以前の最後の肉眼観測の集大成とも言えるものであった。これ等の記録をケプラーが利用できたことは、彼の運動理論の完成に大いに役立ったと言える。もっとも、ブラーエの相続人等の厖大な要求(二万ターラー。一ターラーを一万円として約一億円)を当時傾きかけていた皇帝の金庫が支払えず、ケプラーは難渋したようである。

さて一六〇四年一〇月、土星・木星・火星がへびつかい座で会合しているときに第四の星が現われた。すなわち超新星である。初めは木星と同じ程度の明るさであったが、昼間でも見えるようになった。当時の占星術でこのような（超）新星をどのように扱っていたのかはくわしくは知らないが、新しい星は新しい支配者の出現を意味していたことは間違いあるまい。ケプラーにとってこのお客さん（東洋では客星と呼ぶ）には戸惑ったことであろう。

アストロロジー

占星術はある人の生れたときの各惑星の位置——それを図示したものをホロスコープ horoscope（時を見るという意味）という——から運勢を占うのであり、そのために惑星の運動・運行を理論的に求める必要があった。それはまたケプラーの天文学でもあった。彼は

図 24 ケプラー Johannes Kepler (1571–1630) の肖像画 (1620)（ドイツの天文学者）
(Max Caspar (ed.) : J. Kepler, Gesammelte Werke, Bd. XVIII, C. H. Beck'sche Verl., München, 1959 より)

図 25 ティホ・ブラーエ Tycho Brahe (1546–1601) の肖像（デンマークの貴族・天文学者）

この超新星がルドルフに禍をもたらすものであると思っていたようである。すなわちトルコ軍の侵入を予想していたようである。一方、アメリカに代表される新しい世界の始まり……。当時天象が何らかの意味で人間世界に影響を与えるという考え方は支配的であったけれども、惑星の理論大系の完成という天文学的目論見からすれば、彼にとって新星は全く招かれざる客であった、と思われる。

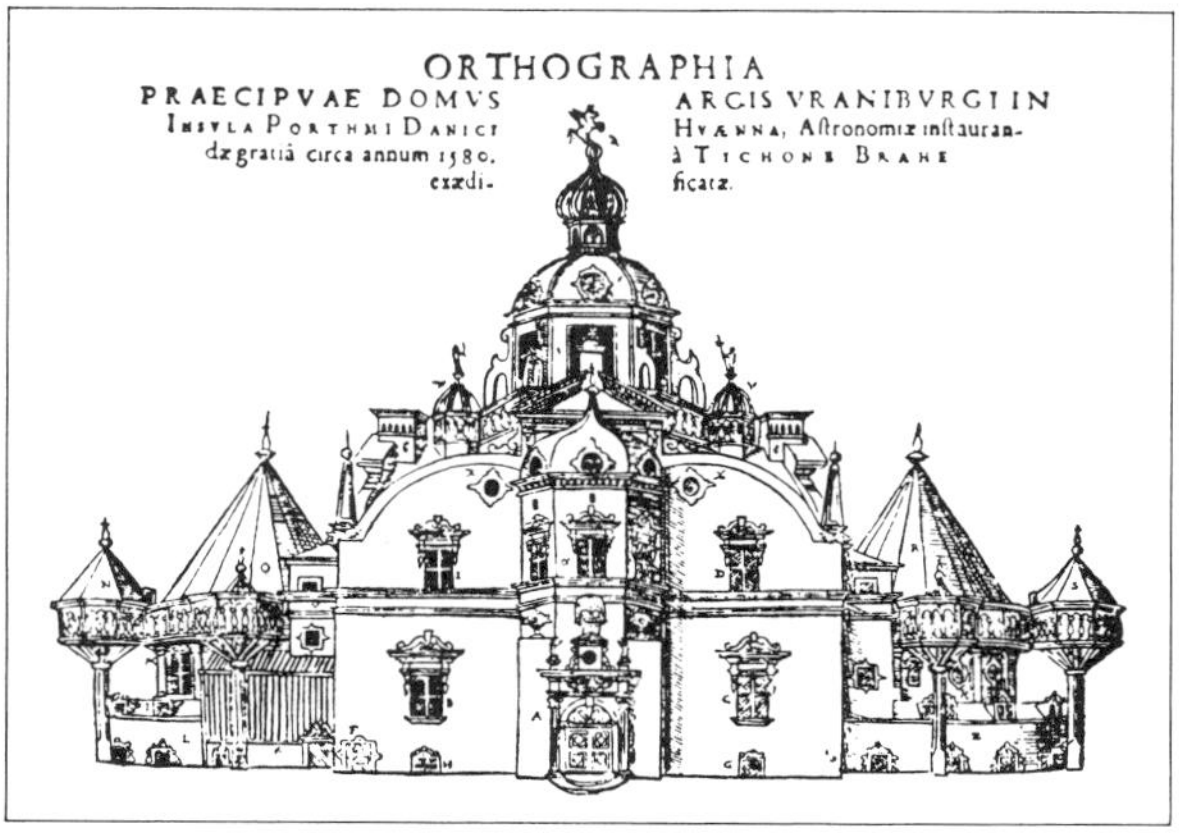

図 26　ウラニボルク Uraniborg の天文台. ティホ・ブラーエがデンマークに建設した天文台. Uraniborg とは「天界の町」という意味.

それはともあれ、ケプラーにとって占星術は彼の生活を支える手段であった。彼は当時時間の半分をこれにさかなければならないと友人にこぼしている。占星術によって生活を支え、あとの半分で天文学の研究をやっていたことになる。プラハに滞在していた当初は、不満はあるにしても何とかやってゆけた。けれども、彼がルドルフの運勢をいいものとは予言しなかったことが原因かどうかは知らないが、財政逼迫《ひっぱく》により後半では彼に対する支払いはかなり遅配・欠配していたようである。

ヴァイル・デア・シュタット

一九七六年三月のある日、私はヴァイル・デア・シュタットの居酒屋に腰をおろして、昼飯を食べていた。店の人はイタリア人らしく、甲高いイタリア語で客人と話をしていた。

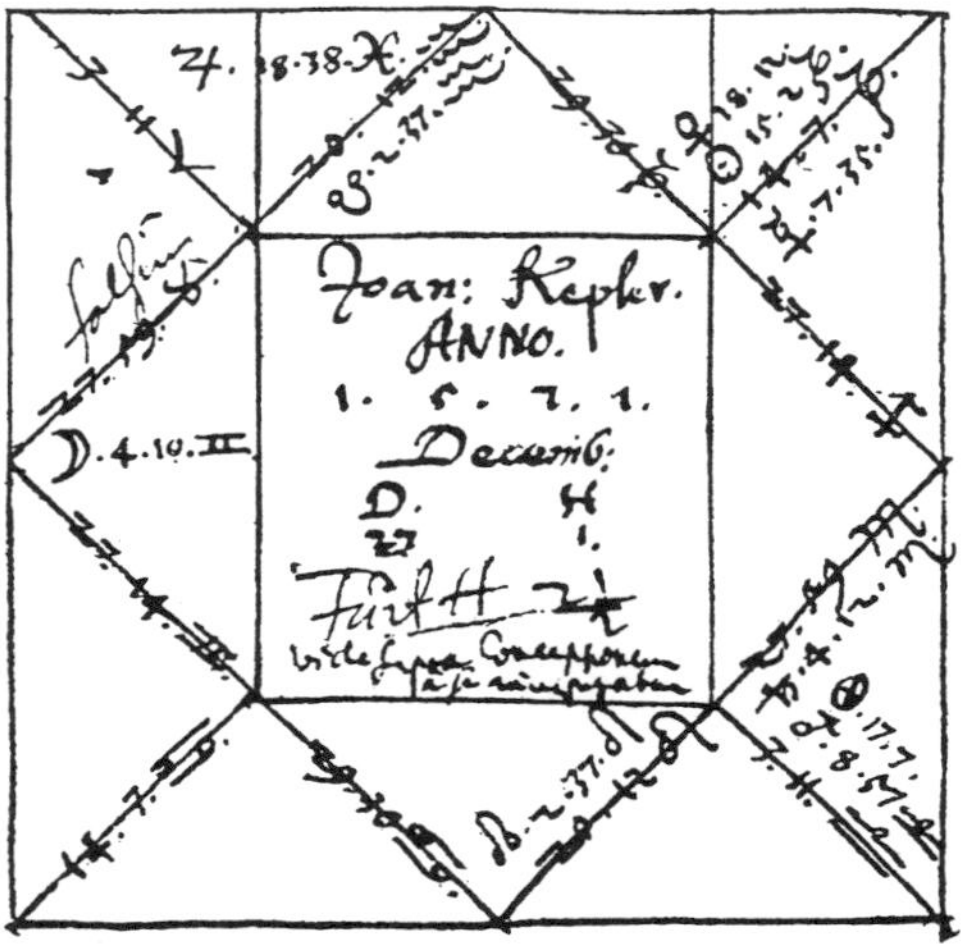

図 27 ケプラーによる自己のホロスコープ
1571年12月27日生れとある.

それを聞くともなく聞いていると、何かフッと時代がバックしたような気がしてきた。ドアをあけて剣を腰にさげた騎士が入ってくるような錯覚におそわれた。やっとたどりついた町である。この町で一五七一年ヨハネス・ケプラーは生れた。彼の祖父ゼーバルト Sebald はこの市の市長をつとめていた。皇帝直轄都市《ライヒス・シュタット》[9]Reichsstadt であり、祖父はヨハネスにこの市の格式の高いことを口ぐせのように言っていたという。市の周囲には今でも城壁が残っているし、こじんまりとした町並は中世の都市の雰囲気をただよわせている。現在のバーデン・ヴュルテムベルグ州の首都シュツットガルト Stuttgart からローカル線で約三〇分西方に約二〇キロ行った所にこの町はある。現在人口は三千程度であろうか。町の中央広場のマルクト・プラッツは自動車が駐車していることとヨハネスの銅像が立っていることを除いては昔と変わらないであろうし、市庁舎もそのままのようである。そこで彼の祖父が執務していたのだ。

父親ハインリッヒ Heinrich は飲んだくれで、しかも傭兵隊に傭われ年中家を空けていたという。母親はガミガミ屋で、いつも怒鳴っており、彼の少年時代は祖父以外はあまり良い印象が残らなかったようである。家庭的にはめぐまれたとは言い難い。しかも彼の母は後に魔女裁判にかけられ、ヨハネスが皇帝付数学者の肩書を利用して手を廻さなければ、火あぶりにされるところであった。

テュービンゲン大学

ヨハネスは近所の二、三のラテン語学校で勉強した後、一七歳のとき、この地方唯一の大学テュービンゲン大学 Universität Tübingen の学生となる。プロティスタンティズムに熱心なヴュルテムベルグ大公 Württemberger Herzog が、アウグスティン修道院の中に学寮を建て、奨学金を出し、しかも卒業後は就職口《ポスト》を用意してルター Luther 派の闘士として活躍することを義務づけた。そこの給費生になったのである。そこで学んだ学科は最初は自由七学科 L)septem artes liberales と呼ばれる、文法学 grammatica（ラテン語、以下同じ）、修辞学 rhetorica　弁論術 dialectica　算術 arithmetica　幾何学 geometrica　天文学 astronomia　音楽 musica

図 28　ヴァイル・デア・シュタット Weil der Stadt のケプラーの銅像

図 29　ヴァイル・デア・シュタットの中央広場

であり、要するにアリストテレス Aristotelēs (384–22 BC) の大系に沿って組立てられたものであった。ヨハネスにとって仕合わせであったことはメストリン M. Mästlin 教授との邂逅である。メストリンは正規の講義ではもちろんユークリッドの数学やプトレマイオスの天文学を教えていたが、個人的にコペルニクスの説を彼に紹介したのである。メストリンは表向きコペルニクスの説を講義することはできなかった。というのはルター Martin Luther (1483–1546) はコペルニクスの言説を信用せず、一方テュービンゲンではルターが法王以上の権威者であったから。二年たって学芸学部 L)facultas artium を卒業したヨハネスはマギステル G)Magister (ラテン語では偉大な人の意で元来手工業的職業の親方《マイスター》 G)Meister であるが、今日の修士《マスター》 master の起源はここにある) の称号を得た。普通はその後数年間専門の勉強をして、さらに神学・法学または医学のドクトル Doctor (ラテン語で教える者の意) になるのであるが、彼はその後しばらくして大学を止めてしまった。神学者や牧師になることはすでにあきらめていたからである。ルター派の教理に疑問を持っていたのがその理由である。そのことが、彼の後々の境遇に重大な影響を与えるのであるが、それは後に述べる。

就職　メストリンは彼のためにスタイヤマルク Steiermark 地方 (現オーストリア) のグラーツ Graz 市での職をみつけた。仕事はその地方の暦の作成と学校の教師である。暦とは日・月・惑星の位置をしるしたものに、教会行事や種々の運勢や (長期の) 天気予報をも含むものである。一五九四年ケプラーはアルプスを越えて彼の最初の就職地に赴いた。彼はほっとしたようである。テュービンゲンのうるさい神学者達に付纏われることもなく、自由にのんびりと学生の相手をしていればよかったし、暦の編纂といってもそれほど苦にはならなかった。政治情勢なども方位図や星座表の助けがなくても、彼一流の見通しで常識的に判定できるものであった。もっとも一五九四年から九五年にかけての冬は寒いと予報したのが当り過ぎて住民が恐れをなしたのには困ったようである。

彼はこの地で一五九六年処女出版を行う。題名は『宇宙の神秘』である。コペルニクスの太陽中心説において、各惑星の軌道半径の関係を幾何学的に説明しようとするものである。すなわち当時知られていた六個の惑星が運動する球面の間に五個の正多面体をうまく挿入することで、その球面の半径を数学的に割り出し、観測と比較しようとするものである。コペルニクスはそこまで考えていない。一方プトレマイオスの天文学では地球から各惑星までの距離は任意である。

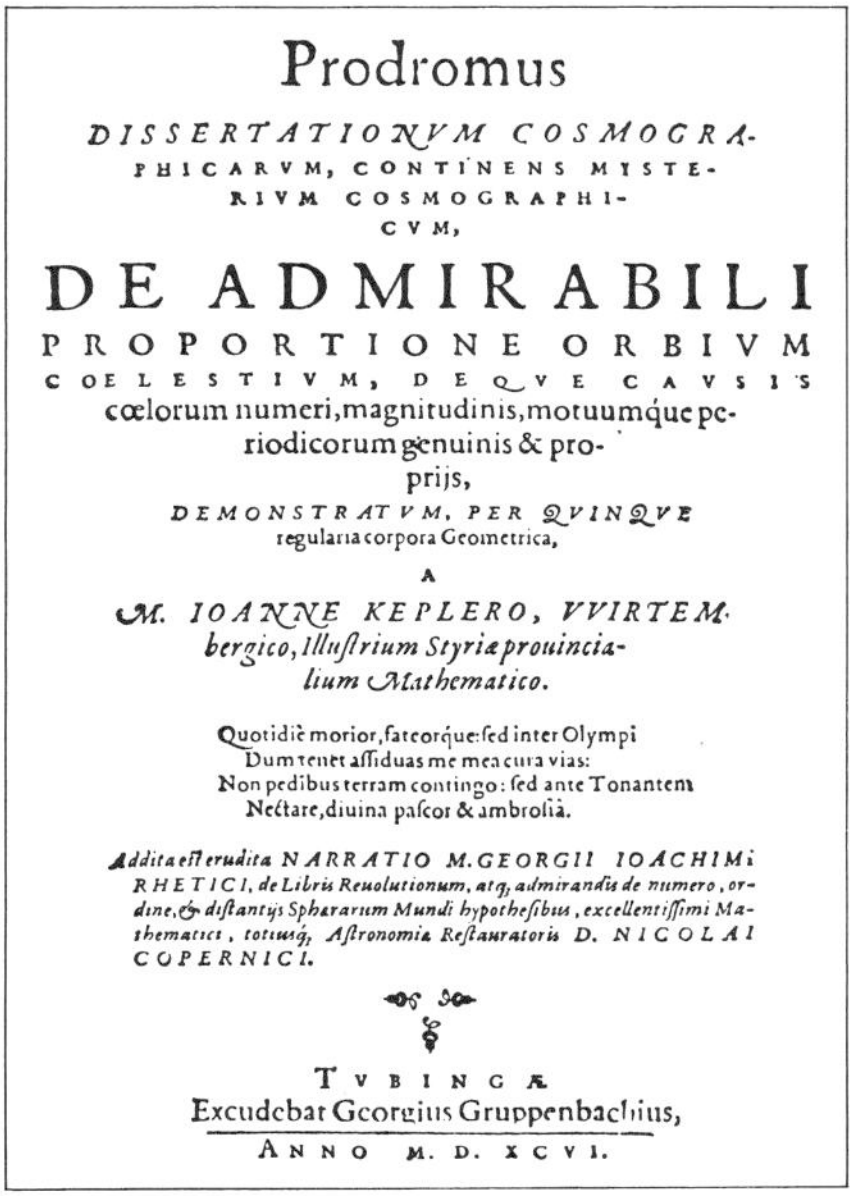
Prodromus
DISSERTATIONVM COSMOGRAPHICARVM, CONTINENS MYSTERIVM COSMOGRAPHICVM,
DE ADMIRABILI
PROPORTIONE ORBIVM COELESTIVM, DEQVE CAVSIS cœlorum numeri, magnitudinis, motuumque periodicorum genuinis & proprijs,
DEMONSTRATVM, PER QVINQVE regularia corpora Geometrica,
A
M. IOANNE KEPLERO, VVIRTEMbergico, Illustrium Styriæ prouincialium Mathematico.

Quotidiè morior, fateorque: sed inter Olympi
Dum tenet assiduas me mea cura vias:
Non pedibus terram contingo: sed ante Tonantem
Nectare, diuina pascor & ambrosiâ.

Addita est erudita NARRATIO M. GEORGII IOACHIMI RHETICI, de Libris Reuolutionum, atq; admirandis de numero, ordine, & distantijs Sphærarum Mundi hypothesibus, excellentissimi Mathematici, totiusq; Astronomiæ Restauratoris D. NICOLAI COPERNICI.

TVBINGÆ
Excudebat Georgius Gruppenbachius,
ANNO M. D. XCVI.

図 30 『宇宙の神秘』[L)] Mysterium Cosmographicum, 1596, の扉頁
(Max Caspar (ed.) : J. Kepler, Gesammelte Werke, Bd. I, C. H. Beck, 1938 より)

惑星の軌道半径が何故現在のようになっているのかという問題は今日でもまだ解かれていない。これは太陽系起源論の中心的問題であり、いろいろの仮説がたてられてはこわされているのが現状である。現在では太陽系がかなり扁平な様相を示していることから、ケプラーのように球面と球面との関係を云々する人はいない。しかし整数関係という考え方は全くは捨てられないのではないかと思われる。すなわち、扁平な

面内での渦が安定に生き残るためには、渦が整数個であることはあり得るからである。

それはともかく、この理論と実際はあまり合っていない。その理由を説明するために、理論と観測の違いは各惑星の運動球の中心が太陽でなく、中心がずれているために球と多面体の間に余裕がなければならないという問題に彼は関連づけた。これは離心（eccentric 中心がずれているという意味）と呼ばれる。ここでちょっと注意しておかなければならないのは、この当時は彼は惑星運動が楕円であることには気がついてはおらず、単に太陽が球の中心からずれているということだけに注目していることである。このことはプトレマイオスの天文学でも知られていたことなのである。いわゆる離心率の小さい楕円は円とあまり差がなく、太陽が焦点にあれば中心と焦点の差だけが問題になることが重要なのである。

表 22 多面体と惑星運動球の関係

	球の比(計算値)	(コペルニクスの値)
土星		
立方体	0.577	0.635
木星		
四面体	0.333	0.333
火星		
十二面体	0.795	0.757
地球		
二十面体	0.795	0.794
金星		
八面体	0.577	0.723
水星	or 0.707	

ケプラーは一五九七年にバルバラ・ミュラー Barbara Müller と結婚する。彼女の父はグラーツの資産家であった。ケプラーのグラーツでの幸福な日々はしかし長くは続かなかった。スタイヤマルク地方はカトリックの領域になり、プロテスタントであった彼は職を失うことになる。彼はテュービン

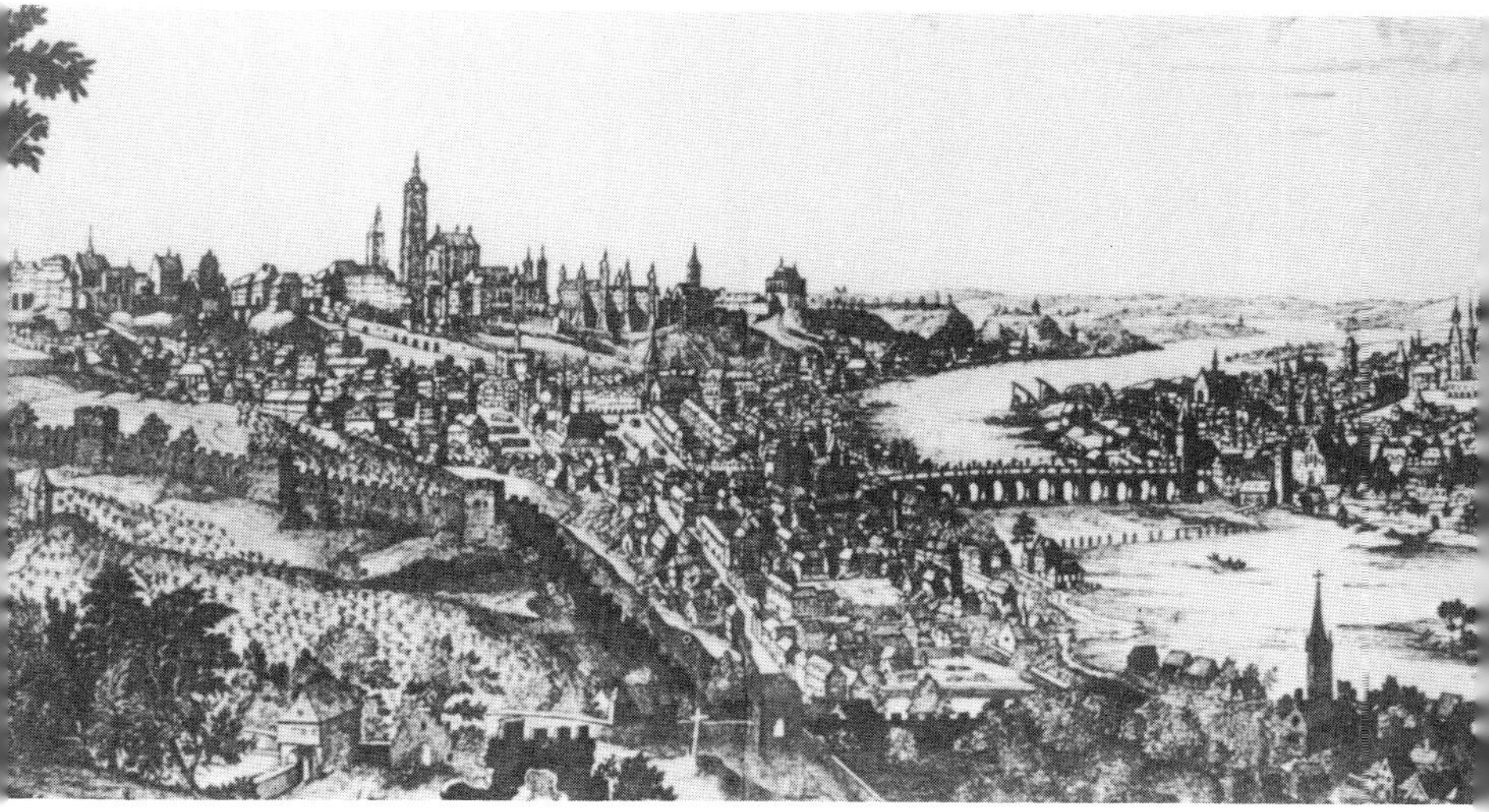

図 31 プラハ市の鳥瞰図．ヴルタヴァ Vltava 川の西岸（図で左側）にある高い建物は王城内にある Vitus 大聖堂および鐘楼である．町の主部は東岸にある．

ゲンのメストリン宛に、テュービンゲン大学での職が得られるように交渉する。しかし何の返事もなかった。テュービンゲンでは彼は嫌われ者であった。そこでプラハにいたティホ・ブラーエに手紙を書く。面識はなかったのだけれども。幸にして、彼は喜んでむかえようと言ってきた。ケプラーは小躍りをして喜ぶ。その後のできごとは本節の最初にもどる。

ケプラーの誤り　プラハに移ってからの彼の研究は大いにはかどった。それはブラーエによる観測があますところなく利用できたことによる。一方、彼は対数計算も行った。対数は掛算を加算に直すことができる点で非常に有効である。対数はネイピア John Napier（1550-1617）によって発見されたとされているが、ケプラーはそれを十分使いこなすことができた。（ルドルフ表の場合そうである。）対数計算は実に筆者の学生の時代までは続けられていたものである。

彼はまず軌道上の惑星の速度に目をつけた。太陽は惑星を動かす力（ラ）virtus――軌道上を走らせる力で、ニュートンの力のように質点間を結ぶ直線方向の力ではない。ケプラーはこれを磁気力のようなものと考えていた）をもっており、その力は平面的に伝わるので、太陽からの距離に逆比例すると考えた。したがって速度と距離を掛け合せた面積速度は一定に違いないと推論した。これが彼のいわゆる第二法則である。

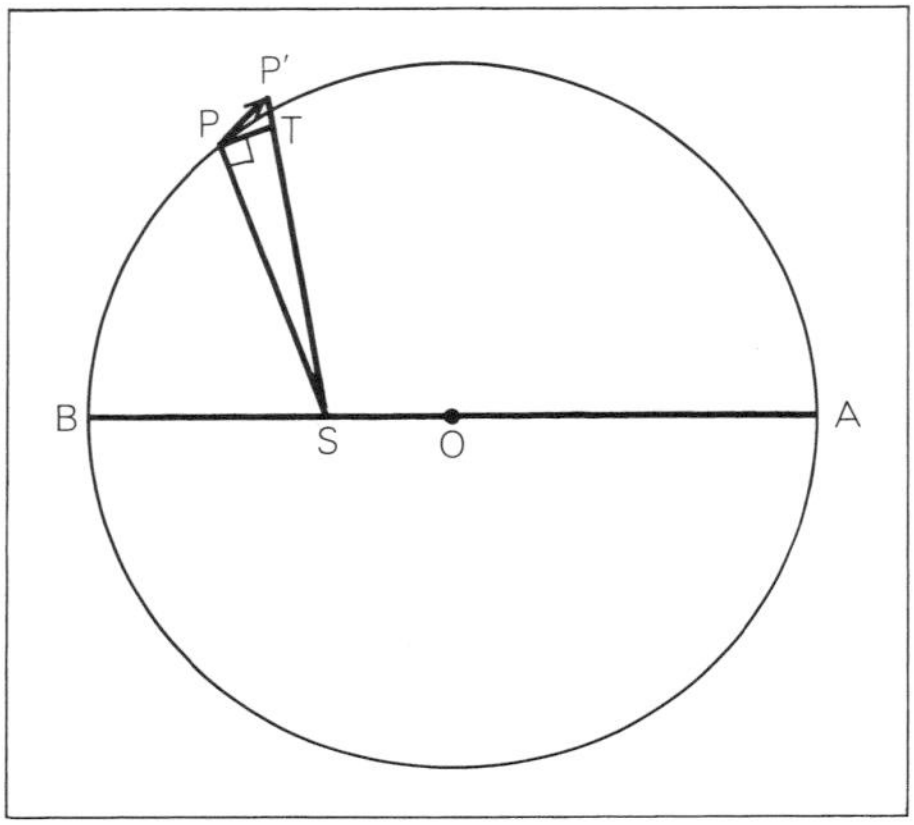

図 32　ケプラーによる面積速度の説明
（彼の説明は本当は以下に示すように間違えている．本文参照.）
B：近日点，A：遠日点
　$SB=l_0$，$SP=l$，$\angle P'PT=\theta$（動径方向に垂直な方向と切線方向の差）とすれば，

$PP'=\frac{\alpha l_0}{l}\Delta T$，　α は比例係数（ケプラーの仮定）

面積 $PP'S\to\frac{1}{2}PP'\cdot l\cos\theta$　　（$\Delta T\to 0$ のとき）

$=\frac{1}{2}\alpha l_0\cos\theta\cdot\Delta T$

ゆえに，面積速度$=\frac{1}{2}\alpha l_0\cos\theta$

となって一定ではない！（θ，すなわち軌道上の場所による）.

ところがこの推論はまちがえている。図32にあるように、このことは惑星が太陽に最も近い点（近日点）や最も遠い点（遠日点）では正しい。その他の点では軌道速度は瞬間的に動径（太陽と惑星を結ぶ線分）と直角にはなっていないので、その分だけ面積速度は一定ではないことになる（もっとも軌道速度そのものでなくて、軌道速度の動径方向に対する垂直方向成分が、動径に逆比例していると言い換えれば、ケプラーの推論は正しいことになる。この点はよく原文を読んでいないので何とも言えない）。普通これはケプラーの誤りと呼んでいるところである。軌道速度が動径に逆比例することももちろん誤りである。彼の

二重の誤りの結果、実は正しい答えが出て来たのである。歴史とは妙なものである。

『新天文学』

ティホ・ブラーエの観測の精度は大体において角度の五分程度はあったものと思われる。ケプラーは「面積速度一定」の法則をあてはめて、観測と理論の比較を行った。軌道を円とし、上にのべた法則を用いて各観測時刻での火星の見える方向を計算したが、どうしても合わない。最大八分の差が出てきてしまった。そこで彼の法則をなおすか、それとも別の方法を考えるかの岐路に立たされた。

ある考えが彼の脳裡に浮んだ。軌道は円ではないのではないか。円運動はプトレマイオス以来の伝統である。いや古代ギリシア以来の考え方である。それはなぜか。アリストテレスによれば、円や球は完全なものであり、それは天体にふさわしい。はたしてそうであろうか。円の次に簡単なものは楕円である。もし円ではなくて、楕円であったなら……。彼は興奮した。あとは計算するだけである。幸いなことに火星の離心率（数値は約〇・〇九三）は大きく、この仮説を確かめるのに都合のよい材料であった。さきほどの八分はみごとに消えた。これが彼の第一法則である。時に一六〇五年の復活祭の頃であった。彼は勇気をもって『新天文学』Astronomia Nova の執筆にとりかかった。

第三法則

優柔不断であったルドルフ二世の運命は哀れなものであった。弟のオーストリア大公であったマティアス Matthias (1557–1619, 神聖ローマ帝国皇帝 1612/19) に一六一一年ボヘミアの王位を譲らねばならなくなった。一六一二年には死去する。そうなるとケプラーの地位もあやしくなる。彼はやっとのことで皇帝付数学者の名称は保ったままで、オーストリアのリンツ Linz

に地方数学官兼教師の職をみつけて、一六一二年そこに引越すことになる。グラーツでの職と同じものであった。さらに哀しいことには前年に彼は最愛の妻を失う。

リンツに移ってからのケプラーは決してのんびりと研究に専念できたわけではない。テュービンゲンの神学者達と衝突してしまったのである。問題点は聖餐論に関してであった。「言葉は肉体となった」(ヨハネ伝一の一四)という点については両方一致していたが、そのことを記念として執り行うべき聖餐式において、パンはキリストの体、葡萄酒はキリストの血という点に関して、ルター派は聖書の文字通りに解釈し実行することを譲らなかったのに対して、ケプラーはそれを象徴的意味にしか解さなかったのである。

その他この時代に彼は母親カテリーナの魔女裁判にまきこまれる。事がおきる毎に彼はリンツと故郷のシュツットガルトの間を往復せねばならなかった。

それらの忙しい日々に於て、彼は惑星の公転周期と、惑星の太陽からの距離の関係を発見する。すなわち後に彼の第三法則と呼ばれるものである。曰く「公転周期の二乗は平均距離の三乗に比例する。」彼はこの理論をまとめて"Harmonices Mundi"『世界(宇宙)の調和』と題する本を出版した。一六一九年のことである。宇宙構造に関する彼の処女作の改訂版である。

彼の研究の目的というか、動機は一体何だったのだろうか。一言でいえば、それは神の栄光のためであった。彼にとっては神学者になることも、天文学者になることも同じであった。人間の知恵をもって被造物の構造を知り、それによって、御手の業を讃美することであった。それは修道院において、禁欲の生活を行い、神の意志を知ることと全く同じであった。禁欲——この言葉は後にヴェーバー Max Weber (1864-1920) が「プロテスタンティズムの倫理と資本主義の精神」中で重要な概念としたものである——世界内的禁欲 innerweltliche Askese とはこの世の仕事の中においても禁欲をすること、すなわち無駄をせず金を貯めることに自分の使命（召命、職業）Beruf を見出すことを意味する。その結果、資本主義という鬼子が、プロテスタンティズムの倫理から派生したことをヴェーバーは述べる。これと全く同じように innerweltliche Askese によって、自然科学という鬼子が派生したと言えるのであろうと思われる。精神的には全く同じ構造である。そこには何らの功利的打算もなければ、自然科学が何かに役立つなどということは考えていない。そうでなければ、食うや食わずで研究するなぞということはなかったに違いない。自分の節を枉げれば他にスポンサーも見つかったかも知れない。

世は正に動乱期であった。実際一六一八年にはプラハで新教徒が反乱を起し、これが三十年戦争の勃発の原因となった。

『ルドルフ表』　そうこうしているうちに、彼はリンツにもいられなくなる。非カトリック教徒の追放である。彼はやむなくウルム Ulm に移る。ここでケプラーは市の要請を入れて度量衡の統一に関する仕事をする。当時のいろいろの枡目の統一をはかる。長さと質量の間に関連を求める。すなわち直径と高さの等しい枡を作り、それにドナウ Donau (?) の水を一杯入れて、その質量を質量の単位とする。これはフランス革命の後にメートルとキログラムを結びつけた方法の起源になっている。

さて、この時代の天文学的仕事は、それまでに求めた惑星の運動理論の集大成である。火星のみならず日・月・惑星の暦を作成することであった。名付けてルドルフ表（一六二七年）という。その庇護のもとにティホ・ブラーエが観測を行い、それにケプラーが理論的に解釈を与えることを可能ならし

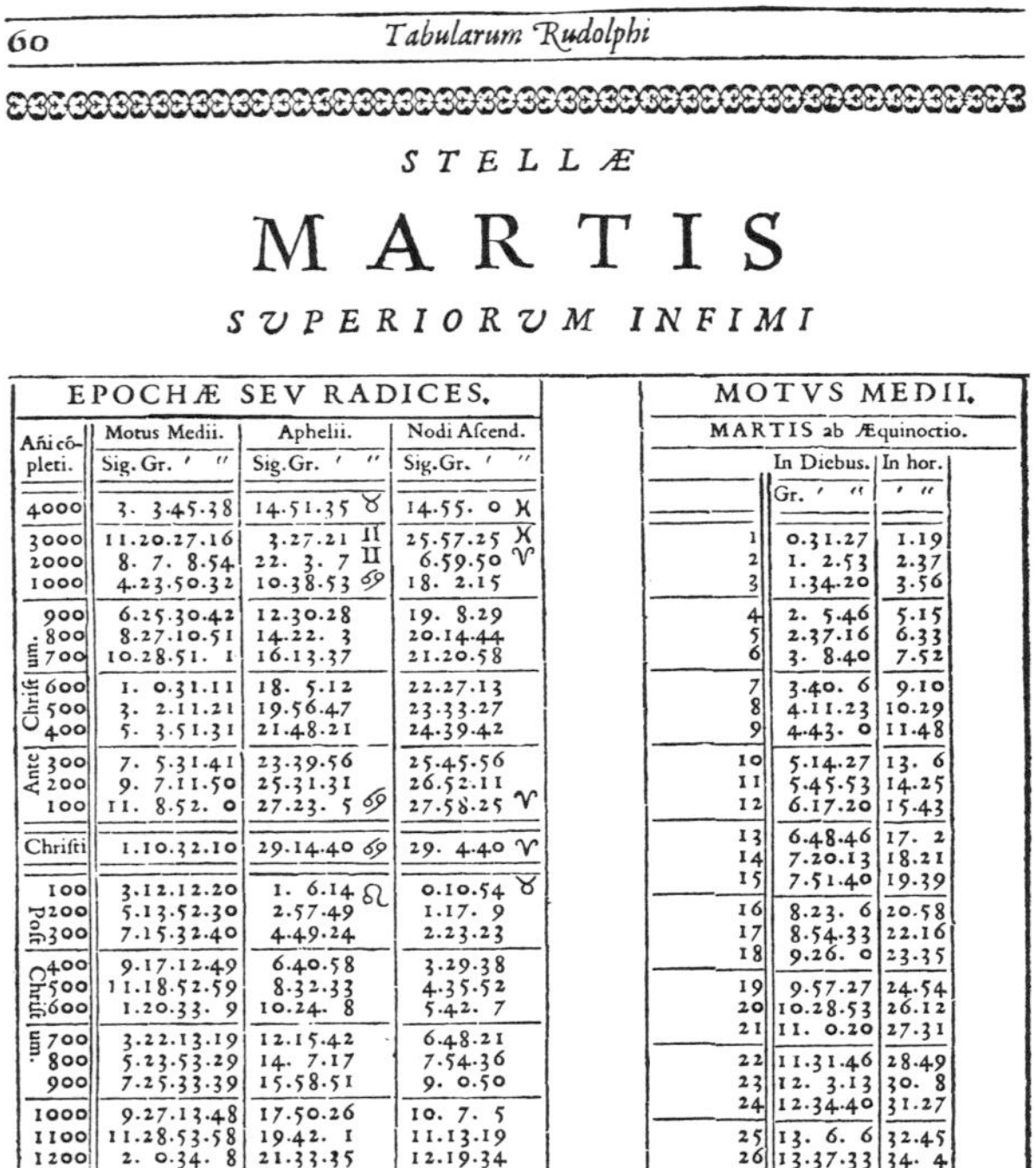
60 Tabularum Rudolphi

STELLÆ

MARTIS

SUPERIORUM INFIMI

EPOCHÆ SEV RADICES.

Añi cõpleti.	Motus Medii. Sig. Gr. ′ ″	Aphelii. Sig.Gr. ′ ″	Nodi Aſcend. Sig.Gr. ′ ″
4000	3. 3.45.38	14.51.35 ♉	14.55. 0 ♓
3000	11.20.27.16	3.27.21 ♊	25.57.25 ♓
2000	8. 7. 8.54	22. 3. 7 ♊	6.59.50 ♈
1000	4.23.50.32	10.38.53 ♋	18. 2.15
Ante Chriſtum.			
900	6.25.30.42	12.30.28	19. 8.29
800	8.27.10.51	14.22. 3	20.14.44
700	10.28.51. 1	16.13.37	21.20.58
600	1. 0.31.11	18. 5.12	22.27.13
500	3. 2.11.21	19.56.47	23.33.27
400	5. 3.51.31	21.48.21	24.39.42
300	7. 5.31.41	23.39.56	25.45.56
200	9. 7.11.50	25.31.31	26.52.11
100	11. 8.52. 0	27.23. 5 ♋	27.58.25 ♈
Chriſti	1.10.32.10	29.14.40 ♋	29. 4.40 ♈
Poſt Chriſtum.			
100	3.12.12.20	1. 6.14 ♌	0.10.54 ♉
200	5.13.52.30	2.57.49	1.17. 9
300	7.15.32.40	4.49.24	2.23.23
400	9.17.12.49	6.40.58	3.29.38
500	11.18.52.59	8.32.33	4.35.52
600	1.20.33. 9	10.24. 8	5.42. 7
700	3.22.13.19	12.15.42	6.48.21
800	5.23.53.29	14. 7.17	7.54.36
900	7.25.33.39	15.58.51	9. 0.50
1000	9.27.13.48	17.50.26	10. 7. 5
1100	11.28.53.58	19.42. 1	11.13.19
1200	2. 0.34. 8	21.33.35	12.19.34
1300	4. 2.14.18	23.25.10	13.25.48
1400	6. 3.54.28	25.16.45	14.32. 3
1500	8. 5.34.37	27. 8.19	15.38.17
1600	10. 7.14.47	28.59.54 ♌	16.44.32 ♉
1700	0. 8.54.57	0.51.28 ♍	17.50.46
1800	2.10.35. 7	2.43. 3	18.57. 1
1900	4.12.15.17	4.34.38	20. 3.15
2000	6.13.55.27	6.26.12	21. 9.30
2100	8.15.35.36	8.17.46 ♍	22.15.45 ♉

Ad Meridiem æquabilem diei primi Ianuarii Iuliani, qui annum in margine, ante Chriſtum, inchoat; poſt Chriſtum, proxime ſequitur, jam finitum.

Sub Meridiano, qui tranſit per fretum Maris Balthici, eiuſque inſulam HVENNAM, et arcem VRANIBVRGVM.

· Ante Chriſtum Anno 3993. die 24. Iulii, Vraniburgi H. 0. 33′. 26″.
Medius ♂ 10.43′.52″ ♋ Aphelium ♂ 15. 0′. 0 ♉ Nodus aſc. ♂ 15. 0′. 0″ ♓
Quid ſi 0. 0′. 0″ ♋ 0. 0. 0 ♈ vel ♋ 0.0.0 ♈

MOTVS MEDII.

MARTIS ab Æquinoctio.

	In Diebus. Gr. ′ ″	In hor. ′ ″
1	0.31.27	1.19
2	1. 2.53	2.37
3	1.34.20	3.56
4	2. 5.46	5.15
5	2.37.16	6.33
6	3. 8.40	7.52
7	3.40. 6	9.10
8	4.11.23	10.29
9	4.43. 0	11.48
10	5.14.27	13. 6
11	5.45.53	14.25
12	6.17.20	15.43
13	6.48.46	17. 2
14	7.20.13	18.21
15	7.51.40	19.39
16	8.23. 6	20.58
17	8.54.33	22.16
18	9.26. 0	23.35
19	9.57.27	24.54
20	10.28.53	26.12
21	11. 0.20	27.31
22	11.31.46	28.49
23	12. 3.13	30. 8
24	12.34.40	31.27
25	13. 6. 6	32.45
26	13.37.33	34. 4
27	14. 9. 0	35.22
28	14.40.27	36.41
29	15.11.53	38. 0
30	15.43.20	39.18
31	16.14.46	40.37
		″ ‴ In minutis

In Menſibus anni ſimplicis.

Completi.	♂ ab Æquin. Sig.Gr. ′ ″	Aph. ′ ″	Nodi ′ ″
Ianuarius	0.16.14.46	0. 6	0. 3
Februarius	1. 0.55.13	0.10	0. 6
Martius	1.17. 9.59	0.16	0.10
Aprilis	2. 2.53.18	0.21	0.13
Maius	2.19. 8. 5	0.27	0.17
Iunius	3. 4.51.24	0.33	0.20
Iulius	3.21. 6.11	0.38	0.23
Auguſtus	4. 7.20.57	0.43	0.27
September	4.23. 4.16	0.49	0.30
October	5. 9.19. 3	0.55	0.34
November	5.25. 2.22	1. 1	0.37
December	6.11.17. 8	1. 7	0.40

MOTVS

図 33 ケプラーの火星の表.『ルドルフ表』L) Tabulae Rudolphinae, 1627. (F. Hammer (ed.) : J. Kepler, Gesammelte Werke. Bd. X, C. H. Beck, 1969 より)

めた、ルドルフ二世皇帝に捧げるという意味である。彼はウルムにザウア Sauer という印刷所を見付けることはできたが、代金を支払ってくれるソースは見付けられず、自己負担で印刷する羽目になる。宮廷の金庫から一旦はその保証をとりつけるが、宮廷のほうは宮廷のほうでその支払いをニュールンベルグ市とウルム市に押付ける。しかも彼等はそれを支払ってはくれない。

一六三〇年帝国議会の機会を利用して皇帝フェルディナント二世 Ferdinand II（在位 1619–37）と当時実権をもっていたワレンシュタイン侯 Albrecht Wallenstein に掛け合うためにレーゲンスブルグ Regensburg にやってくる。彼の今までのサービスに対する給与の遅配・欠配分として約一万二千グルデン（約一億二千万円位か）を要求するためである。しかも不幸にして、その意図は満たされないまま、レーゲンスブルグに着いて数日のうちに病を得て不帰の客となってしまうのである。原因は餓死ともいわれる。一六三〇年一一月五日（ユリウス暦）、一五日（グレゴリオ暦）であった。彼は町の郊外に埋められた（プロテスタントは町の中では埋葬が許されなかった）。墓碑銘は次のようにラテン語で記されている。

Mensus eram coelos, nunc terrae metior umbras.
Mens coelestis erat, corporis umbra iacet.
私の魂はかつて天を測り、今地の蔭を測る。
魂は天的であったが、肉体の蔭は今ここにある。

（本節は Max Caspar : Kepler, W. Kohlhammer Verlag, Stuttgart, 1958 によるところが多い。）

二　天球と地球

観測的天文学の立場から見ると、観測者を中心とする半径が十分大きい球面を考えて、すべての天体をこの球面に投影して考えるのが便利である。この球面を天球 celestial sphere L)orbis (または sphaera) coelestis と呼ぶ。もちろんこの立場は古代の天文観によっているのであるが、現代でも純粋に幾何学的もしくは観測的な問題に対しては有効である。

天体の日周運動

一方、地球は丸い。丸いということはピュタゴラスも知っていたとされるが、実測されたのはエラトステネス Eratosthenēs (275–194 BC 頃) とされている。しかし地球を意味する Gr)γῆ や L)terra (F)terre はラテン語に由来するが、英語 earth, G)Erde はゲルマン語系統) には丸いという概念はなく、大地とか、土地、世界を意味する。これは海に対立する概念である。海は不安定なもの、それに対して大地は安定している。丸い地球を意味する言葉は英語では globe < L)globus とか orb < L)orbis というが、これらは元来「地」という概念を含まない。日本語の地球は「球」という言葉が入っており、新しい概念を含んだ近代的造語のようである。初出は未見。因みにヘボン J.C. Hepburn の和英・英和語林集成、一八八六年には「地球」の英訳に earth はなく globe が当てられている。いずれにしても考え方の相違を示し興味あることである。

さてこの地球は自転しているが、その反映としてすべての天体は地球のまわりを回転しているように見える。しかし運動の幾何学的関係だけから言うとどちらが動いていても現象的には同じであるので、現在でも地球の自転の反映による天体の運動（東から西への）を天体の日周運動 diurnal motion

と呼んでいる。地球の自転軸を延長して天球と交わった点を天の極 celestial pole と呼び、また地球の赤道面を延長して天球と交わった大円を天の赤道 celestial equator と呼ぶ。また観測地点の鉛直線の方向を上方に延長し、天球と交わった点が天頂 zenith である。自転軸または極軸（正確には極軸に平行で観測者を通る軸）と鉛直線を含む平面を子午面 meridian plane と呼び、それが天球と交わった大円を子午線 meridian と呼ぶ。

ここでちょっと注意しておくが、天球の半径が十分大きいとは数学的に言えば半径無限大ということであって、観測者が有限の距離動いても、天体の方向は変らないということを意味する。そのわけは、ユークリッドの平行線の公理によれば、一つの面内で一つの直線と等しい角度（方向と言える）をもつ二つの直線は決して（有限の距離の所では）交わらない。角度の差が少しでもあれば、この二つの直線は交わることになるが、その差（これを視差と呼ぶ。図34参照。また一般的には第四章一節一三八頁参照）をどんどん小さくしてゆくと、交点はどんどん遠くなる。このことを数学的には無限に小さい差をもつ場合は無限に遠い点（無限遠点）で交わるという。お互いの差が無限に小さい量は互いに等しいと見做されるから、全く等しい場合（平行線のとき）は無限遠で交

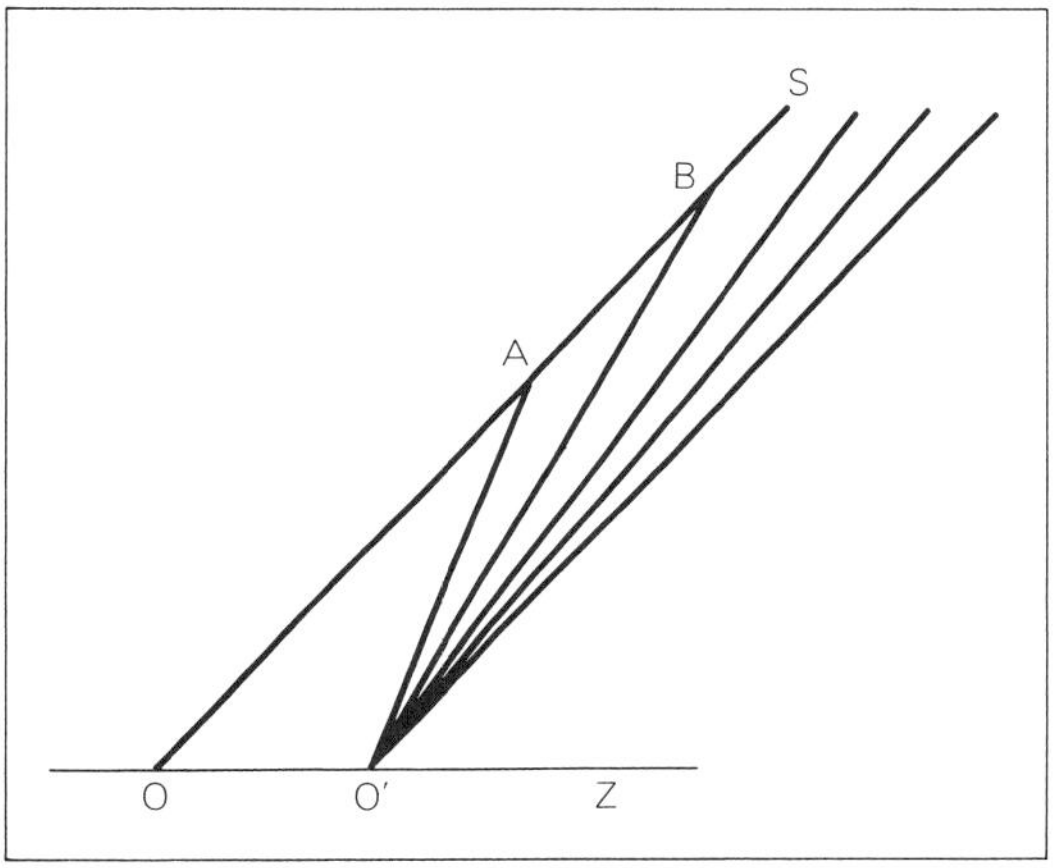

図 34　平行線公理と視差

直線 OZ と OS を 0 でない角度をなす 2 直線とする．O と O′ は OZ 上の異る点とし，∠SOZ≠∠AO′Z とすれば，2 直線 OS と O′A はある点 A で交わる．∠BO′Z を ∠SOZ に近づけてゆけば，交点 B は遠ざかる．全く等しくすると遂に交わらなくなる．または無限大の点で交わるともいう．さて ∠OAO′ は ∠SOZ と ∠AO′Z の差であり，これを視差 parallax という．見える方向の違いという意味である．

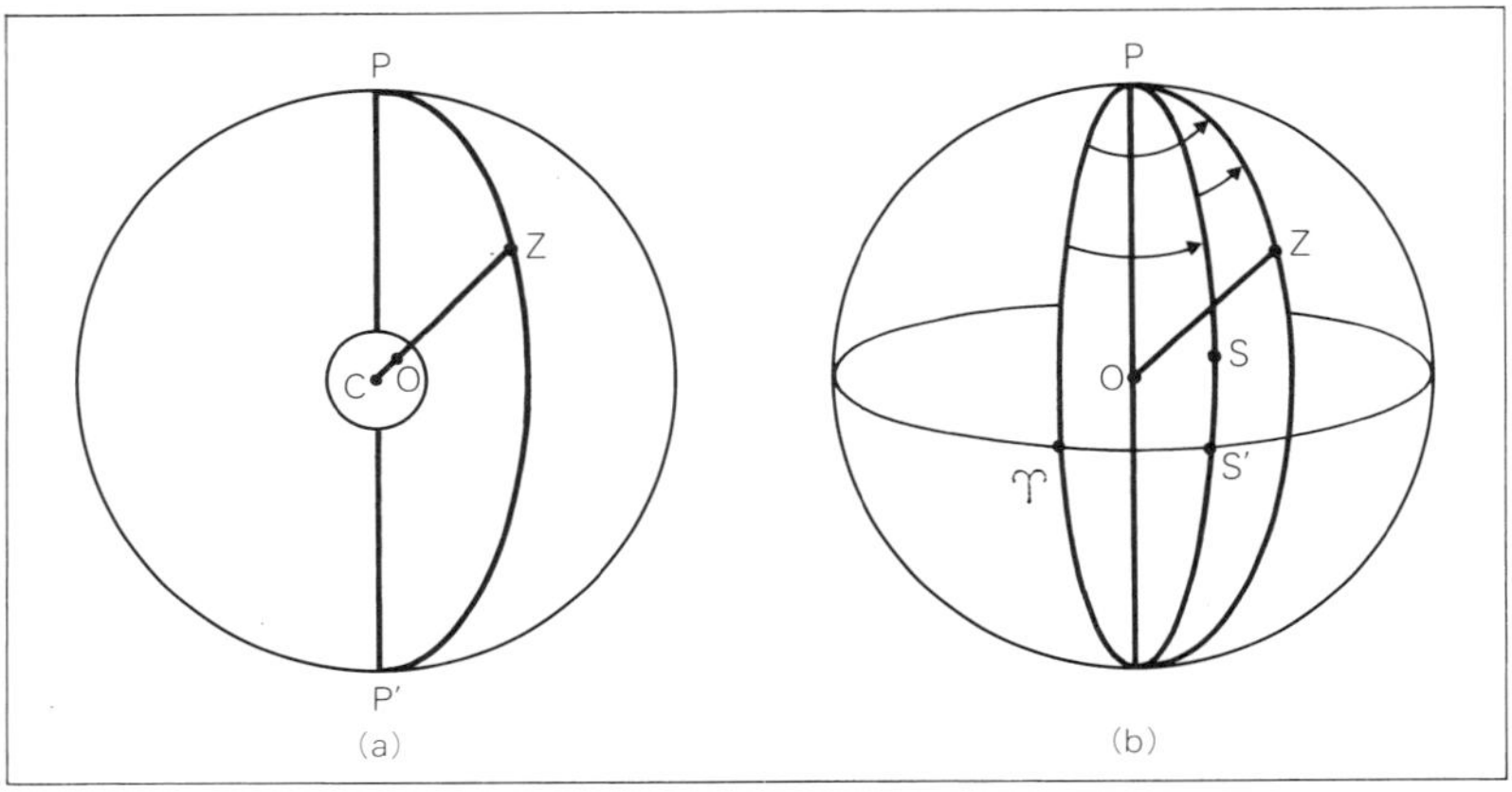

図 35(a)　天球

O：観測者，C：地球の中心，P：天の北極，P′：天の南極，Z：天頂
面 PZP′ を子午面という．

図 35(b)　赤経・赤緯

♈：春分点，∠♈PZ＝Θ＝恒星時，S：天体，
∠SPZ＝H＝天体の時角
∠♈PS＝α＝赤経
$\therefore\ \alpha+H=\Theta$
S′ は赤道面と PS を含む面との交点
∠SOS′＝δ＝赤緯

わるとも言い替えられるのである。

天の赤道と黄道 ecliptic（太陽のみかけの運動面と天球の交わった大円）の交点を分点といい、太陽が赤道を南から北によぎる点を春分点 vernal equinox (vernal は春である。この時は北半球では春であるが、南半球では秋なので、〝春〟〝秋〟を用いず、March Equinox, September——を用うべきだという議論がある。また equinox のラテン語は equinoctium でそのまま訳すると等夜点である。本当は equidiemonoctium と言わないと昼夜等分点という意味にはならないと思う）、北から南によぎる点を秋分点 autumnal equinox という。

赤経・赤緯その他　一般に天体と両極を含む面が観測者の子午面となす角度を時角 hour angle といい、天体が子午面より西側にあるときを正にとる。こうすると、時角は天体の日周運動により時間と共に増えることになる。時角の単位は普通「時間」（一時間＝一五度）。

天体と両極を含む面（その面と天球との交わりの大円を時圏 hour circle という）と春分点のなす角度を赤経 right ascension という。赤道面と天体のなす角度を赤緯 declination という。天体が春分点より東側にあるときを正にとる。赤緯は普通北側が正。

春分点の時角を恒星時 sidereal time という。こうすると恒星時とある天体の時角の差はその天体の赤経となる。赤経・赤緯を合わせて天体の赤道座標 equatorial coordinates といい、このような座標の取り方を赤道座標系 equatorial coordinate system という。

さて日本語の赤経、赤緯という言葉は赤道が基準という意味でわかりよいが（もっとも地心を通り回転軸に直交する面が何故〝赤〟いのかは不明であるが）英語（他のヨーロッパ語も同根）の right ascension（(L)ascencio recta 直訳すれば垂直上昇）、declination（(L)declinatio 離れる、それること）という言葉の意味はむずかしい。前者は oblique ascension（(L)ascensio obliqua 斜行上昇）に対する概念である。何故そのような概念に由来するかということを説明しよう。まず一番簡単な場合から述べることにする。観測者が赤道上にあり、天体が天の赤道にあったとする。このときはその天体は真東から垂直に上昇する。その上昇した高度（地平線からの仰角）がとりもなおさず、（具体的には春分点が地平線にあったときを基準にすれば）前に定義した赤経であり、すなわち垂直上昇 right ascension に外ならない（もっとも、現代の定義とは符号が異るのであるが）。一方、天体が赤道から離れる角度は天体が「出」rising のとき、すなわち天体が地平線にあったときは真東から北もしくは南方向への角度そのものであり、declination に外ならない。観測者が赤道上にいないときの上昇（地平線からの仰角、または現在の言葉では高度 altitude）は ascensio obliqua と呼ばれるのである。赤道上にない天体の right ascension はその天体を赤道上に垂直におろした点での“right ascension”なのである（この辺の事情については藪内清訳『プトレマイオス、アルマゲスト』上巻、恒星社、昭和三三年（一九五八）参照。一九八二年再版がでた)。

太陽のみかけの軌道面（正確にはその平均的位置）を黄道 ecliptic と呼ぶことはすでにのべたが、赤道と春分点の代りにこの黄道と春分点を基準にした球面座標を黄経 longitude 黄緯 latitude といい、これを黄道座標系 ecliptic coordinate system という。英語では longitude, latitude は長さ、幅の意味で、天球面での座標ばかりでなく、後にのべるように地球表面の経度・緯度のことをも意味する。もっとも日本語（漢語）の経は織物の縦糸のことであり緯は横糸のことであり、正確に言うと語義は異る。いずれにせよ、元来は（プトレマイオスでも）黄経・黄緯のほうが基本であって、right ascension, declination はすでに述べたように第二次的概念なのである。なおここでも日本語で何故太陽の軌道面が「黄」道であるのかは不明である。因みに月の軌道面を白道という。月のほうが白く見えるのかどうか？ 英語では単に moon's orbital plane という。

さて天体の赤経・赤緯がわかれば天球上の位置がわかったことになる。観測から直接きまったものを視位置 apparent place という。この位置は一定ではなく、時間的に変化する。それには春分点が空間に対して動くためと、天体の見え方が周期的に変わるためと二つの原因がある。前者は、さらに長年的に変る部分と周期的に変る部分にわけられるが、初めのほうを歳差 precession といい、後のほうを章動 nutation という。いずれも地球赤道部分のふくらみに対する太陽・月の引力のトルクが原因で、地軸が空間に対して運動しているためである。なお「見え方」といったほうは天体から発する光が有限の速度を持ち、一方地球は空間に対してある速度をもって運動しているので、天体からの光が、地球軌道運動の方向に偏って見える現象によるのである。これを光行差 aberration という。これらの詳細は本書では省略することにする。これらの変動のうち周期的成分（章動と光行差）を取り除いたものを平均位置 mean place という。

視太陽時と平均太陽時

みかけの太陽の時角を視（太陽）時 apparent (solar) time という。この視太陽時はたとえ地球の自転が空間に対して一定であっても等間隔ではない。それには二つの理由がある。一つは黄道が赤道に対して約二三度半傾いている（これを黄道傾角という）ためである（図36を参照）。もう一つの原因は太陽の運動が離心的であるためである（離心運動については第二章四節二項参照）。楕円運動はケプラーによって発見された（第三章一節一一三頁参照）。この二つの影響を除去した太陽を平均太陽 fictitious mean sun（fictitious とは仮想的という意味）すなわち、赤道上を一定の速度で動く仮想的な太陽を考え、それの時角を平均（太陽）時 mean (solar) time という。視太陽時と平均太陽時の差を均時差という。多いときで十数分に達する（図37参照）。なおここであげた視太陽時、平均太陽時は正午において日付が変るので、実際の日常生活には不向きであり、これに十二時間加えたものを用い、常用 civil という形容詞をつけ、これまでのものには天文 astronomical をつけて区別する。正確を期するために

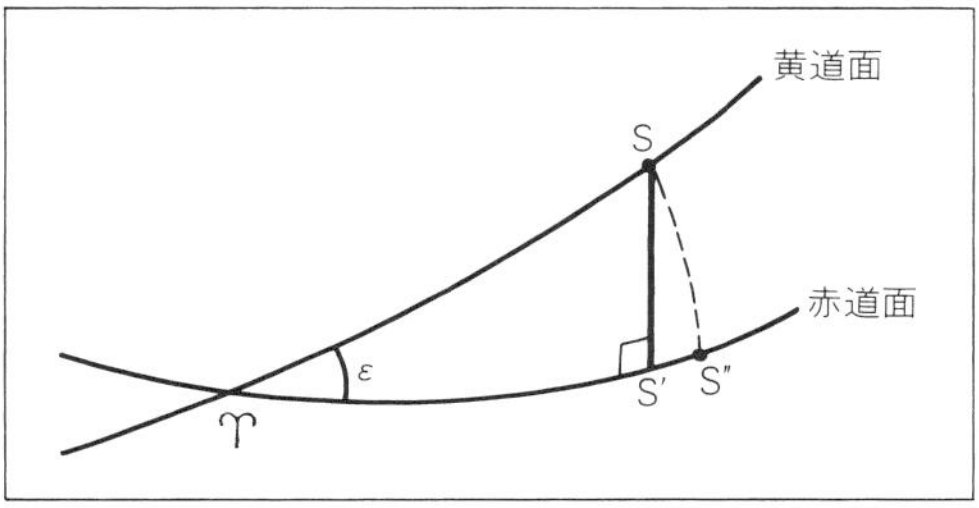

図 36 黄道傾(斜)角

太陽の位置を S とする．春分点♈と S の球面上での距離（球の中心で見た角距離）と等しく赤道面にとった点を S′′ とすると，これは S から垂直に赤道面におろした点 S′ とは一般に異る（ε は黄道傾（斜）角と言われ約 23.5° である）．すなわち黄道上を一定の角速度で動いてもその赤経は一様には増えないことになる．

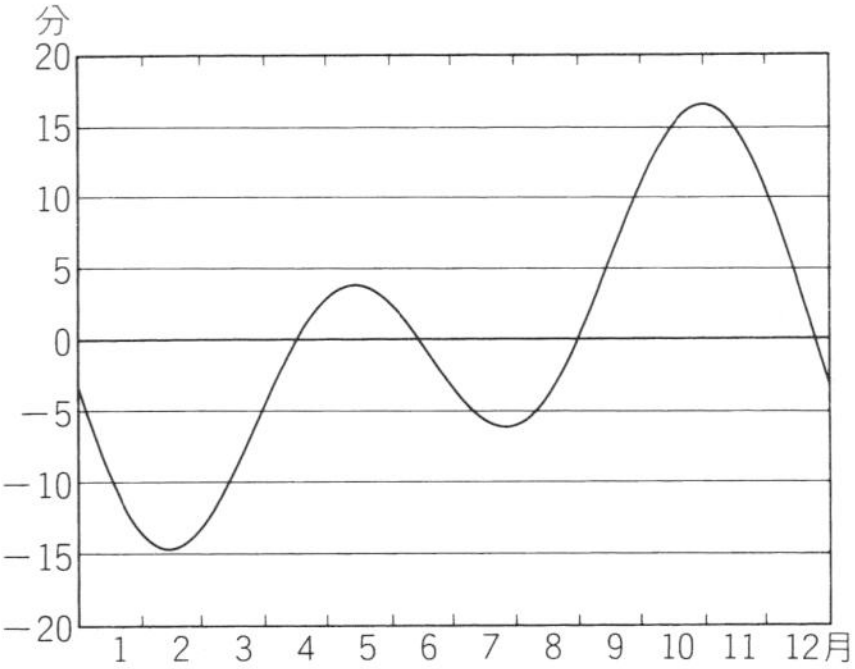

図 37 均時差 equation of time の図
均時差＝視太陽時－平均太陽時
＝視太陽の時角－平均太陽の時角
＝平均太陽の赤経－視太陽の赤経

は全部の形容詞をつけて｛天文／常用｝｛平均／視｝太陽時｛astronomical／civil｝｛mean／apparent｝solar time というべきだが、ややこしいので普通には一部を省略する。このうちで単に mean time と言うときは注意を要する。一九二五年まで天文学でこれは astronomical mean solar time の意味で用いられていたからである。現在 mean time は civil mean solar time である。または civil time とも mean solar time とも言うが全部同じ意味である。civil time に mean をつけないのは人工の時計が普及して、一般には apparent time を用いなくなったためであろう。実際英暦では一八三四年以来 apparent time の代りに mean solar time での天体位置の表示を行っている。

地上の経緯度

観測点の鉛直線の方向と赤道面とのなす角度をその地点の緯度 latitude という。赤道面は直接は観測されないので、天の北極と鉛直線の方向となす角度（これを北極の〝天頂距離〟zenith distance という）を観測し、直角から差引くとその地点の北緯が出る。これは北半球でのことで南半球では北を南に読みかえればよい。天の北極はみかけの天体の日周運動の中心であって、北極近くの星の上方および下方通過 upper and lower culmination における高度 altitude（直角から天頂距離を引いたもの、または天頂距離の余角ともいう）を観測して、その平均値を求めれば、北極の高さが求まるので、（双方観測できる星を周極星 circumpolar star という）これが緯度そのものになる。鉛直線の方向、またはそれに垂直の水平面は普通水銀面を用いて定める。

なおくわしく言うと、地球大気の影響で、星は全部浮き上って見える。その量は高度三〇度で四〇秒くらい、また一〇度で五分一七秒くらいである。これは風呂に水を入れてななめに見たときに底が浮き上って見える現象と同じで、大気の屈折率が一とは異ることによる。この現象を大気差 refraction という。その量を観測的に求めるのにはいろいろの赤緯の星の高度を観測すれば総合的に得られるが、ここではその説明は省略する。

ある地点での子午面と他の地点での子午面のなす角を経度差 longitude difference という。またこれは各地点での時刻にも関係していることは容易にわかる。というのは地球は丸いから、たとえばヨーロッパで正午であっても、大西洋の真中ではまだ正午になっていない。もっと時間が経たなければ大西洋は太陽の真下点にこないからである。その意味で各地の時刻を地方時もしくは局所時 local time といい、経度差のことを時刻差または簡単に時差 time difference ともいう。したがって、前項にのべた時刻は場所をきめなければ正確ではない。昔は各地方バラバラに時刻をきめていた。それは第五章二節（一九〇頁）に述べるように、その相互比較がむずかしいからである。どこか定まった点との差を経度 longitude という。時刻のほうは現在はグリニヂの時刻を基準にしてそれと整数時もしくは半整数時異った時刻を標準時 standard time として採用しているが、これは案外新しいことであり、一八八四年のことであることは第五章三節に述べる。ここではそれが何故にむずかしいのかについてだけ述べることにする。

その前に比較のため、緯度のことを書こう。さきほど述べたように緯度の観測は、ある地点だけで行える。他との比較は原理的に必要ない。周極星の高度の観測のできる精度まで測定できる。プトレマイオスの時代でも、一度よりも良い精度はあったようであり、一四、五世紀では二〇分くらいはあったようである。

ところが経度 longitude のほうは他との比較においてしか、つまり経度差しか意味がないし、それには時計を運ばなければならない。経度差は普通角度で表わし、時差は時間で表わすので、その換算をしておこう。一周は三六〇度であるが、時間のほうは二四時間、つまり一五度が一時間ということになる。このような単位の違いは実にバビロニア以来のものですでに三千年にもなる。単位の問題はいちいち換算しなければならずやっかいではあるが、歴史に制約されているので、今のところなんともならない。さて、一時間で一五度、または時間の四分が角度の一度。したがって、角度の二〇分の精度を出すのには時計の精度が時間で一・三三分でなければならない。これだけの精度で他の地点に運ばなければならない。このことが可能になったのは後に第三節で見るように一八世紀になってからのことである。つまり三、四百年の隔たりがあるのである。

では一四、五世紀にはどうしていたかというと、時計として月を使っていたのである。月は世界中どこでも見えるから、その月相によって、太陽からの離角 elongation（月と太陽となす角度）がわかる。もう少し精密には星をバックにした月の位置つまり月の星からの角距離 lunar distance を測定すればよい。月は星に対して、一日約一三・二度動くので、一時間について約〇・五五度動くことになる。したがって、この精度で月の位置が予報され、観測されるとすれば、時間にして一時間の精度が得られる。これは経度差で一五度ということになる。したがって地上の緯度と経度の測定の精度は三〇倍から四〇倍くらいの開きがあり、経度のほうが悪いのである。月の暦と機械時計のすさまじい争いは後の話で、これは第三節にゆずることにする。とにかく海上で、その経緯度を知らなければ元に帰ることができない。そういうわけで初めのうちは海岸にそってのいわゆる沿岸航海しかできなかった。ポルトガルのアフリカ探検および東洋航路の開発は主としてこれによっている。大洋航海術は羅針盤と天文航法の発明によらなければできない。これが可能になって、大航海時代が始まるのである。その詳細は他書に譲るとして、次にグリニヂ天文台の創設の問題に移ろう。

三　グリニヂ天文台創設

恒星表

月の位置を観測から求め、それと月の暦を比較して絶対的な時刻を測定することは前節の終りに述べた。これによって陸地から遠く離れた点での経度がわかることも述べてある。しからばどうやって月の位置をきめるのかが次の問題になる。それは恒星の位置を基準にするのである。したがって恒星の精密な位置を決めることが次の問題となる。一七世紀においてはこれが重大事であった。イギリス（正確には England および Scotland）国王チャールズ二世 Charles II（在位 1660–1685）はこの辺の事情を聞いて早速一六七五年三月四日天文台設立に関する特許状を与えた。こ

図 38 フラムスティード John Flamsteed (1646–1719) の肖像（イギリスの天文学者，初代グリニヂ天文台長）
(E. G. Forbes : Greenwich Observatory, vol. I, Taylor & Francis, 1975 より)

れはフランスかぶれであった国王がパリ天文台を真似たものでもあった。特許状には

「朕カ《が》信頼スル天体観測者、ますたー・おぶ・あーつ、じょん・ふらむすてぃーど Master of Arts John Flamsteed ヲ玆《ここ》ニ選ヒ《び》、直チニ天体ノ運動表及ヒ《び》恒星位置表ヲ整備シ、ソレニヨリ皆カ《が》望ム各地ノ経度ヲ求メル航海術ヲ完璧ナラシムルヘ《べ》ク努力セヨ……」

の言葉が見える。これがグリニヂ天文台創立の趣旨である。この文章からも窺《うかが》えるように、この天文台の目的はあくまでも実用的なものであり、それが現在にまで尾を引いている。当時の月の暦の精度は角度で約一〇分くらいで、恒星の位置はティホの肉眼によるもので同程度の誤差は含まれていたと思われる。フラムスティードは四分儀（図70）に望遠鏡を取り付けて、恒星間の角距離を測定し、角度で〇・五分程度の観測を行った（この程度のことを問題にするときは、大気による屈折が問題になり、後にニュートンとはげしい論争を引きおこしている）。次に実用化されつつあった振子時計を用いて、星の南中時を測定した。一つの星の南中時と次の星の南中時の間は、それらの星の赤経差を表わすから、このようにしてつぎつぎと赤経差を求めて行くことができる。同一の星の南中と翌日の南中の間で時間差は一恒星日を表わすことになるので、毎晩のように観測すれば、用いた時計と地球の自転との間の関係を求めることができる。一六七七年の終り頃には一日あたり＋0.45秒〜−1.12秒程度にまでその差が求められるようになった。これは地球の自転がこの程度まで一定であることが実験的に証明されたことになると共に、恒星の位置が角度で一〇秒程度まで測定できたことを意味する。

次にこの恒星を基準にして太陽の位置の観測を始める。その結果、太陽の黄経は角度で約一分の精度まで求められるようになる。次は月の観測である。フラムスティードはそれを角度で十分の程度にすることができるようになった。これらの結果は直ちにニュートンのもとにおくられて、ニュートンの月の理論の形成に役立った。もっともニュートンにとっては月の運動を彼の力学の方程式から導き出すことはできなくて、観測から経験的《エンピリカル》にその運動の様子を求めるだけであり、これは原理的にはプトレマイオスやレギオモンターヌスと同じものである。

図 39 ニュートン (Sir) Isaac Newton (1643, ユリウス暦では 1642, -1727) の肖像（イギリスの数学者・物理学者・天文学者）

ニュートンのすすめもあって、フラムスティードは、彼の観測の基礎になっている恒星の表をまとめることにする。一七〇五年いったんは印刷所と契約を結び、資金のめどもつくが、印刷所の都合やら、ニュートンの横やりなどでなかなか仕事ははかどらない。出版は遂にフラムスティードの死後六年たった一七二五年になってしまった。三巻よりなり、第一巻は恒星や月、惑星の観測記録、第二巻は月、惑星の黄経・黄緯、第三巻は二九三五

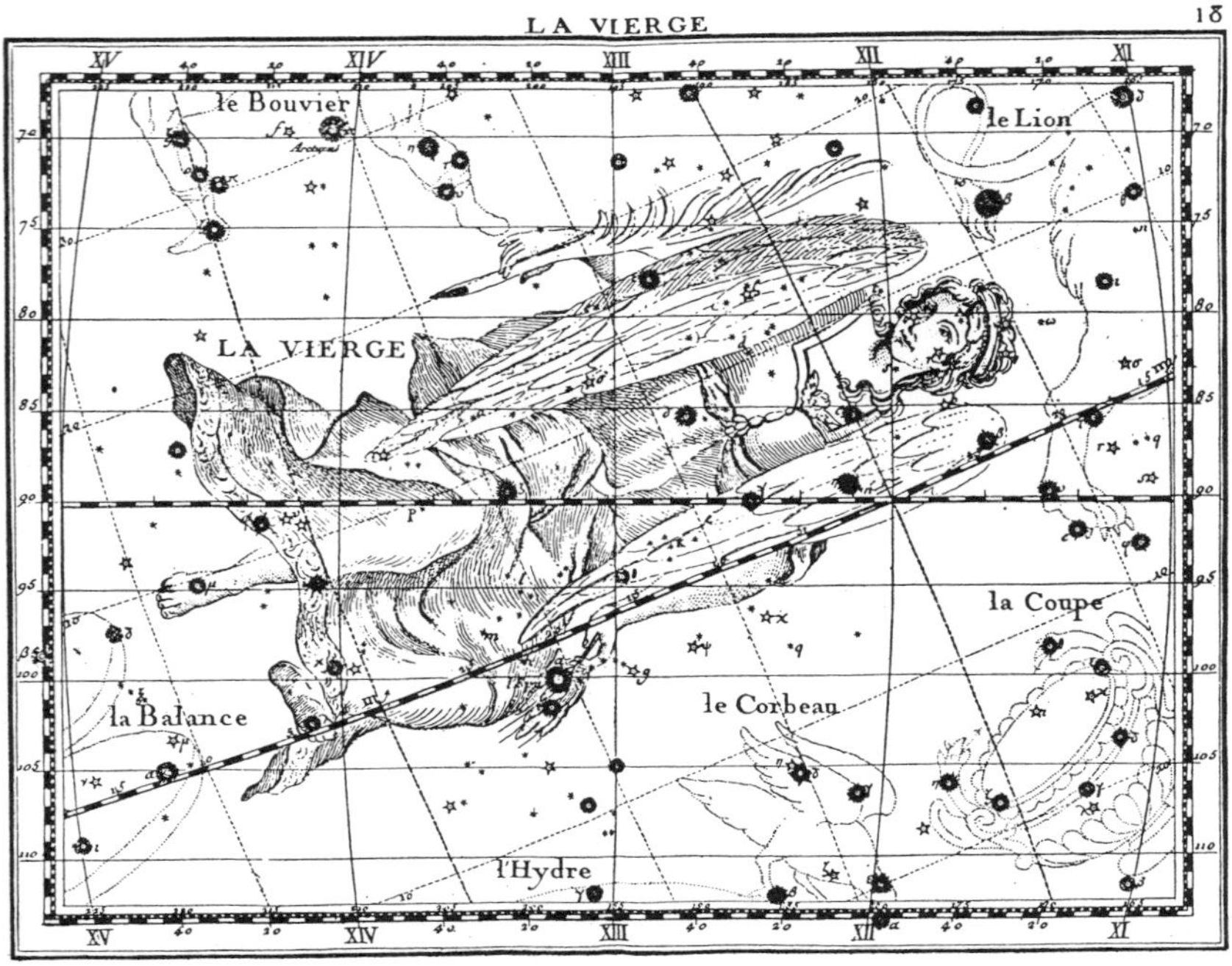

図 40　乙女座（『フラムスティード天球図譜』恒星社厚生閣編，1943 より）

の恒星のカタログからなっている。題して Historia Coelestica Britanica（イギリスに於ける天体〔観測〕の歴史）――歴史とはその時々の観測のつみかさねによるという意味であろう――。

アストロノマー・ローヤル

グリニヂ天文台の台長は代々アストロノマー・ローヤル Astronomer Royal の称号で呼ばれている。訳せば王室天文官とでも言えるこの名称は、形容詞が後についていることからみてもわかるように、フランス語風である。王政復古後イギリスの国王になったチャールズ二世はフランスの宮廷文化にあこがれて、このような名称を与えたのではないかと思われる。

現在でも天文台の正式名称はローヤ

ル・グリニチ・オブザバトリー Royal Greenwich Observatory と言う。一九六五年までは、クラウン・ネイビー Crown Navy 英国海軍、正確に言えばアドミラルティー Admilalty（旧日本の海軍省と軍令部を合体したようなもの）に属していたが、一九八二年以降 Science and Engineering Research Council に属している。最近になってやっと、純粋科学の仲間に入れてもらったわけで、それまでは、ずっと実用的、ことに航海のための技術であったわけである。

初代のアストロノマー・ローヤルであったフラムスティードの年俸は、前に述べた特許状の後半に記されているが、それによると、一〇〇ポンド（現代に換算すると約二百二十万円）となっている。この額は決して多いものではない。第一、天文台と言っても正式には彼一名であり、もし助手を傭おうと思えば、彼自身のポケット・マネーから支払わねばならない。また十分な観測器械があったわけではなく、必要とあらば自弁せざるを得ないのである。すなわち、今日的感覚で言えば、人件費・研究費込みの年俸なのである。そう思うと一〇〇ポンドとはきびしい。チャールズ二世は外面を整えることはやったけれども、天文台の内容を充実させることには熱心ではなかった。それにしてもよくグリニチはつぶれなかった！（なお次にのべる二万ポンドの賞金と比較されたい。実に、

図 41　旧グリニチ子午儀室（現在，海洋博物館になっている）

この懸賞金はフラムスティードの二〇〇年分の俸給に匹敵する！）

二万ポンドの懸賞金　一七一四年イギリス議会は一つの法案を通過させた。海上での位置を今までより正確に求める方法を開発した個人もしくは団体に対し、次のような賞金を与えることを決めたのである。

経度一度（六〇海里）以内の精度の場合は一万ポンド
三分の二度（四〇海里）以内の精度の場合は一万五千ポンド
二分の一度（三〇海里）以内の精度の場合は二万ポンド

二二名からなる審査委員会（Board of Longitude 経度委員会と呼ばれる）が任命された。その中には海軍将官、政治家、学者等を含み、すべてイギリス艦船の安全と海外貿易に関心のある者たちである。委員長は海軍長官で、議会に対し責任を持つ。賞金の半額は、過半数の委員が有用な方法を開発したと信じた場合に支払われ、後の半額は、その方法でイギリスの港から西インド諸島の港まで、それぞれの精度以内で航行したことが認められた場合に支払われることになっていた。また二千ポンド以下の少額が、実験がうまく成功する見込みがあると思われる場合に支払われることになっていた。

オクスフォード大学の教授であったハレー（図49参照、一四八頁）は委員会発足のときの重要なメンバーであったが、フラムスティードが死ぬと、一七二〇年グリニヂ天文台長に推挙され、彼自身が海上での位置決定という問題に巻き込まれることになる。しかし、グリニヂに行ってみると未亡人は主たる観測器械や、家具までも運び出してしまった。それも無理からぬことで、フラムスティードは自己負担で観測器械までも整えていたのであった。ハレーは五〇〇ポンドの資金を得てやっと子午儀や八フィート壁四分儀を整えることになる。

ハレーはハレー彗星で名高いし、また第三代の台長のブラッドレー James Bradley (1693-1762) は光行差を発見したことで有名であるが、これらについては他の書物に譲ることにして、先を急ごう。

懸賞金の要求に満足するような月の暦を作ったのはゲッチンゲン大学のマイヤー Johann Tobias Mayer (1723-62) であり、それをもとに実際的な計算法を開発したのは後にグリニチ天文台長になるマスクラインであった。しかしそれの報告を聞かないうちにマイヤーは死んでしまった。そこで、一七六三年、マイヤーの未亡人と子供の代理人たちは経度委員会に出願した。

ところが時期的に相前後して強敵が現れた。ジョン・ハリスンが船上の振動に耐える器械時計（これをクロノメータ chronometer という）を作ったのである。第四代のグリニチ天文台長であったブリス Nathaniel Bliss (1700-64) は、ハリスンの時計が船上で十分の精度があることを認めた。しかし翌六四年、ブリスが死んでしまったので、話はややこしくなる。

図 42 マスクリーヌ Nevil Maskelyne (1732-1811) の肖像（イギリスの天文学者，第5代グリニチ天文台長）（前掲 Greenwich Observatory より）

ポーツマス Portsmouth と西インド諸島 West Indian Is. のバルバドスとの経度差は天文観測のみによれば $3^h54^m18^s.2$ であり、一方ハリスンの時計によれば 3^h54^m

図 43　ハリスン John Harrison (1693-1776)（イギリスの機械師）の第4号クロノメータ（矢守一彦訳：世界古地図，40頁，日本ブリタニカ（株），1981 より）

$57^{\mathrm{s}}.4$ であった。その差は $39^{\mathrm{s}}.2$ であり九・八海里であった。経度委員会は一七六五年取敢えず、マイヤーの未亡人に五〇〇〇ポンド、ハリスンに一万ポンドを支払うことを決めた。

しかしブリスの死後天文台長になったマスクラインは器械時計をあまり信用しておらず、残りの支払いについていろいろとクレームをつける。マスクラインは彼の助手にいろいろの環境試験をさせて、本当に精度があるものかどうかを実験させた。一方マイヤーの月の暦を誰にでも利用できるように計算表を考案した。それが後に述べるグリニヂの航海暦の始まりとなる。一七六七年用の航海暦を前年の終り近くに完成することになる。

最後的には、ハリスンも、器械の構造を公開することに同意したので、一七七三年経度委員会は、残りの一万ポンドをハリスンに支払うことを決定し、ここで一応の幕を閉じることになるのである。

航海暦

クロノメータという強敵が現れたが、月の暦から船の位置を決定しようとするグリニヂ天文台本来の目的がすたったわけではない。そのために、マスクラインは全力を傾けて、航海暦を一七六六年に完成させたことはすでに述べた。それはマイヤーの月の理論をもとにして黄経・黄緯で角度で一分の精度で表示され、本当にそこまで観測と比較されるならば、時間にして一・

八分従って地上の経度で二七分（または二七海里）の精度が出ることになり、懸賞金の要求を目標にしているものであった。一七六七―一七六九年用では少くとも一つの恒星からの角距離を、一七七〇年以降は少くとも三つの恒星からの角距離を三時間おきに表の形で与えてあり、船上での観測者の便宜をはかったものである。月以外に太陽（マイヤーによる）、惑星（ハレーによる）や恒星の位置も計算されており、それらを用いて局所時が計算できるようになっている。この暦の時刻引数はグリニヂの視太陽時で表示されており、それはそのほうがグリニヂでの観測と船上での観測と直接に結びつけられ易いためである。

航海暦のスタイルは一八三四年までは本質的には変更なかった。この年において、大きさを倍にし、視太陽時を平均太陽時に改めている。それは、「時計」の示す時刻が平均時であり、時計がそれだけ普及し、精度が上ったためである。一九〇七年には遂に恒星と月との角距離は姿を消す。もはやこの方法による時刻決定法は船上では使われなくなったことを意味する。

（以上本節は Eric G. Forbes, Greenwich Observatory, vol. I, Taylor and Francis Ltd, 1975 によった）

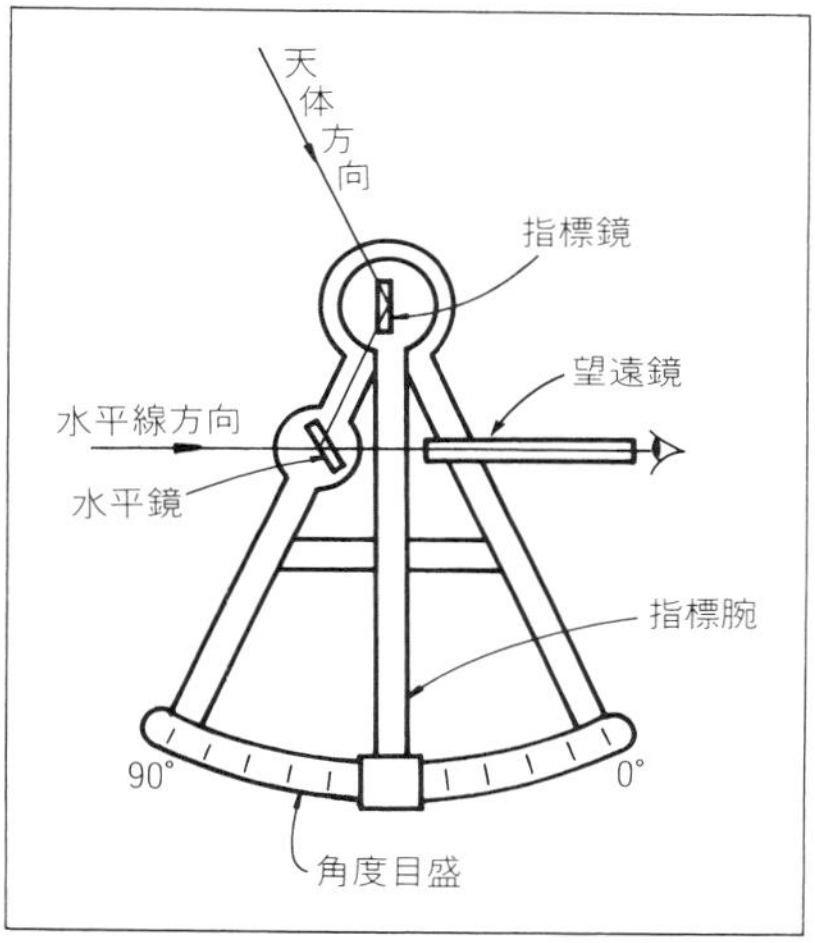

図 44 八分儀（Octant）
航海用で，太陽，月，惑星，明るい恒星の高度 altitude を測定するのに用いる．指標鏡を用いているので，器械的に半分の角度で実高度を測定できる．八分儀は角度 45° で 90° まで測れる．六分儀は 60° で 120° まで測れる．八分の意義は全周の 1/8=45° のこと．

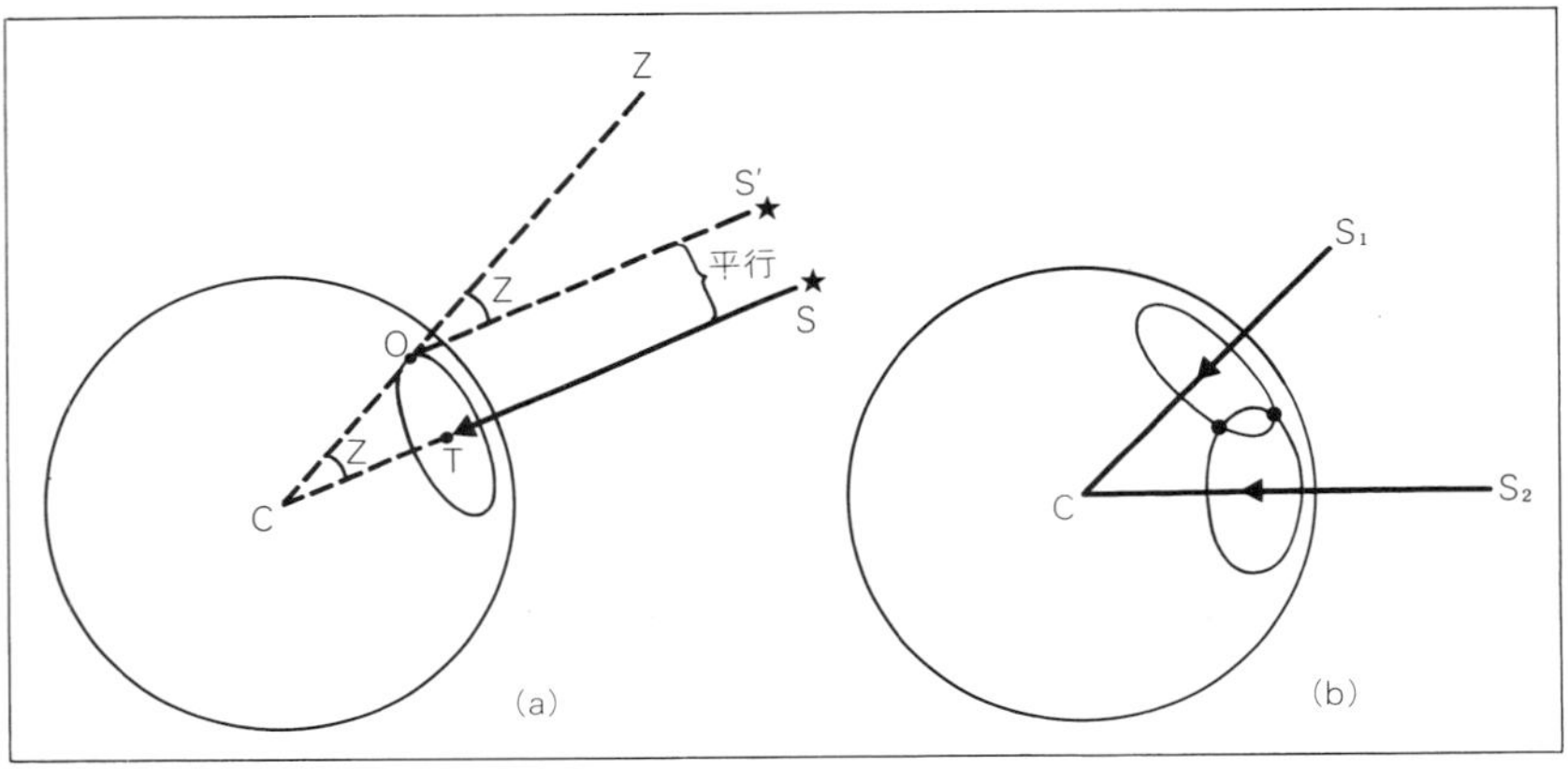

図 45　天文航法

(a) 星は無限大の距離にあると考えられるから，観測点 O からみた恒星の方向（OS′）と恒星直下点 T からみた恒星の方向（TS）とは平行と見なされる．地球の中心 C から O の方向は O での天頂方向であり，∠OCT と ∠ZOS′ とは等しいので，中心 C で張る角度は天頂距離（∠ZOS′＝z）に等しい．

(b) 方向の異る 2 つの天体の高度（90°－天頂距離）を測れば，それぞれの直下点を中心とする小円の交点として，観測点はきめられる．なお観測には誤差がつきものであるので，一般には 3 個以上の天体を観測し，それらの交り具合から観測の良否を決定する．

船位の決定

月の暦を用いて、時刻を決定することは、精度の高いクロノメータが発明されれば、それで御用済みとなるが、それで航海暦の目的が失われたわけではない。時刻には二種類あって、一定の天文台での時刻と、観測点でのすなわち船上での局所時である。月の暦から求まるものは、たとえばグリニヂでの時刻(正確に言えばグリニヂ平均太陽時)であり、これは精度よいクロノメータが発明されればその分だけ実用価値が下るのはもちろんである。一方、その観測点での局所時はやはり天体の観測によって決められるのである。実際には天体（太陽・月・恒星）の高度をたとえば六分儀 sextant（または八分儀 octant）を用いて観測する。簡単のために恒星の場合を考えよう。観測時のグリニヂ時がわかることは恒星天に対して、地球の向きがわかることになることはお解りと思う（この章二節参照）。そのときある恒星と地心を結んだ線が地表と交わる点を考えると、その地点では、その恒星が天頂にあることになる。その地点はグリニヂ時がわかれば地表の何処にあるかは計算できる(それを恒星直下点という)。さて別の地点で観測したとして、天頂距離(直角からその恒星の高度を引いたもの)は、地球中心でみて直下点と観測点とのなす角度に等しいことは図45から解ると思う。したがって、その観測点は、直下点から天頂距離に対応するだけ離れた(地表での)小円の上にあることになる。よって、このような観測を少くとも二つの星について行えば、地表で二つの小円の交わりの点として観測点がわかることになる。二つの小円の交わりは一般に二つあるが、そのいずれかであるかは前日の観測から見当がつくのである。または、三つの恒星を観測すればそれらの交点はきまるとも言える。このような原理から、時計から観測時のグリニヂ時を知り、二つもしくは三つの恒星の観測から、地表での位置すなわち、経度・緯度が求まることになるのである。

第四章　単位と天体暦

一　ケプラーの考え（天文単位の始まり）

三角測量の原理

コペルニクスの太陽中心説を採ったケプラー（第三章一節参照）にとっての最大の問題は、惑星までの距離をきめることであった。その原理は三角測量のそれと全く同じであるので、少しその問題から入ることにする。問題はこうである。川の向う側の地点までの距離を測定するのにはどうしたらよいか。もちろん川を渡らないでの話である。そのためには、川のこちら側に適当に離れた二点（それをA・Bとする）を採り、その間の距離を何らかの方法で測量したとする（これは可能と仮定する）。そうしておいて川の向う側の点（それをCと呼ぼう）の方向を測定するのである。具体的には∠ABCと∠BACを測るわけである。これをユークリッドの言葉で二角挟辺という。実際の計算方法は本書の範囲を越えるので省略するが、この場合三角形は一義的にきまるので、辺ACやBCは一義に決まる。大事なことは、川を渡らなくてもCまでの距離は数学的に計算できるということである。これが三角測量の原理である。

さて惑星運動（ケプラーの場合、実際には火星であるが）の問題に帰ろう。地球が太陽のまわりを動くならば、そしてその運動の様子がよくわかっているならば、それは前記の二点A・Bに相当する。時間が経ってA点からB点に動いたとしよう。一方、火星のほうは止まっていたとする（実際にはそういうことはなく動いているのだが、適当な時間の後に元の位置に戻ったとしたときを考えれば、動かなかったものと思うことはできる）。それを点Cと考える。AからCの方向およびBからCの方向は恒星天をバックにして観測できるし、地球の運動がわかっていたとすれば、ABの距離やAからBの方向（もしくはその逆）もわかるので∠ABCや∠BACはきめられることになる。かくしてAC間の距離やBC間の距離はわかることになる。

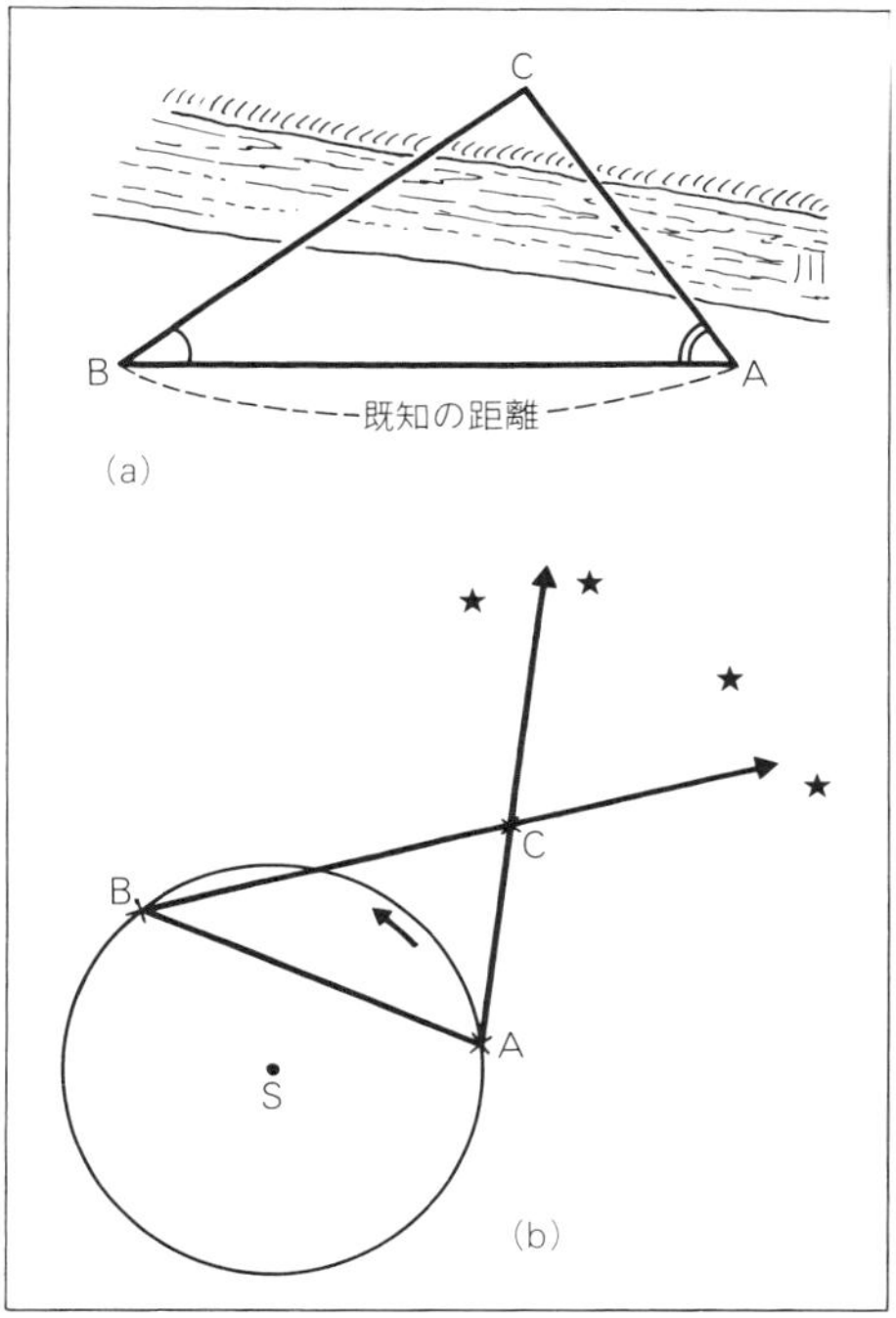

図 46 三角測量

(a) その原理：AB 間の距離が知れているときには，∠ABC, ∠BAC の角度を測定すれば，C までの距離，AC や BC は計算できる．すなわち図のような場合川を渡らなくても，見通しさえきけば，距離の測定が可能である．
(b) 火星までの距離：あるときに地球は A，火星は C にいたとする．また別の時期に地球は B，火星は同じ C 点にいたとする．そうすれば，上と全く同じ原理で，AB 間の距離がわかっていたとすると，火星までの距離は計算できる．

会合周期

さて次に問題になるのは、いつ火星が元の位置に戻るかということである。それを説明するのには会合周期 synodical

period を説明するとよい。今簡単のために地球、火星ともそれぞれ太陽中心の等角速度の円運動をしていたとする。今あるとき太陽・地球・火星が（この順で）一直線になっていたとする（これを火星の衝 opposition という）。さてここから出発して運動を始めたとしよう。地球の公転周期をT_1、火星の公転周期をT_2とすると

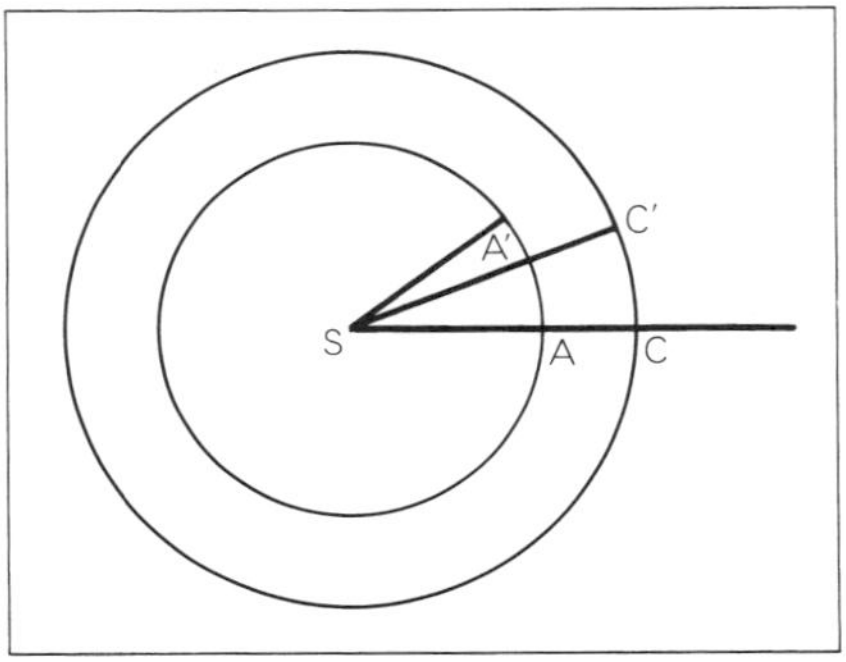

図 47　会合周期

S を太陽，あるときに地球は A，火星は C にあったとしよう（一直線），1 日たつと地球は $2\pi/T_1$ だけ進む（2π は 1 周を示し，T_1 の単位は日とする），すなわち翌日に地球は A′ に来たとすると，$\angle ASA'=2\pi/T_1$．同様に，火星の方が C′ に来たとすると$\angle CSC'=2\pi/T_2$．

したがって $\angle A'SC'=2\pi/T_1-2\pi/T_2$，すなわち 1 日あたり火星はこの角度だけ地球に対して遅れる．これが積り積って 1 周分だけ遅れるまでには，

$$2\pi\div(2\pi/T_1-2\pi/T_2)$$

だけ時間がかかる．これを会合周期という．これはちょうど，トラックを回る 2 人の走者の一方が他方に，1 周だけ遅れる（または進む）場合と同様である．すなわち，$T=2\pi\div(2\pi/T_1-2\pi/T_2)$，書き直して

$$\frac{1}{T}=\frac{1}{T_1}-\frac{1}{T_2}.$$

図47からわかるようにTとして次のようなものを採れば、Tだけ経ったときにはやはり一直線に並ぶ。つまりもう一度衝の位置にくるわけで、前と同じようになるという意味で、これを会合周期という。

$$\frac{1}{T}=\frac{1}{T_1}-\frac{1}{T_2}$$

ただし厳密に言うとこの推論は正しくない。火星は円運動をしているのでもないし、一定の角速度でもないからである。そのことをケプラーは発見したのだった。すなわち軌道上遅速があるわけである。しかしこの遅速は進んだり遅れたりして、ある程度の期間平均すれば、次第に一定のものに近づいて行く。すなわち、一回一回の会合周期は決して一定ではないが、それを平均すればよい。したがって具体的には平均会合周期を観測的に求めればよいことになる。

さて、地球の公転周期（T_1）は恒星に対する太陽の見かけの運動から、たとえば三六五・二五六四日と求まるので、火星との会合周期が観測的に求まれば前の式を解いて火星の公転周期T_2が求まることになる。すなわち、T_2経てば、火星は元の位置に戻ることになる。

火星の運動

地球の公転周期はT_2とは異っているので、T_2だけ経ったときには地球のほうは別の位置にいることになる。すなわち異った位置から見た火星の方向がわかるわけで、これにより、最初に述べた三角測量の原理そのものを利用できるのである。つまり火星の方向だけでなく、火星までの距離が次々にわかってくるのである。

プトレマイオスの地球中心説では惑星までの距離は何でもよかった。地球が動かないのであるから、方向はもちろん観測に合せなければならないが、そこまでの距離はどうでもよかった。というか決めるべき理論がなかった訳である。それがケプラーの場合はコペルニクスの説（太陽中心説）を受け入れたため、地球の運動を基準にして火星の運動が方向だけでなく、距離まで、宇宙における位置が決まってしまったのである。そういうように計算してみて、火星が円軌道ではなく楕円軌道を、等角速度でなく、等面積運動

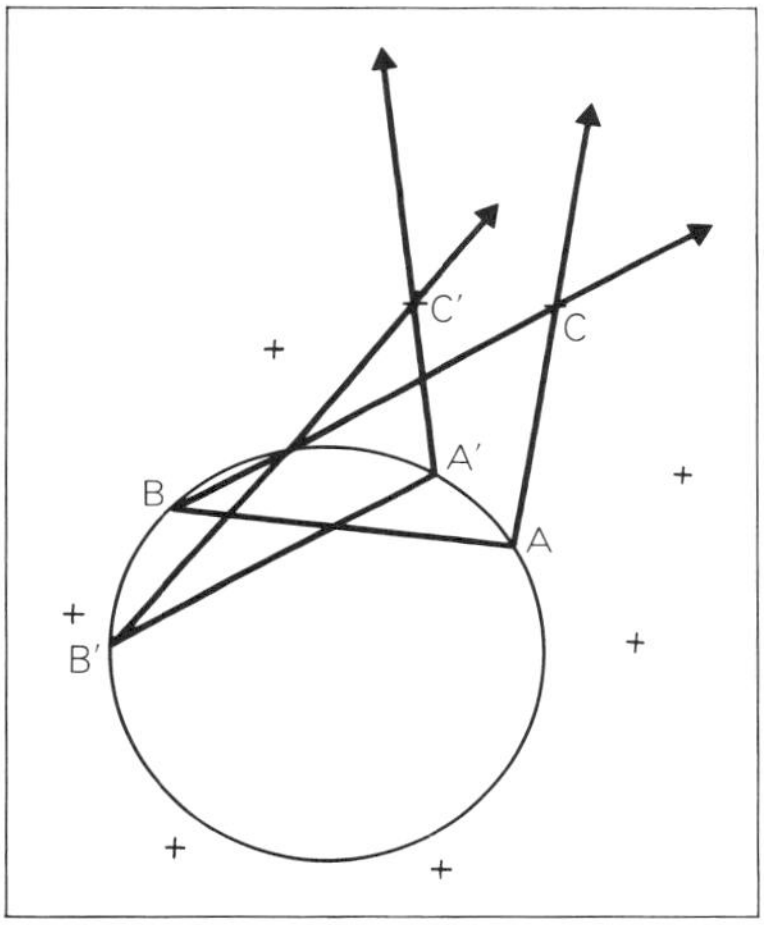

図 48　火星の運動

図 47 の方法を次々に応用して，火星の位置をきめて行く．この場合，距離ばかりでなく，地球の位置からの方向（それは恒星を背景に観測している！）が必要であることは言うまでもない．したがって地球の軌道が知られていれば，それを基準に火星の軌道が求められる．たとえ楕円であろうと，もっと複雑な軌道をしていようとも（図では楕円を誇張してある）．

していることが見出されたのである。この場合、地球のほうは円運動をしていると仮定している。この仮定は火星に較べて、それほど悪い仮定ではない。当時の観測ではそれを検証することはできなかったようである（もっとも、太陽は円の中心にはないことはわかっていた）。

では地球・太陽間の距離はどうやって決めるかという問題が次に出てくる。これを精密にきめることは現代の問題であって、ここではくわしくのべないが、大切なことは次のことである。三角測量でA・B間の距離がわからなかったときはどうなるかというと、今度は角度だけであるので、三角形の大きさはもちろん決まらないが、辺 AB と辺 AC（または BC）の比だけは決まる。すなわち、二つの三角形があった場合、相対応する角が同じであれば、その二つの三角形は相似になるということである。

太陽系のスケール

火星の運動の場合、地球の軌道の絶対的大きさ（たとえばキロ・メートル単位——こんなものはケプラーの時代にはなかった——で測った）はわからなくとも、それに対する火星の軌道の大きさの比は正確にわかるということである。正確に言うと地球・太陽距離の最小値（近日点距離）と最大値（遠日点距離）の平均を単位にすれば、以上のことから火星の軌道の大きさはわかることになる。この意味で地球軌道の平均距離（半長軸という）を天文単位という。すべての惑星軌道の大きさはこれを単位にして測ることにするのである。

さてケプラーの第三法則に移ろう。彼は「惑星軌道の半長軸 semi-major axis の三乗は公転周期の二乗に比例する」ことを見出した。このことは以上述べてきたことを考えれば、推論できそうであることはわかると思う。地球の公転周期を求め、また他の惑星（水星・金星・木星・土星）について火星と同じように、その公転周期と、太陽からの距離（上の天文単位で測った）を求めればよいからである。その計算は大変であることはもちろんであるが、原理的には可能である。実際彼は第一・第二法則を発見してから、第三法則を発見するまで、一〇年の歳月を要したのである。

以上のことを少し数式を使って書いてみよう。一日あたりの平均角速度nはTを公転周期とすれば

$$n=\frac{2\pi}{T}$$

で表わされる。この一日あたりの平均角速度を天体力学では平均運動という（以上のことからもわかるように、ここで大切なことは角度情報だけなので、角速度の角は省略するのである）。さて、この平均運動は公転周期に逆比例するから、第三法則は「半長軸の三乗は平均運動の二乗に逆比例する」。あるいは「平均運動の二乗と半長軸の三乗との積は一定である。」すなわち半長軸をaとすれば

$$n^2a^3=\text{一定}$$

となる。くわしいことは省略するが、ニュートン力学によると、万有引力の定数をGとし太陽の質量をSとすると、実はこの一定値は

$$n^2a^3=GS$$

と表わされることが計算上出て来る。

さて数値を入れてみよう。『理科年表』（一九八二年版）によると

$$G=6.672\times10^{-11}\cdot\text{メートル}^3\cdot\text{キログラム}^{-1}\text{秒}^{-2}\cdot(\mathrm{m^3kg^{-1}s^{-2}})$$

$$S = 1.9891 \times 10^{30}\text{キログラム} \qquad (\mathrm{kg})$$

であるから

$$GS = 1.3271 \times 10^{20}(\text{メートル})^3(\text{秒})^{-2} \qquad (\mathrm{m^3 s^{-2}})$$

となる。ここで注意すべきことは有効数字が四桁ということである。精度が一万分の一というのは角度にして〇・三分である。現在でもそのような精度しかないのか。それではケプラーの時代より一寸よい程度である。

実はそういうことではないのである。わざわざこのような計算をしたのは、このような計算方法では精度が出ないということを示そうと思ったからなのである。

からくりは二つあった。一つは単位をメートルで表わしたからである。もう一つは、万有引力の定数（MKS単位で表わした）の精度が足りないためなのである。後者から述べよう。

天文単位系　太陽系内の運動は太陽が基準なのであって、万有引力の定数はいつも太陽質量との積で運動方程式に入ってくる。それと、他の惑星の質量は太陽質量との比という形で表わすことができるのである。それゆえGやSが単独で現われることはないといってよい。したがって、GとSを別々に計算したのでは実は精度が出ないのである。逆にGが実験室内で求められれば、GSから、その精度の範囲で、Sすなわち太陽質量をキロ・グラム単位で知ることができるのであって、全く計算方法が逆なのである。実際GSの一九七六年IAU採用値は$\mathrm{GS} = 1.327\,124\,38 \times 10^{20}\ \mathrm{m^3 s^{-2}}$となっている。

もう一つは距離の単位に関係する。すでにのべたことからもわかるように、惑星の方向観測に関する限り実は距離は何を単位に測ってもよかったのである。地球・太陽の平均距離を単位にすれば、惑星の方向は計算できるのである。このようにすると GS はたとえば地球の公転運動にあてはめると、地球の平均運動の二乗で表わされることになる。GS の平方根はしたがって平均運動となるのである（実際は地球の運動には他の惑星の摂動もあるし、地球自身の質量も無視できないので、地球の平均運動そのものではなく、これらの影響を考慮に入れる必要があり、少々やっかいである。正確にいうと他の惑星のないときに、質量無限小の仮想地球が、太陽・地球の平均距離を回る場合、その平均運動すなわち平均角速度が GS の平方根になるのである）。このようにして理想的な平均運動を最初に求めたのはガウス Karl Friedrich Gauss (1744–1855) であった。それで今でもこれをガウスの重力定数と呼んでいる。数値的には

$$(\sqrt{GS}=)\,k=0.017\,202\,098\,95\ \text{ラジアン/日}$$

ところがさらに詳しいことを言うと後日談がつづく。一九世紀の終りに、ニューカム（図55 一六一頁参照）が太陽系の運動を再計算してみたところが、このガウスの計算は実は少しちがっていたのである。そこで採るべき道は二つあった。この定数を変更するか、天体力学の計算の距離の単位をかえるかである。もし前者を採るとすると、今後も精密な計算を繰返すたびに、理論計算の係数をいちいち変更しなければならないことになる。それは便利な方法ではないのである。というのは、地球の半長軸は、摂動の影響で決して一定不変ではないし、またその平均値が一である必要も必ずしもないからである。すでに何度も述べたように、あるきまった単位で測ってみて、いついつがいくらであるということがわかればよいし、角度情報を求めるためには、そもそも何であってもよかったのであるから。

ニューカムの太陽表での地球軌道の半長軸の平均値は実際

$$a=1+2.3\times10^{-7}$$

となっている。

そういった意味で、ニューカムもガウスの重力定数を直さなかったし、その後の天文学界でもこれを変更することは考えていないのである。

実際、一九三八年のストックホルムにおける国際天文学連合総会ではこのことを確認した。すなわち「天文単位とは太陽のまわりに質量無限小の天体が、他の惑星の影響をうけないで一日あたり、さきにのべた角度（単位はラヂアン）だけ運動する場合の軌道の半長軸である」ということになるのである。惑星の質量の単位は太陽の質量をとる。時間の単位は一日（＝86400秒）とする。このような単位系を天文単位系と呼ぶ。

天体力学でなにゆえ国際単位系（すなわちＭＫＳ単位系）と異る以上の天文単位系をとるのかの理由がおわかりと思う。国際単位系では必要な精度を表わすことができないからである。

二　一ヵ月は何日か

いろいろの一ヵ月

一月《ひとつき》は何日ですかと質問すると一月《いちがつ》は三一日、二月は二八日または二九日、三月は……と答えるのが普通であろう。しかし今ここで問題にしているのはそういったことではなく、その「月」をきめるもとになった太陰暦での一ヵ月のことである。旧暦では二九日または三〇日であることはすでにのべた。その配列をどうするかということは太陰（太陽）暦の重大な問題であるが、それを算出するのには平均的な長さが求まっていなければならない。逆に言えばこれは観測的に朔《さく》（月と太陽が同じ黄経にある瞬間）を決めて、それがどのような規則で分布しているかを求めなければならない。それらの観測をもとにして、将来の月の位置を予想することが、太陰（太陽）暦を作ることになることは理解されると思う。

平均朔望月

さてすでに第二章一節（五四頁）で述べたように太陰暦の一ヵ月は平均29.530589日（ブラウンによる一九〇〇年に対する値）であるが、朔望月は一定していない。それは主として月の公転運動が等速運動ではなく、楕円であり、しかもそれ以外に種々の摂動（ここでは地球以外の天体の及ぼす力によるケプラー運動からのずれ）が含まれていることに起因する。また朔はその定義からもわかるように太陽の位置を基準としているので、月の運動ばかりでなく、太陽の運動にもよっており、一層ややこしい結果になっていることはすでに見てきた通りである。

しかし、ここで問題にしていることは、このようないわば短期的な遅速の問題ではなく、もっと長い期間についての平均での話である。平均朔望月は一体一定であろうか。正確にいうと少し注釈をつけなければならないことは注意深い読者はお気付きと思う。それはうんと長年月にわたって、平均してしまえば、それはその期間に対して一つの平均値しかないのでそれが一定であるかという質問自体意味をなさないことなのである。したがって正確に言えば、たとえば数十年に亙っての平均が数千年の期間に対してはたして一定かという意味であるとしておこう。

図 49 ハレー Edmond Halley (1656–1742) の肖像（イギリスの天文学者，第2代グリニチ天文台長）（前掲 Greenwich Observatory, vol. I より）

このような問題に対して、最初に解答を与えたのはハレーであった。曰く「平均朔望月はだんだん短くなる」と。彼はニュートンの『プリンキピア』の上梓に力を尽した人で、天体運動の力学モデルの実証として、いわゆるハレー彗星が周期彗星であり、したがって必ずもどってくることを予言した（一七〇五）。すなわち彗星の運動も惑星と同じ万有引力のもとでの運動であり、そのいちじるしい運動の相違は単に運動の初期の条件の違いであることを論証したのである。なお後に彼は第二代のグリニチ天文台の台長になる（一七二〇より没年まで）。

さてそのハレーは一六九三年にアルマゲストで採用された紀元前数世紀の日・月食と、紀元後九世紀のアラビアの観測および当時の観測をくらべて、アルマゲストのものは時間にして数時間の食い違いがあることを発見した。すなわち月の平均黄経が一定の割合で増加するのであれば、それは初期の値に時間Tに比例する項を加えればよいが、平均の運動がどんどん増えて行くとすると時間の二乗に比例する項をさらにつけ加えなければならない。その意味で、この新たにつけ加わる項を長（永）年加速項 secular acceleration term と言う。その係数を観測的に求め、一方その原因をつきとめることが、それ以後の月の運動の研究の重大な課題になったのである。

長年項

その後、約五〇年経って、数量的にたしかな値がダンソーンによって求められた。くわしいことは表23を見てもらうことにして、ここでは大略のことを述べる。結果は一朔望月は一世紀あたり 0.4×10^{-6} 日ずつ短くなっているということになる。

さてここでちょっと注意をしておこう。古代の観測はどうせ精度が悪いのに、それから精密な数字が出せることができるのは何故か、ということの説明をしておこう。ハレーは古代と中世（アラビア）と現代の観測を用いて朔望月の長年変化を求めたと言ったが、それをもう少し具体的に説明すると次のようなことになる。古代の日食（その時月と太陽は同じ黄経にあり、すなわち朔である）の時刻と、中世での日食のそれとの時刻間隔をはかる。その間に月は何回太陽に対して公転しているかは知られているので、その回数で全期間を割ると、その間の平均朔望月が得られる。一方、中世と現代とで同じような計算をすると、中世から現代までの平均朔望月が知られる。かくして二つの平均朔望月を比較することにより、どちらが長いかを決めることができるのである。この場合、月の短期的な遅速が観測的または理論的にわかっていれば、その分を補正して、真の朔のかわりに平朔を採れば精度は上るのである。

長期間平均すれば、その精度はどんどん増して行くことは、各観測に含まれる誤差の影響が少なくなることからおわかりと思う。したがって、古代での観測の精度が悪くても、なるべく長期間で計算すれば、その悪さは帳消しになる。この原理のおかげで古代日食は現代科学に対して有効なのである。

図 50 ラプラス (Marquis) Pierre Simon de Laplace (1749–1827) の肖像（フランスの数学者・天文学者）

（表 23 のつづき）

Fotheringham 1920	de Sitter 1927	Spencer Jones 1939 I	Spencer Jones 1939 II	（Tidal の部分）—現行システム—
+10″.5	+11″.25	+11″.25	−5″.19	−11″.22
+1″.0	+1″.78	+1″.21	−0″.02	0″.00
-0.35×10^{-6}日	-0.349×10^{-6}日	-0.370×10^{-6}日	$+0.190\times10^{-6}$日	$+0.413\times10^{-6}$日

↘それに対して観測値は両方を含んでいると考えられる. Spencer Jones I, II の説明は第6項(153頁)に与えてある. (4) さらに最後の欄は，ニュートン力（保存力）から来る理論値（ブラウン，ニューカムの値）を観測値から差し引き，したがって非保存力に起因すると思われる部分のみを抽出した. (5) 月の運動にこの補正をほどこした暦（くわしく言うと，黄経の元期の値，平均運動は別に与えるとして）は，暦表時系による暦と考えられている.

月運動論

さてその原因について。ラプラスは一八〇二年『天体力学』という大著を著わし、その中で、地球の離心率は他の惑星の摂動による長年摂動の結果徐々に減少するのであるが、それが月の運動に影響を与え、この長年加速の観測量がほぼ説明できるとした。

話がそれですめば万万才であり、それ以後の歴史を述べる必要はないが、実はそんなに簡単には済まされなかった。

ラプラスの約五〇年後、アダムズ John Couch Adams (1819–1892)はラプラスの計算に誤りを見出した。彼は近似を高めた結果、ラプラスの数値は正しくなく、その約半分が正しいとした。それでは一体観測値はどうなるのであろうか。多少の問題はあったにせよ、前述のダンソーンの観測値に大きな変更は認められない。もしアダムズの計算が正しければ、月の運動は他の惑星の影響だけからは説明できない。すなわち今まで知られた力だけからは説明できず、他の力を考えなければならないのか、が次の問題となった。このアダムズは一方天王星の運動の狂いから新惑星（結局海王星の発見につな

表 23　対恒星平均黄経における月，太陽年の長年項（T^2 の係数）

	Dunthorn 1747	Laplace 1802	Adams 1853	Hansen 1864	Brown（月）1919 Newcomb（太陽）1895
$c'_{☾}$	$+10''$	$+10''.35$	$+5''.72$	$+12''.56$	$+6''.03$
$c'_{☉}$	—	—	—	—	$-0''.02$
1世紀あたりの朔望月ののび	-0.4×10^{-6}日	-0.38×10^{-6}日	-0.21×10^{-6}日	-0.46×10^{-6}日	-0.23×10^{-6}日

注：(1) 対恒星とは歳差による分点の移動の長年項は含まないことを意味する．月に対しては $c'_{☾}$，太陽については $c'_{☉}$ と書いた．(2) この表は年代順に並べてあるが，その内容は種々のものを含んでいる．まず Laplace, Adams, Hansen, Brown (Newcomb) のものは理論値である．理論自体の精度の向上でこのような変化がある(次項参照)．なおこの理論値にはニュートンの万有引力によるものは含むが，摩擦力のような非保存力のものは含まれない．(3) ↗

がるのであるが）の存在を予言したのであるが、月の場合はどう考えたらいいのか、喧喧囂囂《けんけんごうごう》の状態になった。天王星の場合と異って、月の運動をみだす天体が地球・月の近傍に発見することはできないので、アダムズは万有引力以外の力にその原因を求めようとした。しかし一方当時新しい月理論を構築していたハンゼン Peter Andreas Hansen (1795–1874) やプラナ Plana はラプラスとほぼ同じ結果が理論的に導かれるとして、アダムズの計算方法は間違っているとした。それに対してアダムズは問題は純粋に数学上の問題であり、観測と合わないのは、彼の計算が誤っているからではなく、別の力が加わるからであるとしてゆずらなかった。しかしアダムズの存命中には結着はつかず、彼は失意のうちに死ぬ。その後第一次大戦後にテイラー G. I. Taylor やジェフリーズ (Sir) Harold Jeffreys (1891–) が浅い海での潮汐が十分なだけの摩擦を惹起することを論証し、結果的にアダムズの推論が確証されることになるのであるが、これは後に見る通りである。

長年加速の意味

ハンゼンの月運動論は後に月行表 Tables de la Lune (1857) の形にまとめられ、見掛上観測をよく表わすものとして、各国の天体暦に採用された(英米暦は一九二二年まで)。この理論のあやまりを見つけたのはヒル George William Hill (1838-1914) であり、彼の計算方法を用いて月行表(一九一九)を新たに作ったのはブラウン Ernest William Brown (1866-1938) であった。その結果すでにのべたアダムズの理論を検証することになり、長年加速の問題はニュートン力学からは説明されないことが決定的になる。しかしブラウンは月行表の作成にあたり、長年加速の理論値に手を加えなかった。表23にある数値は理論値である。一方長年加速は別にしてもまだ観測値と合わない部分をニューカム Simon Newcomb (1835-1909) によるいわゆる大経験項として

$$10''.71 \sin(140°.0T+240°.7),$$ ただしTは一九〇〇年からの世紀数

を加えた。これは理論が不十分で、もしかすると、後になってこのような長周期項が理論的に導かれるかも知れないという懸念からであった。ついでに言っておくが現在ではこの項は根拠のないものなので、取除いている。その代り別の方式を考えている。

さて、これより前、ギンツェル Friedrich Karl Ginzel は古代日食を精力的に調査し、一方ハンゼンの月行表を逆算し、比較検討した(一八九九)。さらに古典学者から天文学者に鞍替えしたフォザリンガム J. K. Fotheringham は古代の日食・月食・春(秋)分の観測を見直し、表23にあるような数値を得た(一九二〇)。

さてここで大事なことは、長年加速項が、月だけでなく、太陽の運動(もちろんこれは地球の軌道運動

のはねかえり）にも見られたことである。この結果を出したときの「時」の尺度は地球の自転運動である。地球の軌道運動にはそれを加速させるような原因は見あたらないので、これはそれまで一定不変と見られていた地球自転運動に疑いが持たれる結果になった。

もし地球自転が一定でなく、それにもとづいて「時」をきめていたのであれば、その影響は太陽のみかけの運動のみでなく、他の惑星にも現われる筈である。時計が狂っていれば、すべての人の行動が狂っているように見える。そういう観点から研究したのが次のド・ジッタ Willem de Sitter (1872–1934) であった。彼は同時に、ニューカムの大経験項によって表わされるような「ふらつき」fluctuation は単純な形では表現できるものではなく、もっと複雑であり、これに対応するものが各惑星にも現われると結論した。

図 51 スペンサー・ジョーンズ(Sir) Harold Spencer Jones (1890–1960) の肖像（イギリスの天文学者，第 10 代グリニチ天文台長）(A. J. Meadows : Greenwich Observatory, vol II, 1975 より)

潮汐摩擦と一日の長さ

さらにその後、スペンサー・ジョーンズはそれまでのすべての研究を総括して表23にあるような数値を求めた。ここでⅠと書いてあるのは、直接の整約結果であり、Ⅱと書いてあるのは太陽に対するものが理論式（ニューカムの太陽表による）に一致するように時の尺度を変更した場合の月に対する長年加速項（数値が負であるから長年減速である）である。これは潮汐の摩擦

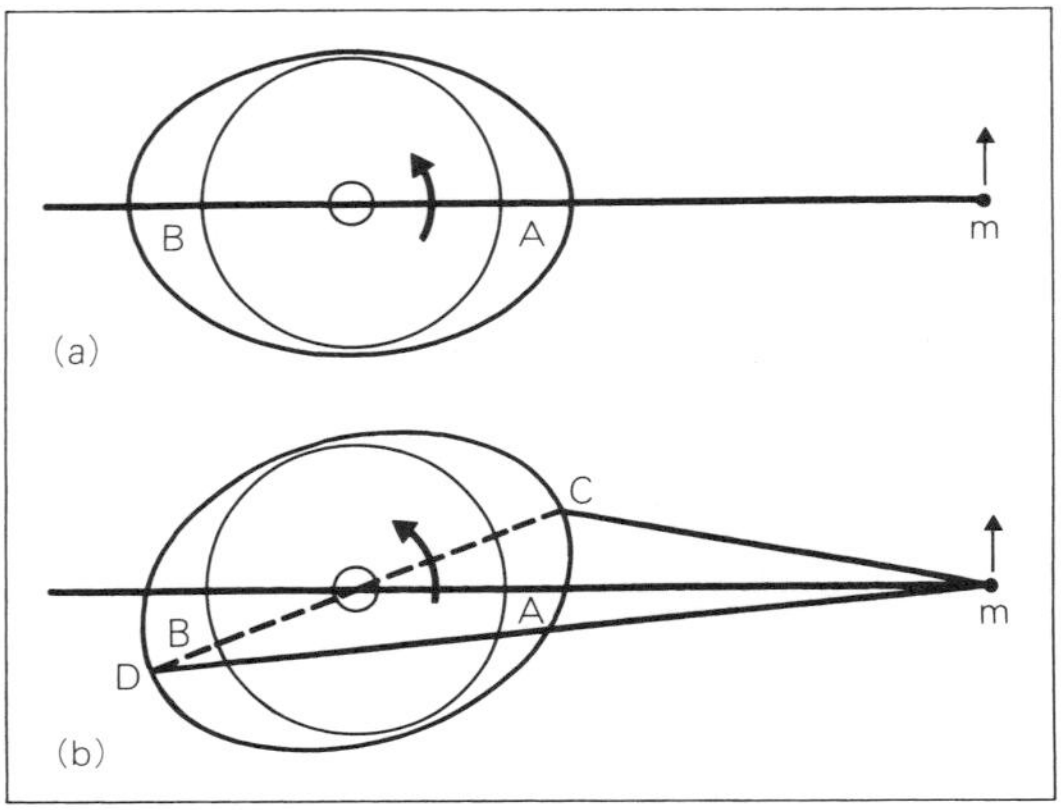

図 52　潮汐摩擦

(a) 海水が全然粘性をもたなければ，潮汐は月（または太陽）の直下点（および対蹠点）に於て最大となる．(b) しかし実際は海水は粘性をもつため，外力そのものに従順にしたがうことができず，時間的に若干昔の状態に適合したような様相をしめす．すなわち潮汐はおくれるのである．そのおくれは場所によって一定ではないが平均して 2〜3 時間という程度である．地球の自転角運動は月の公転角運動に較べて速いから，海水は地球にひきずられて動くわけで，その結果，図にみるように潮汐は月に対して**先行**している．そのために月の角運動量はたえず**増える**．そういった場合，月の軌道半径は絶えず増加し，（ケプラーの第3法則により）月の**角速度**は**減少**する．一方，地球の方は角運動量を失って，自転角速度は**遅く**なる．

によると考えられている。

潮汐の干満は月の引力によることはご承知の通りであるが、満潮は月が南中したとき（またはその逆のとき）に起るのではなく、一時間から数時間遅れるのが普通である。この遅れは水と海底との間の摩擦による。その結果、地球の自転にはいつもブレーキがかかる状態になり、地球全体でみれば、自転速度が遅くなるように作用する。一方、地球・月のシステムでの角運動量は保存されるから、地球の自転の減速による角運動量の減少は月の公転運動での角運動量の増加となって現われる。したがって、地球の自転角速度は減少し、同時に月の公転角速度も減少する（図52の説明参照）。スペンサー・ジョーンズのIIで与えた数値は、ブラウンの理論式（これは万有引力にのみよる理論値）もふくんでおり、次の「潮汐の部分」の欄では、この理論式の部分を除いてある。潮汐摩擦による月の減速部分は現在でも理論的に正確には計算できず、観測的に求めなければならないものである（ある程度の予想はつき、したがって大体のところは説明できる）。

この数値に対応する潮汐摩擦による地球自転減速によって変動する一日の長さは、計算の結果、

$$1日の長さ = 86400^{s} + 0.^{s}00198 + 0.^{s}00164T$$

ただし T は 1900 年からの世紀数

で与えられる（くわしく言うと図83二一一頁の説明中の ΔT の二次式で表わされる部分から求める）。

ここでのsは太陽の運動がニューカムの太陽表で表わされるような時系での秒であって、正確に言えば「暦表秒」という。なおこの表式では地球自転のふらつき fluctuation は除いてあり、いわば平均的なのびである（くわしくは第五章二節二一一頁参照）。

再び平均朔望月の長さ

表23をもう一度眺めていただきたい。現在のシステムはここでのスペンサー・ジョーンズのものを踏襲している。一九七六年の国際天文学連合で天文定数の改定が論じられたがスペンサー・ジョーンズの値にかわるべき決定値は提出されなかった。したがって現在での知識はこれから出発しなければならない。ここでのIは地球自転そのものを時計としてはかった数値である。一方、IIのほうは太陽の運動がニュートン力学に合うような時系（暦表時）でみた場合で、月の黄経は加速ではなく減速であることに注意されたい。したがって、朔望月は一世紀あたり0.19日 $\times 10^{-6}$ ずつのびる。月の黄経におよぼすニュートン力学的な力は加速にはたらき一方摩擦力は減速にはたらき、差引減速になっているのである。摩擦力のみによる朔望月ののびは最後の欄にあるように $+0.41$ 日 $\times 10^{-6}$ である。ニュートン力学的加速は地球軌道の離心率の減少によるが、うんと長年月（たとえば数百万年以上）を考えると、この影響は一定方向でなく打消しあって平均的には存在しないことが理論的に知られている。したがって、非常に長い期間を考える場合は摩擦項のみ

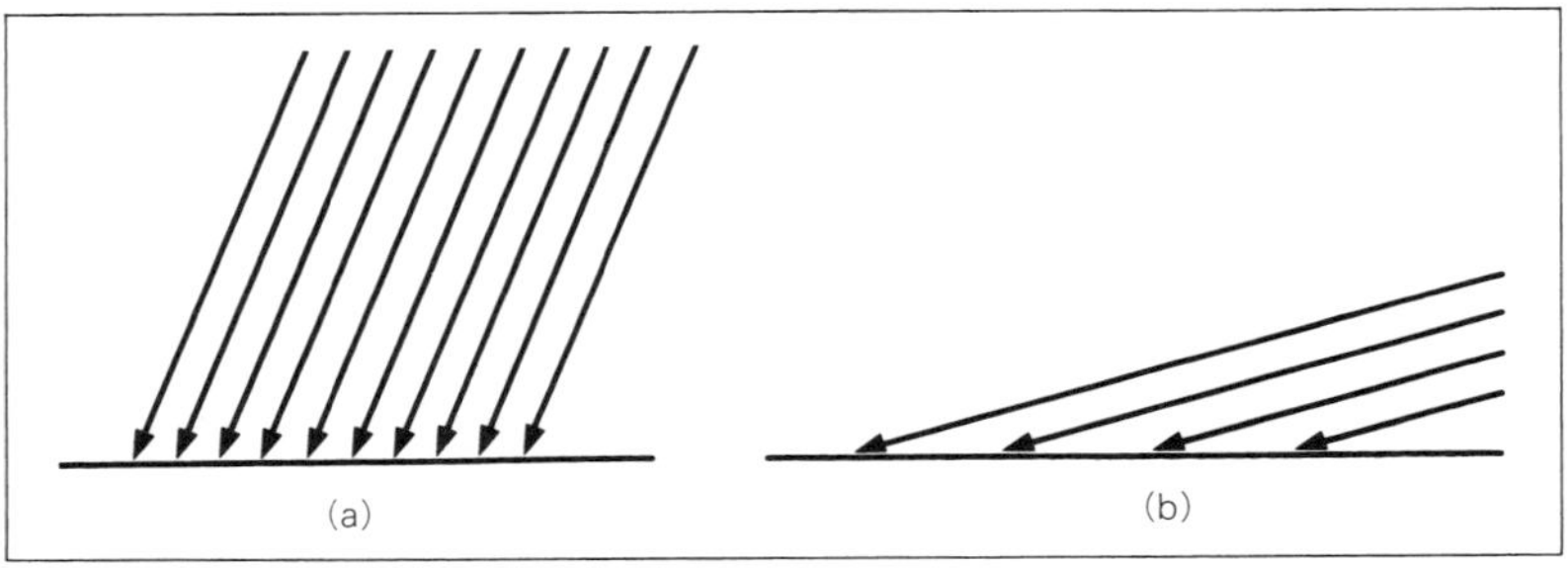

図 53　高度差による日照量の違い
(a)に比べて(b)の場合は地表にふりそそぐ太陽エネルギー量がずっと少い.

を考えたほうがかえってよいと思われる。

三　一年の長さ

季節

一年の長さはいくらかという問題をここで考えよう。日常生活における一年の長さを規制しているものは季節である。春夏秋冬が起る原因は、日照時間の短長と、太陽の高度である。日本のような中緯度帯では太陽の高度（正午での）はさほど気にならないが、ヨーロッパのような高緯度帯では、冬に太陽高度が低いことが、日照時間が短いだけでなく、気温を下げている重大な原因になっていることが感覚的にわかる。太陽高度が低いと、同じ地表面積に対して、太陽からくるエネルギーが少なくなることは図53を見ればおわかりと思う。

このような差異が生ずるのは、太陽が天の赤道上にいつもいないで、天の赤道と約二三・五度傾いた黄道上を運動しているからにほかならない。春・秋分のときは太陽は天の赤道上にあり、北半球では夏の期間は赤道より北側、冬の期間は赤道より南側にある。春・秋分での太陽の南中高度は、北緯φの地点では$90°-\varphi$であるが、夏至では$90°+23.°5-\varphi$となり、逆に冬至では

90−23.°5−φ となる。

したがって、季節をきめる基準はいつ春分になったかということが一番重要な点なのである。一年の長さの基本になるものはある年の春分から次の年の春分までの期間であって、天文学的に言えば、これを（平均）回帰年 tropical year という。この場合「春分」とは太陽が赤道上にきた瞬間である。

さて、平均とわざわざことわったのは前章での朔望月と同じであるが、その辺の事情をもう少し詳しく説明するために、多少専門的になるが、太陽に限らず（もちろん何度もことわっているように太陽の位置とは地球から見た太陽の方向であって、これは太陽のまわりの地球の位置の逆方向を意味していることは言うまでもない）、一般の惑星の運動について説明しておこう。

ケプラー運動

第三章一節（一〇二頁）でケプラーは観測的に惑星の運動を次の三つの法則で言い表わされることを結論したと述べた。今日それ故これらをケプラーの法則という。

第一法則——惑星の運動は太陽を一つの焦点とする楕円である。

第二法則——惑星と太陽を結ぶ直線が掃く面積は一定である（したがって太陽に近いときは遠いときに比べて角速度が大きい。角速度は距離の二乗に逆比例する）。

第三法則——惑星の半長軸（近日点と遠日点との距離の半分）の三乗は周期の二乗に比例する。

ケプラーはこれらの結果を観測を整理して求めたが、後にニュートンは彼のうみ出した力学の法則と、万有引力の法則（天体間の力はその質量の積に比例し、相互の距離の二乗に逆比例する）から数学的に演繹されることを示した（『プリンキピア』1686–1687）。

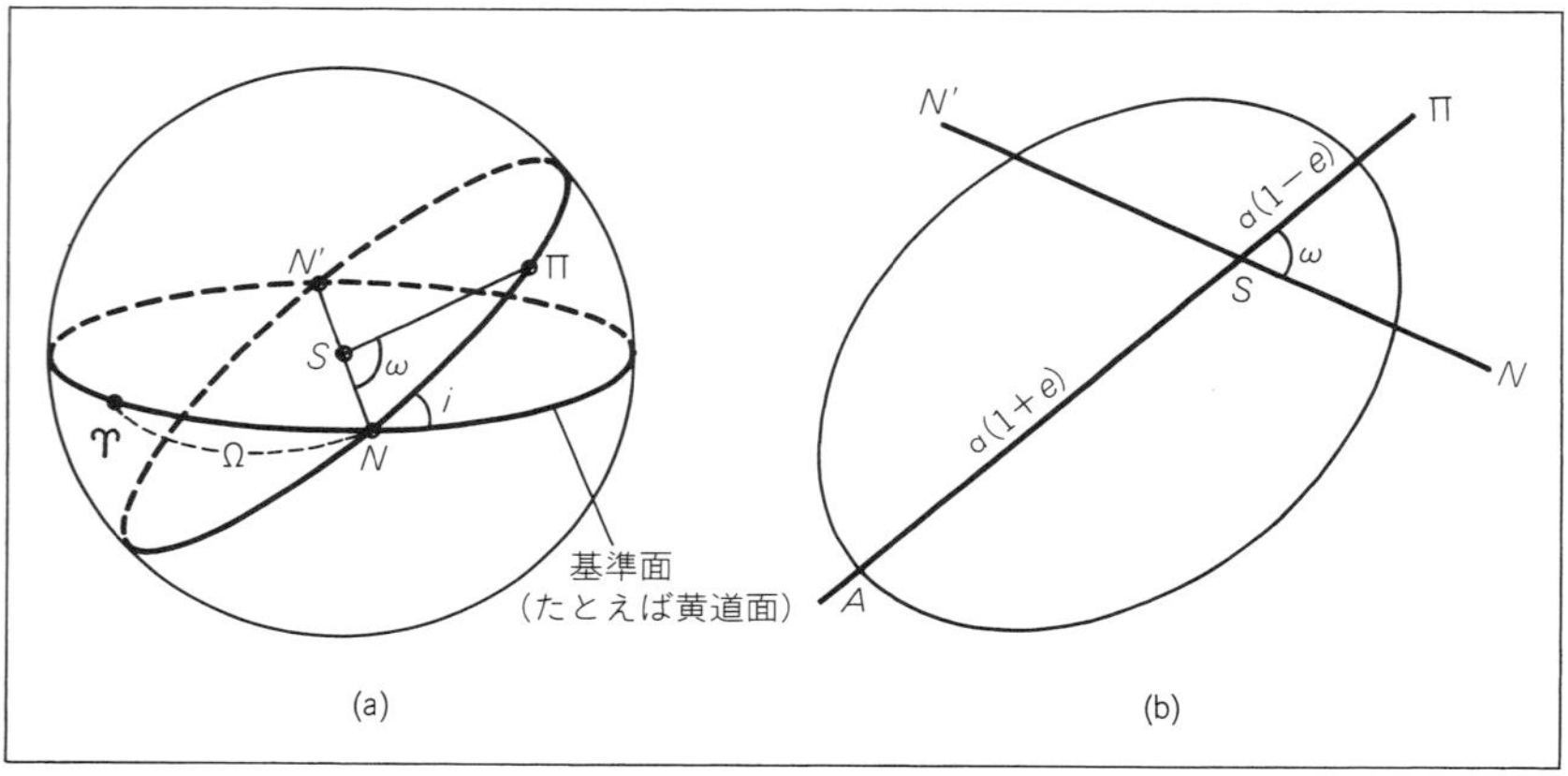

図 54 ケプラー要素 Keplerian elements

(a) 空間的配置：

♈：基準点（春分点方向）

N：昇交点 ascending node（基準面と軌道面との交線の天球面に交わった点のうち惑星が南から北に通過する点） 2つの面の交角 i を軌道傾斜角 inclination という．∠♈SN＝Ω（昇交点黄経 longitude of ascending node）

(b) 楕円運動：

太陽に一番近づく点を近日点 perihelion（Π）という．一番遠い点を遠日点 aphelion（A）という．

昇交点（方向）から近日点（方向）までの角度を近日点引数 argument of perihelion（ω）という．$\Omega+\omega=\pi$（パイ．ただし円周率のことではない．または$\tilde{\omega}$）を近日点黄経 longitude of perihelion という．AはSをはさんでΠのちょうど反対側にある．ΠA の半分を半長軸 semi-major axis といい，$S\Pi=a(1-e)$ としたときの e を離心率 eccentricity という．

(c) a, e, ω（または $\tilde{\omega}$），Ω, i および近日点通過時刻 T を合わせてケプラー要素という．これらは太陽以外の力が働かない限り定数である．

ニュートンの力学法則は、力が働いたら、運動の状態がどのように変化するかを言い表わしたものであり、万有引力は各瞬間にどのような力が働くかを決める法則である。それらはしたがって各瞬間での行動を規定するものであり、そういった場合に運動の様子をつぎつぎにつなぎ合せて、全体としてどうなるかということを数学的に解いた結果、ケプラーの法則が出てきたということなのである。その意味で、ニュートンの法則を微分則、ケプラーの法則を積分則という。数学的なことになるけれども、一般に微分則だけでは運動の全体はきめられない。運動をはじめる瞬間の状態（物体の位置と速度で初期条件と言う）を指定しなければ、それ以後の状態を決めるわけにはゆかない。別の表現でいえば、惑星の軌道面の基準面に対する位置関係、軌道の半長軸、近日点の方向等はニュートンの力学法則だけからは任意であり得るので、これらを指定することによって初めて、具体的な楕円運動が決まることになる。その意味でこれらをケプラー要素という。それらの具体的定義は図54を参照されたい。

摂　動

太陽と一つの惑星（たとえば地球）の場合には途中の計算はここでは省略するが、とにかく、ケプラー運動になることが証明されるのであるが、天体が三つ以上あったらどうなるか。もう途端にデッド・ロックにぶちあたる。一般には三体の場合でも厳密には解けないのである。それでは実際にはニュートン力学は役には立たないのではないかと言われる。然り、而して否である。厳密には解けないが、近似的には、すなわちある程度の誤差を許せば解けるのである。しかし、どの程度省略したら、どの程度の精度で求められるかは本当にはわからないのである。

前節で月の運動理論の歴史を少し垣間見たが、あれは今述べたことの一つの実例であって、ある人の理論が十分（という意味は観測を説明できる程度としよう）精密であるかどうかを判定するのは実はむずかしいことなのである。話は純粋に数学的な問題であるが、得られた解が厳密解とどの程度食い違っているかなかなかわからないのである。

さて他の天体が存在していたとき、ある天体の運動がケプラー運動から外れる量を一般に摂動 perturbation というが、それを求めることがニュートン以後の天体力学の中心的問題であったし、現在

表 24　短・長周期と長年摂動の周期の目安

	短周期	長周期	長年項
外 惑 星	数十年	数十〜数千年	数万年〜数十万年
内 惑 星	1年程度	数年〜数百年	数万年〜数十万年
月	1ヵ月程度	—	数年〜〜数十年
人工衛星	2時間〜数時間	数日〜数十日	数ヵ月〜数年

でも、以上からもわかるように、完全には解けていないのである。高い精度が要求されれば根本的な方法の変革を必要とする運命にあると言える。

一般的なことはこのくらいにしておいて、太陽の運動（地球の軌道運動の反映）の問題にたちかえろう。現在惑星運動理論の改定が進行中であるが、まだ最終結果には到達しておらず、しかも詳細はここで述べる範囲を越えるので、現在までの惑星運動の基礎になっているニューカムの理論についての概略を述べることに留める。

他の惑星の影響でケプラー運動からずれるということをすでに述べたが、これを別の表現では、ケプラーの要素が定数ではなく変化すると言い換えることができる。その場合ある瞬間での位置と速度を初期値として、それ以後はあたかも太陽だけの引力を受けるとしたときのケプラー要素を、その瞬間に対するケプラー要素と考える。これを接触軌道要素 osculating elements という。この仮想的なケプラー要素をもつ軌道と実際の軌道は、考えている瞬間で互いに接しているからである。

ところでニューカムの運動理論はこういった表現を採らず、もう少し実際的な方式を採っている。彼は短周期（軌道の公転周期と同程度の）摂動はまず平均して、長年月にわたってゆっくりと変化するものについては軌道要素が変化するものと見做し、そういったゆっくり変化するケプラー要素に対する軌道からさらにずれている部分を黄経・黄緯・動径距離 radius vector 方向の摂動と呼んだ。

ゆっくりとした変化にはくわしく言うと二種類あり、一つは地球については数十年から数千年の周期のもの（長周期項という）と、他は数万年から数十万年の周期のもの（これを長年項という）である。前者については三角関数で表現してあるが、後者については展開して時間Tの多項式になる形で表現してある。したがって、この長年項については数千年までは正しいが、数万年以上になると誤差が目立ってくることに注意したほうがよい。

短周期およびこの二種類の長周期のわけ方は理論の本質的部分に関連している。くわしいことは省略するが、周期の絶対的な長さによるのではなく基本的な周期（公転周期）と摂動力の大きさに関連しており、表24にみるように力学的には同じ原因でありながら、周期そのものは非常に異っている。すなわち長年月と言っても何に対してということを言わなければ意味のないことなのである。

図 55　ニューカム Simon Newcomb (1835-1909) の肖像（アメリカ海軍天文台の天文学者）

ニューカムの太陽表

さてニューカムによれば、（平均）離心率は

$$e=0.016\,751\,04-0.000\,041\,80T-0.000\,000\,126T^2$$

で与えられる。ここでおよび以下すべてTは一九〇〇年一月〇日グリニヂ正午（一八九九年一二月三一日グリニヂ正午という意味）からのユリウス世紀（三六五二五日）である。太陽（地球軌道）の離心率の減少が、月の長年加速を生ずる原因であることはすでに述べた。また太陽の近地点方向（地球

軌道の遠日点方向）は

$$\pi = 281^\circ 13' 15.''0 + 6189.''03T + 1.''63T^2 + 0.''012T^3$$

第二章四節（八九頁）で二至二分の間隔が次第に変化していることを述べたが、それは実はこの近地点の移動に、その原因があったのである。百年間で約一・五度、二千年で約三〇度も前進しているのである（ただし大部分は春分点の移動——歳差——による）。

地球・太陽の平均距離は

$$(1 + 0.23 \times 10^{-6} - 0.35 \times 10^{-6} T)\ \text{天文単位}$$

である（天文単位の定義については本章第一節一四二頁参照）。

春分点から測った太陽の平均黄経は

$$L = 279^\circ 41' 48.''04 + 129\,602\,768.''13T + 1.''089T^2$$

である。

やっと本節の初めに出てきた問題にたちかえることができる。ここで注意しなければならないことはこの表式にT^2の項がついており、月の場合に説明したように、太陽の角速度はどんどん早くなり、したがって回帰年はそのぶんだけみじかくなっているということである。くわしい計算方法は省略するが、一回帰年は太陽の平均黄経の表式から次のように与えられる。

$$(365.242\,198\,79 - 0.000\,006\,14T)\ \text{日} = 31\,556\,925^{s}.975 - 0^{s}.5303T$$

ニューカムの時代は地球の自転は一様と考えられていたので、ここでの「日」は元来平均太陽日であり、「s」は「平均太陽秒」であった。けれども前節で述べたようにその後、地球の自転が、長期的にも短期的でも一定でないことが明らかになってきたので、時間の単位としての意味を失った。そこで地球自転から定義される「日」や「秒」は廃止され、太陽の平均黄経が今与えられた表式に合うように逆に時刻の定義のほうを変更することにした。これが暦表時である。一九五六年国際度量衡委員会は「秒」をそれまでの平均太陽時による定義にかえて

「秒は暦表時の一九〇〇年一月〇日一二時の回帰年の 31 556 925.9747 分の一とする」

と定義した。これを受けて第一一回度量衡総会は、一九六〇年一〇月この定義を採用した。一方、国際天文学連合は一九五八年八月に暦表時の定義を次のように与えた。すなわち

「暦表時は西暦一九〇〇年の始まりの頃に太陽の幾何学的平均黄経が 279°41′48″.04 になる瞬間からカウントされる。この瞬間の暦表時は丁度一九〇〇年一月〇日一二時である。暦表時の基本的単位は〔一九五六年〕国際度量衡委員会が定義したものである」とし以下前述の「秒」の定義が続く。

さてここでちょっと注意しておくが以上の暦表時の定義はニューカムの式の最初の二項のみを用いていることである。第三項すなわち時間の二乗に比例する項は基本定数ではなく、太陽の摂動論および歳差理論から決まるものであり、この項は理論の進歩に伴って変更することがあり得るのであり、その数値は定義には用いないことにしてあるのである。それゆえ正確を期するならば四〜五行の表現は正しくは「太陽平均黄経の〝最初の二項〟が今与えられた……」となる訳である。

暦表時（秒の再定義）

回帰年の長年的短縮の意味を考えよう。これは後の原子時の問題と関係してくるが、回帰年が一定

図 56　さんごの年輪，月輪，日輪
学名 *Heliophyllum halli*, 中期デボン紀（約4億年前）. スケールは縦棒が a, b で 1 cm, c は b の部分拡大図で縦棒が 2 mm, 1 年の成長率は 1 cm の程度. b, c における太い縞はほぼ 3〜4 ヵ月ごとの粗密に対応する. さらにこまかく見ると1日単位の粗密（日輪）がみられるという. これらから逆に1年の日数, 1ヵ月の日数を推定することができるという.

でないことが、基本単位が暦表時から原子時へ変更になった理由であると誤解されるような解説に出会うことがあるが、これは明瞭に誤りである。というのは時間間隔の定義には一九〇〇年における回帰年としか表現されていないのである。変更の理由は、そうではなくて、惑星運動から定義された暦表時の精度が足りないことによるのである。定義自体はニュートン力学で考えている時間を具体化しようとするものであり、計算された太陽の位置に合うように時の尺度を決めようというものである(もちろん理論改定の余地は残してある)。実際問題として、太陽や惑星の観測からきめた暦表時の精度は悪いので、月の観測からきめることになる(暦表時の導入によって、一九六〇年用からの天体暦の時間引数はすべて暦表時になった。この変更された暦を用いて、太陽、惑星、月の位置観測に合うように逆に暦表時を決めるのである。しかし理論にはいつも誤差が付きまとうので、種々の観測が符合するかどうかは厳密にはわからない。逆に言えば、そのことからでき上った暦の良否が検定されることになる)。すなわち月からきめた暦表時が十分太陽から定義した暦表時に合っているかという問題が残ることは言うまでもない。

それはともかく、このように決めた暦表時で見ても、回帰年は一六二頁に与えたように変化するのである。これは前節にのべた一日の変動の問題とは別ものであることに注意しておこう。ただし、一六二頁の変化は惑星運動の長年項にあたるもので数万年以上のことを考えた場合はむしろ平均化して消えてしまうことに注意したい。

一年の日数

すなわち数億年というような時間間隔に対してはむしろ前節でのべた一日の長さののび、のほうが問題になる。潮汐摩擦が過去においてどの程度であったかということはもちろんわからないが、古代日食と現代観測の結果の比較が延長できるのなら第二節一五〇頁の数字（地球自転の潮汐項の反映としての太陽の見かけの長年項 $1''.237T^2$）を過去にまで遡らせると約五億年の過去において一日の長さは現在の「秒」単位で約 78000 秒となる、一方一年の長さは現在の「秒」単位で測ると過去においてもあまり変らないと思えるから、過去の「日」単位で考えると、

1年＝約 400 日

という結果になる。

この結果は古生物から推定されるものと一致するという説がある。珊瑚のあるものに「日輪」がきざまれており、それと「年輪」から一年の日数が算出されるという。それがここに述べた数字と合っているという説があり、大変興味深いことである。

四　「春分の日」・「秋分の日」

国民の祝日に関する法律

標記の法律（昭和二十三年七月二十日、法律第百七十八号）には祝日の意義を掲げた後第二条に、

元日　　一月一日　……
春分の日　　春分日　……
秋分の日　　秋分日　……

としるされている。名称の次に日付があるが、春・秋分については、わかったようでわからない書き方がしてある。つまり文脈上は「春分の日とは春分日である」と。なお標題にわざわざカッコをつけたのは、前者のほうで、正確に書けば法律上の春（秋）分の日とは何であるかということを意味している。法律のこの書き方ではだれもわからない。一体、それはいつなのかということがいつも問題になる。この法律を管掌しているのは現在総理府管理室だそうであるが、そこに聞いても具体的な日付は教えてもらえまい。

では一体どうやって法律的に知るのかというと、毎年二月一日付の官報の「資料」欄に、翌年の暦の主要部分が「……年暦要項」として掲載されているので、疑い深い人はそれを参照されることをお薦めする。さてこの資料の提供者が実は筆者が属している「東京大学東京天文台」なのである。

一体どういう法的根拠でそういうことをしているのかと言うと、国立学校設置法第四条第一項の中に研究所の名称と共に位置、目的が書かれている。そこをみると東京天文台の目的は

天文学に関する事項の研究及び天象観測並びに暦書編製、中央標準時の決定及び現示並びに時計の検定に関する事務

となっている。今関係あるのは「暦書」の編製である。現在東京天文台の公式見解ではここにいう「暦書」とは「暦象年表」——これは政府刊行物でそのままでは一般に販売されていないが、内容はすべて『理科年表』(丸善〔株〕発行)暦部に含まれている——であり、その一部である前記暦要項は暦書の中に含まれる。

法律の中によく出てくる「暦日による」とは具体的には、以上のことから見ておわかりの通り、それは暦象年表等を参照することという意味である。もっとも東京天文台だけで、グレゴリオ暦をやめて勝手な暦を作るわけにはいかないのは言うまでもない。しかし春分・秋分となると、その計算は面倒なので、天文屋にまかせるというのが、「国民の祝日に関する法律」の趣旨だと解している。しかし細かいことになると、いろいろの定義が可能なのである。

春分日　さて現在春分日をどう定義しているかというと、それは天文学的な春分(という瞬間)を含む日であり、日のキレメは中央標準時によるとしている。秋分についても同様。なおこの中央標準時の内容についての法制的な問題は節を改めて述べる(第五章四節一二項二五三頁参照)。天文学的な春(秋)分とは、視太陽が天の赤道をよぎる瞬間としている。話がだんだん細かくなって

恐縮だが、視太陽（第三章二節三項一二三頁参照）の位置とは地球からの見かけの太陽の方向であって、実はその瞬間には太陽の幾何学的位置（これを真太陽という）は赤道上にはない。光は有限の速度で伝わるので、こちらで赤道をよぎったと見えたときには向うはすでに通り過ぎている。どちらにするかは定義の問題である。なおこの現象の詳細は本書では述べないが、これを光行差 aberration という。

さていろいろの定義があり得ると言ったが、一番簡単なのは、法律上は春（秋）分を固定してしまうことである。実際たとえば教会暦法上の春分はいつも三月二一日である（正確に言うと、ここでの教会とは西方教会、すなわち、カトリック教会とそれから派生したプロテスタント教会である。教会暦法上の春分については、第二章三節六項八四頁参照）。広い経度範囲で考える場合、案外この方法は合理的なのである。局所時で春分の日を決めると、極端な場合、場所によって復活祭が一ヵ月も異ってくることがあり得るからである。日本人はとかく正確さを好むので、専門家はいろいろと考えるが、場合によっては考え過ぎることが多い。その割に一般にはその正確な内容となると、理解しようとしない。正確に正確にと要求するのは旧暦以来の伝統であろう。しかしそれが一般の科学思想を深めたかというと、それに対して筆者は多分に疑問を感じている。というのは、あまり複雑では門外漢は手も足も出せないし、一方、専門家内だけの思考では案外発展性に乏しく、閉塞状態となる可能性が多い。素人の問題提起は案外的を射ていることが多い。

これを別の面から考えると、日本人はとかく、正解がどこかに存在していると思い（入学試験の場合特にそうである）、それを探し、覚えることに重大な関心がある。または専門家にすぐ聞きたがる。しかし場合によってはどうでもいいことが多い。殊に定義に関係していることは、定義のしようでどうでもなることが多い。いろいろの見方があり得る。また違った定義から異った結果が出てくることもある。そういった場合、どれが正しいかということは大した意味を持たないことが多い。しかし定義

表 25　春・秋分日時表（時刻は中央標準時）

年	春分				差	秋分				差
	月	日	時	分	365日＋分	月	日	時	分	365日＋分
2001	3	20	22	31	356	9	23	8	4	336
2002	3	21	4	16	345	9	23	13	55	351
2003	3	21	10	0	344	9	23	19	47	352
2004	3	20	15	49	349	9	23	1	30	343
2005	3	20	21	33	344	9	23	7	23	353
2006	3	21	3	25	352	9	23	13	3	340
2007	3	21	9	7	342	9	23	18	51	348
2008	3	20	14	48	341	9	23	0	44	353
2009	3	20	20	44	356	9	23	6	18	334
2010	3	21	2	32	348	9	23	12	9	351
2011	3	21	8	21	349	9	23	18	4	355
2012	3	20	14	14	353	9	22	23	49	345
2013	3	20	20	2	348	9	23	5	44	355
2014	3	21	1	57	355	9	23	11	29	345
2015	3	21	7	45	348	9	23	17	20	351
2016	3	20	13	30	345	9	22	23	21	361
2017	3	20	19	28	358	9	23	5	2	341
2018	3	21	1	15	347	9	23	10	54	352
2019	3	21	6	58	343	9	23	16	50	356
2020	3	20	12	49	351	9	22	22	30	340

注：1.　計算は現行暦（DE 200）による．分の単位で四捨五入してある．
2.　ET−UT 1 は 2002 年は 65 秒，以後は 1 年につき 1 秒ずつ増してある（ただし，それ以前は確定値）．
3.　差は春分（秋分）から次の春分（秋分）までの時間間隔で，これは平均 365 日＋348.76 分である．実際の差がこれと違っているのは章動（春分点が空間的に振動すること，原因は月の引力），および地球の軌道に及ぼす他惑星の摂動に起因する．各要素の主なものを挙げると章動，−2.2 分〜＋2.2 分；月，−5.1 分〜＋5.1 分；金星，−8.0 分〜＋8.0 分；木星，−1.4 分〜＋1.4 分；火星，−0.4 分〜＋0.4 分．
4.　「差」欄は前年との差．

とその結果の因果関係を考えることは意味がある。またどう定義したら最も経済的または合理的かという問題はある。そのほうがよほど大切である。

少し脱線し過ぎたかも知れないので本論に戻ろう。春分の日次を固定する次に簡単な方法は、地球の軌道上の位置に及ぼす他惑星による短周期的摂動を平均化して、その影響を受けないものにするということである。さらに地球軌道の離心率による影響を取除くことも考えられる。これが平均的春（秋）分の算定法である。この系統のものは歴史的には「平気」という。この場合、春（秋）分から次の春（秋）分までの期間は前々節に述べた回帰年（正確には平均の）となる。しかし注意しておくが、この回帰年も一定ではなく、種々の原因で長年月に亙っては伸縮する（第二節一五三頁、第三節一六二頁参照）。

さて前置きはこのくらいにしておいて、表25をご覧願いたい。ここでは二〇〇一年から二〇二〇年までの視太陽の春・秋分を掲げた。ただし、おことわりしておかなければならないのは、二〇〇一年は官報その他に発表済みなので問題はないが、二〇〇二年以降は、現在の知識からみた予想値であって、決して発表値がこうなるとは保証し兼ねるということである。予想値というのは「天気予報」みたいなもので、適中するとは限らないのである。もっとも天気予報ほど外れないとは思うのだが。

予想を狂わす原因の可能性

さて、太陽の位置（これは何度もいうように、地球の太陽のまわりの軌道上の位置の反対方向）における誤差に関して最近いろいろと研究されており、第六章一項に述べることと関連して近く新しい太陽表が完成する見通しである（まだ確定はしていないが）。それと比較すると黄経で0″.5程度の誤差がニューカム太陽表に含まれていることが知られている。その結果、春・秋分時刻について±0.2分（時間の）程度の誤差はあり得る（太陽は角度で一秒動くのに時間で約二四秒かかる）。次に問題になるのは地球自転速度の変動である。これについては次章二節にくわしく述べるので、ここでは省略するが、結果だけを言うと表25の注の中にあるET－UT1の予想値が、今後紀元二〇〇〇年までに±10秒程度の誤差はまぬかれないということである。ここでETとは天体の軌道運動を規定するときの尺度であり、UT1とは地球の自転角から決まるものであると了解していただければ今のところ差支えない。現在用いられている時刻の基準はこのUT1に全体として合うように調整されているからである。一日のキレメ、すなわち、夜中の一二時が絶対的にいつであるのかは、地球自転の不整によって、将来については本当は分らないのである。現在それを予想する理論はなく、そのときになって観測してみなければ誰にもわからないのである。これは科学の対象としては興味あることではあるが、その影響は二〇年間で高々±0.2分（時間の）で、実用的にはあまり問題ない。しかし、前のものと合わせて、±0.4分すなわち、表25の分単位の桁のところで一分程度の差はあり得る。

昔は、先々の計算を一度にやるのは大変だったし、何度もやり直すわけにはゆかなかった。また今でもいったん公表したものを変更するのはややこしいので、慎重さの故に毎年二月一日に翌年のものを公式に発表しているのである。しかし表25は以上のような事情を考慮しても、春・秋分に関する限り、時刻のほうはともかく、月日まで狂うことはまず考えられないので御安心されたし。

表 26　春分の日の昼間の長さに及ぼす影響（東京において，緯度＝35°）

	日　出	日　入		昼間の長さ 12時間＋
1.　太陽赤緯の動き				
春分時刻が 0 時　とき	−0.3分	＋0.8分	＋1.1分	±1.1分
〃　12時のとき	＋0.3	＋0.3	0.0	
〃　24時のとき	0.8	−0.3	−1.1	
2.　地平視差	—	—		
3.　太陽上縁	−1.3	＋1.3		＋2.6
4.　大 気 差	−2.9	＋2.9		＋5.8
			合　計	8.4分±1.1分

注：夜間はしたがって 12 時間 −8.4 分±1.1 分となる．秋分については，1. の符号が逆になるだけで，他は全く同じ．

春・秋分の日は昼夜が等しいか

標記の問に対する答は、そのとき太陽が赤道上に止まっていて、しかも以下に述べることを考慮しなければ然りであるが、実際は現在の定義からは否である。

その原因はいろいろあるが、まず考えられることは前々項でおわかりのように、春（秋）分とは天文学的には、瞬間であり、日出や日入のときには、必ずしも太陽は天の赤道上にあるわけではない。また正午がちょうど春（秋）分になってはいないので、春（秋）分の日の昼夜は正確には同じでない。

次に太陽は有限の距離にあるので、正確には、地球の中心からみたときと、地表でみたときではその見える方向が違う。この影響は太陽の場合は時間の0.7秒でたいしたことはないが、月の場合は実際に問題になる（時間の4.8分）。

第三番目は定義に関連するが、日出とは太陽面の最上点が地平線に達したとき、すなわち見え始めの時をいうことになっているので、その分だけ日出は早い。日入は逆。

第四番目に考えなければならないことは、大気差 refraction

の影響である。これは風呂桶に水を入れて、斜めから見たときに、底が浮き上って見えるのと同じ現象である。この結果太陽は大気がないときに比べて早く昇ることになる。日入はその逆である。

なぜこのようなことを考えて日出入を計算するかと言えば、理由は春(秋)分と同じく、なるべく実際に合わせようとしているとしか言いようがない。しかし実際といっても、たとえば表27で東京といっているのは港区麻布にあった旧東京天文台のことであるが、この計算では、水準面からの高さは考慮に入れていない。そこまで考えると、地平線の実際の凹凸をも考えなければならないし、すぐ隣りに建物があると、日出や日入が見えない(日出入観望権(?)の侵害か)。地平線の問題は一つ一つの地点での計算を全く別々にやらなければ本当ではない。実際のことと言えば、曇れば太陽は見えないし、水(地)平線に雲があれば、その分だけ太陽の見え始める時刻は遅くなる。また日出時刻は異常屈折でも変り得る。しかし観測点での水平方向に対する日出入を計算しておけば、他のことはそれから計算できるので、暦象年表では、一応の目安ないしは、計算の基準として水平方向を採用しているのである。以上が東京天文台で計算していることの概略である。

表 27 東京における春・秋分の日における昼間の長さ

日付			日出		日入		昼間 12時間+
1979年	3月	21日	5時	45分	17時	53分	8分
	9	24	5	30	17	37	7
1980	3	21	5	45	17	53	8
	9	23	5	29	17	37	8
1981	3	21	5	44	17	53	9
	9	23	5	29	17	37	8
1982	3	21	5	44	17	53	9
	9	23	5	29	17	38	9

(理科年表による)

最後にまた少し法律問題を考えてみよう。刑事訴訟法第百十六条に

日出前、日没後には、令状に夜間でも執行することができる旨の記載がなければ、差押状又は捜索状の執行のため、人の住居又は人の看守する邸宅、建造物若しくは船舶内に入ることはできない。

②日没前に差押状又は捜索状の執行に着手したときは、日没後でも、その処分を継続することができる。

昼間・夜間とは

とある。この場合、夜間とは日没後、日出前（どういう訳か法律では順序が逆になっているが）と読むことができる。昼間とは一日（一昼夜）から夜間を引いた残りであろう。しかし日出、日没を刑事訴訟法上どう解釈するかは、この法律の下位にある刑事訴訟規則にも何の定めもないので、法制的には暦を主管する東京天文台の（行政）解釈に従うということが一応の筋道である（ただし、法律的紛争の最後的結着は裁判所によることは言うを俟たない）。この場合うるさいことをいうと東京天文台からの出版物には「日没」という言葉は用いていないで、「日入」と言う言葉を用いている。強いて別物だと主張する気はないが別の言葉は法律的には別の内容を持ち込み得るので、一考する必要がある。何故別の言葉になっているのか筆者にはわからない。

さて日出入の定義に関して既述の第三については、明治三十五年文部省告示第百六十五號（暦面記載ノ日出入時刻定メ方）（明治三十五年十月四日、文部省告示第百六十五號）というものがある。以下全文を挙げる。

東京帝國大學ニ於テ編纂スル暦面ノ日出入時刻ハ従來太陽中心ノ地平線上ニ見ユル時刻ナリシ處明治三十六年暦ヨリハ太陽面最上点ノ地平線上ニ見ユル時刻ヲ以テ日出入時刻ト定ム

この告示は今も生きており、『日本現行法規』に載っている。多分何かの理由で、日出とは「見え

始めだ」という見解から、当時の暦編纂者が文部省に頼んで、このような告示を出してもらったのであろうと想像される。したがってこれが現在の暦計算の一つの根拠になっているのではあるが、それ以外のことについては法令的に規定があるわけでもなく、これはやや特別である。そういうわけで、これ以外のことは慣習法 L)lex non scripta（書かれていない法律）的な定義を用いているわけなのである。しかし特に今のままで不便があるわけでもないし、変更すると何か実質的な変化があったように思われるのも困ることである。たとえば、「東京」を麻布から三鷹に移してもいいのだけれども、移したときの跳びをいちいち説明しなければならないのは面倒である。また日出入はどうせ目安なのだから、もっと簡単な定義に替えてもいいのだが、精度が落ちるように改訂することの理由を人々に納得させるのはむずかしい。そういった理由から、今日まで従来の定義を踏襲したままなのである。しかし目安である以上誰にでも計算できる方式を考えたほうがいいのかも知れない。たとえば定義をかえて簡単に春・秋分で昼夜平分であるようにしても構わない筈であるが、そうしたほうがよいかどうか筆者には判断がつき兼ねているところである。

さて刑事訴訟法の別の条文にも、また他の法令にも、日出没という言葉が現われるためか、それとも別の理由なのか分らないが、警察・検察庁・裁判所・弁護士会から公文書で、日出没や月出没、その他関連あることが東京天文台に照会されてくる。微妙な問題に関してなら、協力することにやぶさかではないのだが、どうもそうでもないような気がするものもあり、数が少ければ我慢もするが、最近増えて悲鳴をあげたくなることが多い。本当に五分以下が実質的に問題となるのか疑問に思う。何とか常識で判断できる場合は照会なしで済ませて貰えないものかと思っている。東京天文台の研究所としての本来の機能が阻害されないことを望むのは筆者の勝手であろうか。

さて日出入を法令的にも採り入れ、それをなるべく現実のものに近づけて用いる現在の方式は日本独自のものなのか、それとも欧米にも似た考え方があるのか未だ調査していないが、これは徳川時代までの不定時法と関連するように思えてならない。不定時法とは明六つ（夜明け）と暮六つ（日暮）を基準として、昼は昼で六等分し、夜は夜で六等分する方法である。明六つは元来日出前定時法の二刻半（定時法の一刻とは一昼夜を百等分したもので、二刻半は現在の時間で三六分に当る）と定義され、暮六つは同様に、元来日入後二刻半であった。こうした場合、平均して昼のほうが長くなるのは現在と同じであるが、その違いは現在よりも大きい。薄明（夜明けから日出まで、および日入から日暮まで）も昼間なのであった。

もし欧米で現在のわが国のような方式を採っていないとすると、昼夜ということに対する国民一般の感覚の違いとなり、文化史的に興味ある題材となるが、そこまでは調べていない。

第五章　時の測定と管理

一　時計の歴史

時間の分割

すこし話を戻して、先ず原理的なことから始める。時刻を定義するのに、太陽の南中時だけを問題にしていたのでは話が進まない。太陽の南中はその地点での視（または真、以下同じ）正午を示すわけであるが、あるときの視正午と翌日の視正午だけ定義されていても、その間を適当に分割することができなければ、任意の時刻をきめることも、今何時であるということもできない。第三章（二節三項一二三頁）に、視太陽時でみた正午から正午までの間隔は一定ではなく、それを平均化した平均太陽時を用いることがよいと述べたが、その場合どうやって一定であるとかないとかを決めるかということが当然問題になってくる。そしてまた、その時間を分割する必要にせまられるのである。

それらの目的のために昔から人工の時計を用いることが考えられてきた。しかし、どうやって一定の進みの時計を作るかということは実際的な問題のみでなく、原理的にむずかしい問題を含んでいる。

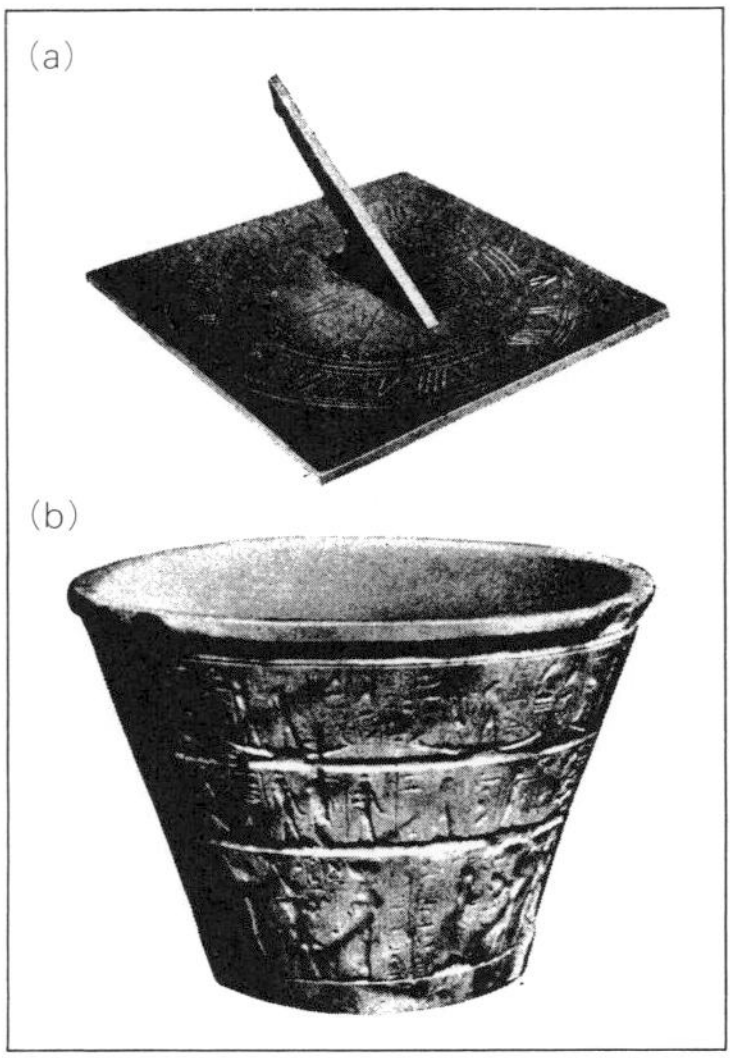

図 57 (a) エヂプトの水平型日時計,
(b) 水時計

諸君は二つの時計があったとして、その間に食違いが生じたとき、一体どうしますか。テレビ等の時報に合わせると答えると思う。では一体テレビの時報は何を基準として放送しているのであろうか。ということは普段あまり深く考えないと思うが、疑ってみることも無駄ではあるまい。くわしくは後（四節二三一頁）に述べるが、何か基準がなければ、正しいとか狂っているとか言えないのである。その基準とは一体何であって、どうやってそれを決めて行くのかということが本章の問題である。

さて長さの分割は運動している間に変らないものがあれば、それをもとにして分割することは可能である。よくやるように、コンパスの二つの先端の間隔が変らないとして、ある線分を分割するわけである。しかしそれがどうして保証されるのか、考えてみると随分むずかしい問題であることにお気付きと思う。どうやって長さが変らないことが保証されるのか、コンパスの場合は、何度も験すことができる。つまり、右に動かしたり、またもとへ戻したりすることが可能なのである（それにしても、動かしたときに長さが変り、元に戻したら、元の長さになっていたとしたらどうしますか）。

しかし時間の場合、過ぎ去った過去はもう二度とやってこない。したがって、何度も験しようがないのである。長さの場合に較べて、その分だけ余計にむずかしいのである。

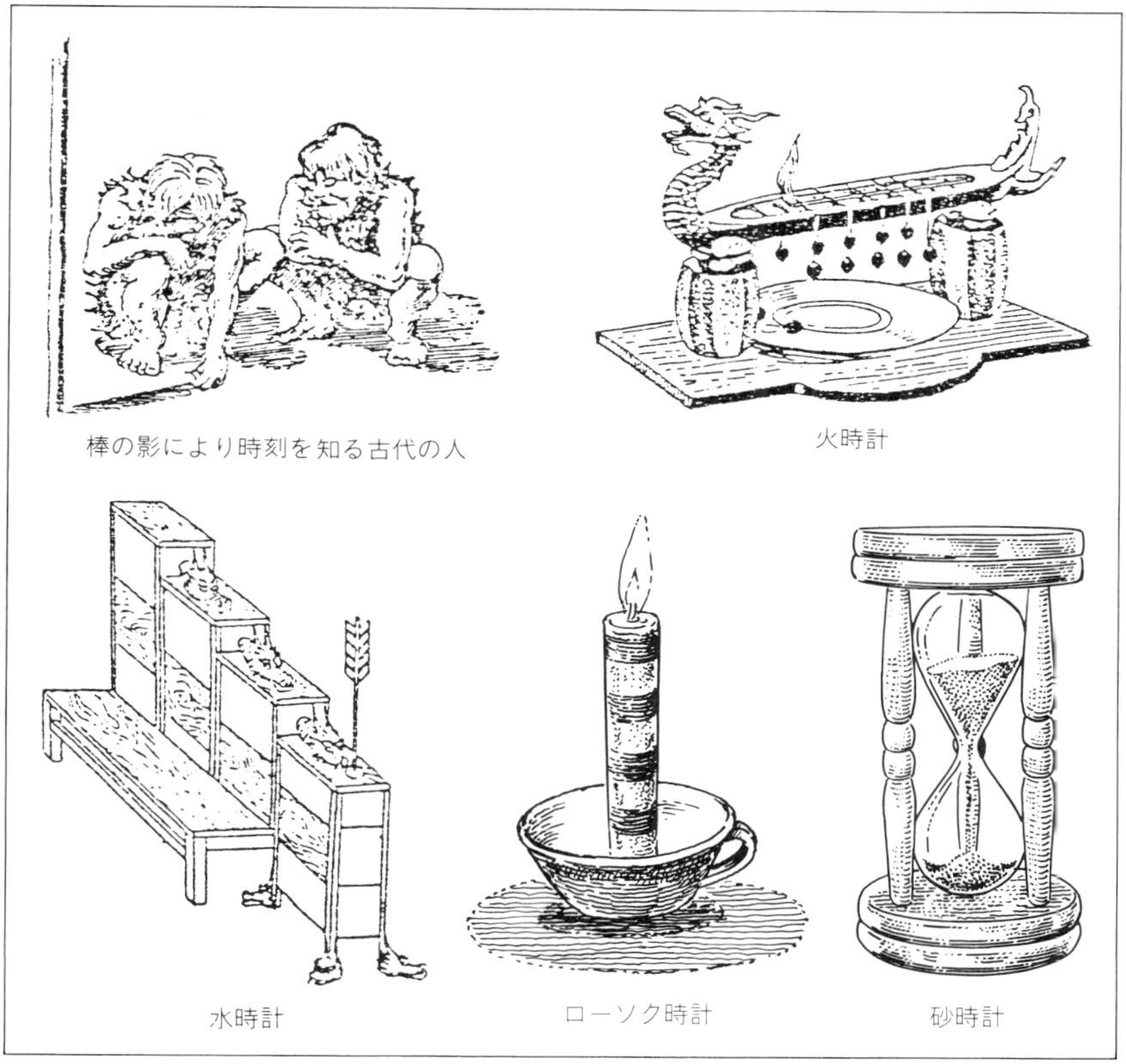

図 58　水時計・砂時計・ローソク時計・火時計

水時計・砂時計・ローソク時計……原理的なことはこのくらいにして、具体的な時計の歴史をふりかえることにする。昔からいろいろの「時計」が考えられてきた。そのうちの一つに水時計がある。その淵源は古代エヂプトにあるといわれる。槽からもれる水の量を測って、それが一定の割合で出てくると仮定して、時間を測るのである。わが国では漏剋《ろうこく》といわれ、紀元六六〇年に作られたという記録がある（これについては第一章一節に述べたので繰返さない）。

図 59　プラハ中央広場にある大時計
この時計には時刻だけでなく，日，月，惑星の位置も示されるようになっている（プラネタリウムの元祖？）

そのほか砂時計というものもある。これは短時間(数分)を測るのに便利で、今でも家庭用のものが市販されている。中央が細くくびれている容器の中を砂が通過するのに結構時間がかかるので、全部出切ってしまうまでの時間が何分ということで時間の単位にするものである。面倒なことに、これは長時間にはつかえず、何度もひっくり返さなければならない。また、ローソク時計というものもある。これはものによって数時間測ることができるが、こまかい時間が測れないのが欠点であろう。さてこの場合、ローソクが燃える速度は一定であろうか。すなわち、ローソクに刻みをつけておいたものが本当に正しい時間を示すであろうか。疑えばキリがないのである。室温によって、燃え方が違ってくるであろうし、湿度によっても違ってくるのではないか。また燃え初めと盛んに燃えているときとではどうか。途中で一旦消したとき、その後の燃える速度はどうか。要するに、外界の状態が物理的・化学的変化の速度にどういう影響を与えるかということが問題なのである。これらは、それぞれ物理的・化学的反応速度の問題として個別に扱われるであろう。しかし基準となる時間間隔の測定はなるべく、原理的に簡単なものがよいことはお分かりと思う。複雑なものは、その変化自体が研究の対象となりうるものだからである。

機械時計

ヨーロッパの古い町へ行くと、町の中心に広場があり、そこの中心となる建物（たとえば市庁舎等）に時計が置かれているのにでくわす。たとえば、ミュンヘンの市庁舎には、毎日午前一一時になると、機械仕掛けの人形行列が回転を始める。くわしいことは知らないが、現在では電気仕掛けで、動くのだと思うし、スタートの時刻は何かの時計を使っているのだと思うが、電気が実用化されていなかった時代には、それはすべて錘り時計で操作されていたようである。錘り時計の原理は、錘りが徐々に落ちるときのエネルギーを動力にして、それが余り早すぎもせず、また遅すぎもせず落ちるように、摩擦で調整しているものである。しかしこの摩擦力というものはやっかいで、そう規則通りには働かず、したがって高い精度で時刻を刻むというわけにはゆかない代物である。

それはともかく、ミラノにある機械時計はこの種のものとしては古く、一三三五年には作られたそうである。一〇分か二〇分の程度の精度はあったのではないかと想像される。

図 60 ガリレイ，Galileo Galilei (1564-1642) の肖像（イタリアの物理学者，天文学者）

等時性の発見

さて、ガリレイは、ピサの大学生だった一五八三年に、大聖堂の天井から吊下げられ

図 61　ピサの大聖堂の内部
中央天井より大きなランプが吊られてある．このランプの振動を見てガリレイは振子の等時性を発見したという伝説がある．

ているランプの揺れるのを観察して振子の等時性の発見をしたとされている。伝説によると彼は自分の脈搏で、それを確かめたことになっている。そういう問題はアリストテレスも問題にしておらず、スコラ哲学者の注意をも惹かない問題であり、いわば新しいタイプの問題であった。それはそうであるが、本節の最初に述べた原理的なことはそれほど自明なことではない。どうやって振子の周期が一定であることを認めたのか。彼は自分の脈搏が一定の間隔であることを根拠にしていたようであるが、それは本当だろうか。現在では医者はむしろ時計を用いて脈搏を測り、正常だとか異常だとかいう。

こういうことを考えたならどうであろうか。彼は自分の発見に興奮し、動悸したとする。異常になったとする。彼が興奮すればするほど、不整脈を示し、彼の発見はあやしくなる。そして「振子の間隔は一定である」ことの発見を断念せざるを得なくなる！

この論理のどこが一体変なのか。ひとつも変なことはない。変なのは一定でないかも知れないものを基準にしているからなのである。すなわち、一定間隔というものは何であるかという根本問題を含んでいることなのである。一定間隔というものは絶対的なものではなく、何かを一定だと仮定したとき、他の現象が一定であるとか、ないとかを論ずることができるということを示しているのに過ぎない。

力学の原理

しかし歴史とはときどき不思議なことが起るものなのである。ガリレイの伝説が正しかったとすれば（そのこと自体はあまり重要ではない）今日的に見れば全く不確かなものから実は重大な発見がなされたという事実である。似たようなことはニュートンの万有引力の発見にもあてはまる。当時の知識からでは、力が逆二乗であるとは厳密には言い切れない。しかしちょうど逆二乗であるとすると、数学的に簡単に解くことができて、ケプラーの法則が推論されるのである。

一六〇四年ガリレイは落体の法則を発見する。すなわち地表での加速度は一定であることを見出した。止まっている物体が落下をするとき、落下距離は経過時間の二乗に比例することを知ったのである。この場合の時間経過は水時計で測ったといわれる。どちらにしてもそう確かなものではない。しかしこの場合も不確かなものから運動の法則の最も基本的なものが得られたのである（ついでにいうと現在重力の絶対測定は落体の運動から求めている。さきほどの比例係数の二倍が重力の大きさであるが、現在の精度では七桁くらいは一定している――この場合時計は後に述べる原子時計であり、測定には問題ない――精度を左右するものは海洋潮汐とか地下水の影響である。すなわち重力は一定ではなく、測定しなければわからない。その原因をさぐり、外界の影響をどうやってきめるかが現在の問題なのである）。

図 62 ホイヘンス Christiaan Huygens(1629–95)の肖像(オランダの物理学者)

さてガリレイの落体の法則はニュートンの力学の建設の直接の原因になった。振子の等時性の原理も重力の大きさが一定であるとすれば、力学法則から説明できる。

日常的な経験からすぐわかることであるが、振子はほうっておくと、そのうちに止まってしまう。これは支点での摩擦や、空気の抵抗があるためで、なるべくそういったものが少いものでなければ精密な時計は作られない。摩擦現象というものは力学的エネルギーが熱エネルギーに変換することであって、その仕組みを厳密に求めることはむずかしい。力学的エネルギーだけで支配されているような運動のほうが、計算も簡単だし、精度も高いのである。機械時計から振子時計への飛躍的精度向上は物理学的にいえば、熱エネルギーへの転換のなるべく少い現象を利用しているのであるということができる。

振子時計とクロノメータ

振子時計の発明はホイヘンスによる。一六五七年のことである。振子時計はほうっておくと止まってしまうので、ときどき力を加えて、運動を持続させなければならない。そのタイミングがむずかしいのであり、一八二七年にエアリー (Sir) Georg Biddell Airy (1801–92) は最も速く動いている瞬間(振子の中心、すなわち最も錘が下った状態のとき)に衝撃を与えるべきであることを見出した。さらにリーフラー S. Riefler は振子の運動に与えるディスターバンスが少い自由脱進器を発明して（一八八九）、精度を飛躍的に増加させた。

理想的には自由に振らせるのがよいという点に目をつけたのはショルト W. H. Shortt で、彼は一九二一—二四年に自由振子時計を完成させた。すなわち、親時計は全く歯車をもたず、振子の振動回数を数えるのは別の子時計による。ここから三〇秒に一回だけ衝撃を与えて親時計の運動を回復させる役目を行わせる。この瞬間以外は親時計は全く自由に振らせるのである。欠点は三〇秒に一回しか信号を取り出せないのと、地震等の外因に影響され易いことである。この後者の理由からたとえば日本のように地震の多い国では十分その威力を発揮させることはできなかった。

図 63　リーフラー（Riefler）時計（東京天文台）

振子時計の外にゼンマイ時計がある。これもホイヘンスによる。この場合は重力による復元力を利用するのではなく、テンプのバネの弾性変形の復元力を用いる。したがって、この場合は時計のむきにはあまり依らず、外界の振動に対しても強

図 64　ショルト (Shortt) 時計の頭部 (東京天文台)

い。この系統のものが船上でのクロノメータ chronometer に発展することは第三章三節の後半でややくわしく述べたので、ここではそのことは繰返さない。ただ次のことのみ注意しておこう。バネは日常経験するように、あまり力を加えて引き延ばすと元に戻らない。すなわち弾性にも限界があるわけで、変形に伴う熱エネルギーへの転換があるわけである。そのように極端な場合でなくても、長く運動させるとやはり運動は小幅になる。同様のエネルギー転換が行われるのである。ゼンマイ時計のゼンマイは、この運動の減衰を回復させるために脱進器を通じて、力を与える作用をしている。クロノメータの特徴は、ゼンマイのほどけるのにつれて力が弱まることを防ぐように設計してあることである。

水晶時計　次の世代の時計は水晶時計 crystal (quartz) clock であって、第二次世界大戦の前後に急速な発展を遂げた。これは結晶のピエゾ電気を利用する。すなわち、ある種の結晶では圧力を加えると結晶片の両側に電圧差を生ずる。これを電気回路に組み入れて、発振を起させるようにする。そうすると、一定の周波数の電流が流れることになる。この周波数を取り出して周波数の基準、すなわち時計を作るのである。周波数とは単位時間の間の振動数であり、振動数を数える

図 65　クロノメータ

航海用の時計で，一定の歩度を保つように工夫されてある．すなわちゼンマイの軸に蝸牛状の歯車があり（右図の左中央参照），鎖によって動力が伝えられるときの力が一定になるようにしてある

ことで、一定の間隔を取り出すことができる。このようにして作られた振動でも、絶えずエネルギーを供給してやらないと振動は持続しない。電気的エネルギーが熱エネルギーに転換してしまうのである。ただそのエネルギー消費が、振子やゼンマイ時計に較べて小さいことが特徴であり、その分だけ精度が高いのである。しかし結晶は長く振動させてやると、結晶転位が起り、したがってもとの結晶構造と異ったものになる。これを疲労現象という。その結果、物理定数が変り、したがって周波数がときどきジャンプするし、経年変化も起すようになる。その意味で、そう長いことは使えないのである。しかし、それでも振子時計よりは精度がよく、地球の自転運動の短期的変動を検出することが可能になったのである。

原子時計　やっと現代の時計の時代となる。それは原子時計 atomic clock である。この原理は水晶時計とはかなり違っており、ある種の原子の放出する電磁波の周波数にその根拠をおいている。原子は

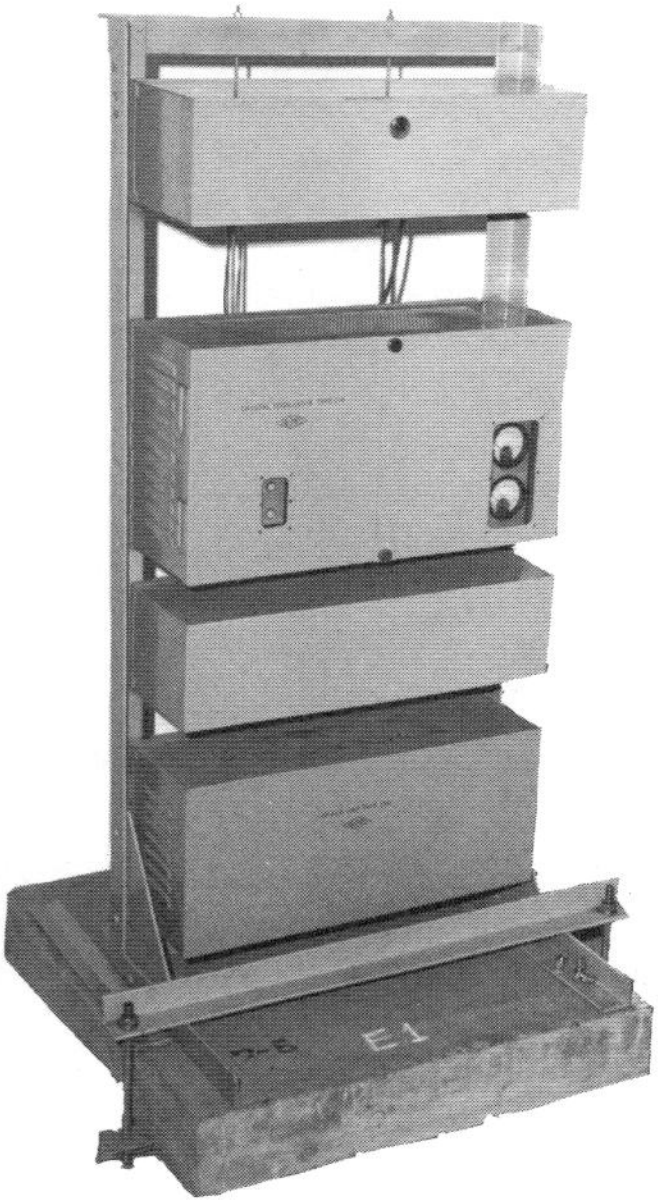

図 66　水晶時計（東京天文台）

図 67　セシウム原子時計（東京天文台）

どこにでも存在し、その物理定数は、少々のディスターバンスでは崩れない。原子を破壊するエネルギーは結晶のそれ（すなわち分子力エネルギー）に較べて桁違いに大きいから、その分だけ安定度がいいわけである。ここで精度をきめるものはスペクトルのシャープさである。スペクトルのシャープさを決めるものは、原子のあるエネルギー準位に留まる時間による。長く留まるものは他の準位へ遷移する確率が小さいから、スペクトル線の強度は弱いことになり、測定の精度はその分だけ悪くなる。その兼ね合いがむずかしいので、どの線スペクトルでもいいというわけではない。現在標準になっているのはセシウム原子から発するある種のスペクトルである。

その相対精度は一九五五年ごろは 10^{-10}

表 28　時計の精度

	年	相対精度	時計面	日　差
水時計（漏刻）	A.D 660	5×10^{-2}	60分	60分
機械時計	1335	10^{-2}	30分	15分
振子時計	1657	10^{-4}	1分	10秒
クロノメータ	1764	10^{-6}	15秒	0.1秒
リーフラー時計	1889	10^{-7}	0.1秒	0.01秒
ショルト時計	1924	10^{-8}	0.01秒	0.001秒
水晶時計	1940	10^{-8}	2秒$\times10^{-2}$	1秒$\times10^{-3}$
原子時計	1955	10^{-10}	3秒$\times10^{-3}$	1秒$\times10^{-5}$
	1981	10^{-13}	5秒$\times10^{-6}$	1秒$\times10^{-8}$

注：日差は1日あたりの歩度の狂い．時計面とは連続的に運転したとき補正する限度（すなわち，これ以上狂うときは，一般的に時計を合せ直すと考えられる許容限度）．以上，大体の目安である．

程度であったが現在では10^{-13}程度にまで達している。相対精度とはある時間間隔に対する両端における精度の比で、10^{-13}とは簡単にいうと一日に対して10 ns（nsはナノ・セコンドで10^{-9}秒）まで精度があるという意味である。

さて、このように高精度が維持できることが可能になってきたので、一九六七年、それまでの暦表時による「秒の定義」に代えて、セシウムから放射する電磁波の振動数を用いて秒間隔を定義することになった。その定義に用いられている数字は移行の当時知られていた暦表秒の間隔における振動数であり、一〇桁の有効数字を持っていた。定義を代えるということは、一秒を今度は正確に、すなわち、その振動数の定義数以下に無限個の零《ゼロ》をつけて、その振動数をカウントする時間間隔とするという意味である。こうやって一度再定義をしてしまうと、今度はもう一度「暦表秒」を測定しなおすと、厳密に一新「秒」にならないことがあり得る。そのような事情はメートルの場合にもあった。それはともかく、新しい「秒」の定義のくわしいことは第四節に述べることにして、次は時刻の観測の歴史をふりかえることにする。

二　時刻の観測

平均太陽時と恒星時

すでに実際の太陽の南中時刻間は一定でないことを述べた（第三章二節）。それゆえ実際の太陽の位置によって定義される視太陽時は現在では用いられておらず、それを平均化した平均太陽時 mean solar time が用いられる。しかしその場合、太陽それ自体を観測して時刻を決めているのではないことに注意しよう。太陽の位置を観測するのはまず中心をきめなければならないが、そこには何もマークがないので、周縁を観測することになる。望遠鏡で太陽をのぞくとか、太陽像を投影して観測された方はご存知と思うが、その周縁は大気の擾乱のための出入が激しく、まことに心もとない。それゆえ時刻観測の目的のためには直接太陽を観測せず、恒星を観測する。太陽の運動はその星を基準にして観測することになる。では恒星に対する太陽の位置はどの程度わか

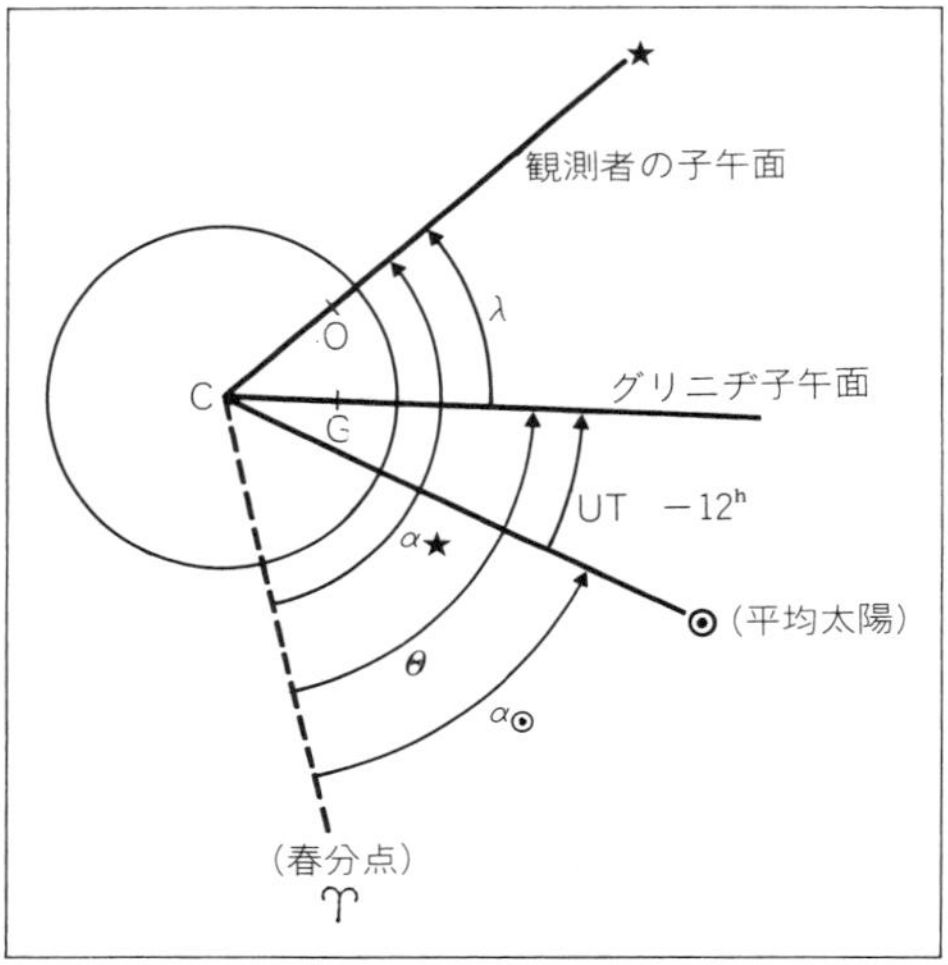

図 68　平均太陽時と恒星時の関係

赤経 $\alpha_\bigstar$ の星がある観測者（O）の子午面を通過したとする．このとき，その星の時角＝0 であるから，

その地点での局所恒星時＝$\alpha_\bigstar=\lambda+\Theta$

ここで λ は観測地点の東経，Θ はグリニヂ恒星時である．一方，次の関係式がある．

$$\Theta=\mathrm{UT0}-12^{\mathrm{h}}+\alpha_\odot$$

ここで UT0 は世界時，$\alpha_\odot$ は平均太陽の赤経でニューカムによれば

$$\alpha_\odot=18^{\mathrm{h}}38^{\mathrm{m}}45\overset{\mathrm{s}}{.}836+8640184\overset{\mathrm{s}}{.}542T+0\overset{\mathrm{s}}{.}0929T^2$$

ここで T は 1900 年 1 月 0 日（1899 年 12 月 31 日のこと）グリニヂ正午から測ったユリウス世紀数（36525 日が単位）．したがって局所恒星時を知って（星の子午面通過を観測して），結局世界時 UT0 を知ることができることになる．

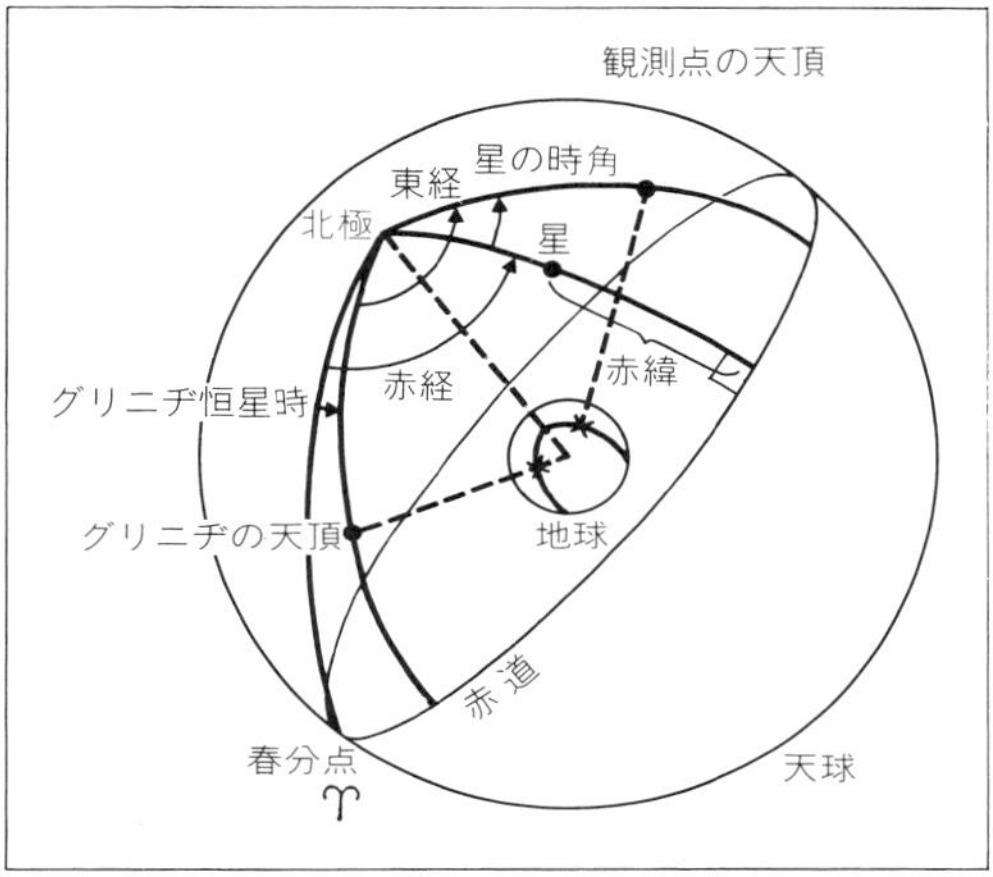

図 69 球面座標
赤経，赤緯の関係を見られたい．

っているかというと、一応角度の一秒程度と思っておいていただきたい。ではどの恒星を観測するのか。星は「降る星の如く」あるが原理的にはどれを採ってもよい。しかし、一つの星では一日に約一回しか観測できないので、能率がわるい。そこでできるだけ多くの星を観測することになる。その場合、相互の関係がよくわかっていなければならない。別々の星に対して別々の時刻が定義されるのでは具合がわるい。そこで、ある基準を採り、それが南中してからある星が南中するまでの時間を測定し、それを何回となく繰りかえすことにより精度の向上を図る。基準点として春分点を採ると、この時間間隔がその星の赤経となる。これの測定には人工の時計を用いる。

ここで正確を期すためにちょっと注意をしておく。それはある星が南中してから次に南中するまでの時間間隔は平均太陽時でみて二四時間ではない。太陽は恒星に対して一年に一回西から東に移動するから、星が南中してから次に南中するまでの時間は二四時間より約四分短い。

そういう意味で、同じ星が同じ時刻に観測されるためには、普通の時計ではだめなわけで、一日に約四分進む時計を用いなければならない。その意味でこういった時計は恒星時を刻む時計という。恒星時の定義はすでに述べた（第三章二節）ように春分点の時角であるといい表わされる。別の表現でいえば、春分点が南中した瞬間が

図 70　壁四分儀 Wallquadrant
ウラニボルクの壁四分儀で，子午面内に設置されている．望遠鏡のない時代の天体の高度を測る機械．子午面通過の時刻を時計を用いて測れば赤経も決められる．(Littrow, Die Wunder des Himmels より)

恒星時0時で、次に南中する瞬間が翌日の0時で、その間を二四等分し、その切れ目を一時、二時、……というのである。こうすれば同じ星は毎日同じ時刻に南中する。それぞれがその星の赤経となるわけである。

こうやって赤経を決めるわけであるが、赤経の精度は観測そのものの他に実は人工の時計の精度にも依存している。しかし赤経を決めるのには一度の比較で行うのではなく、何度も観測を行う。そのためその分だけ精度が向上すると思われているのである。赤経が決まったら、今度はそれを固定して、毎夜の観測毎にある星が南中したときに、その赤経をその瞬間の恒星時 sidereal time だと思って（昔は時計の精度が十分でなかったので）、時計のほうを補正するのである。こうして恒星時がきまり、それから平均太陽時を求めるのである。その間の関係は太陽の観測を総合してきめた一定の方式にもとづいて行う（図68の注一九〇頁参照）。

さてある同じ星が南中するとき、いつも、時計が遅れているように観測されたとする。そのようなことは偶然の一致にしてはありそうもないので、これはむしろ星の赤経の決め方がわるかったのではないかと考えて、今度は逆に星の赤経をその分だけ減らす操作をする。しかしこれは度々やるのではなく、何度もの観測にもとづいて総合的に行わなければならないことは論を俟たない。

以上のやり方は第二次大戦直後の頃までのやり方であって、時計としてはリーフラー振子時計が用いられていた時代の話である。

図 71　子午儀（東京天文台）

図 72　子午環（東京天文台）
野砲の車に相当するものが目盛環で，これに刻んである目盛を用いて天体の高度を測る.

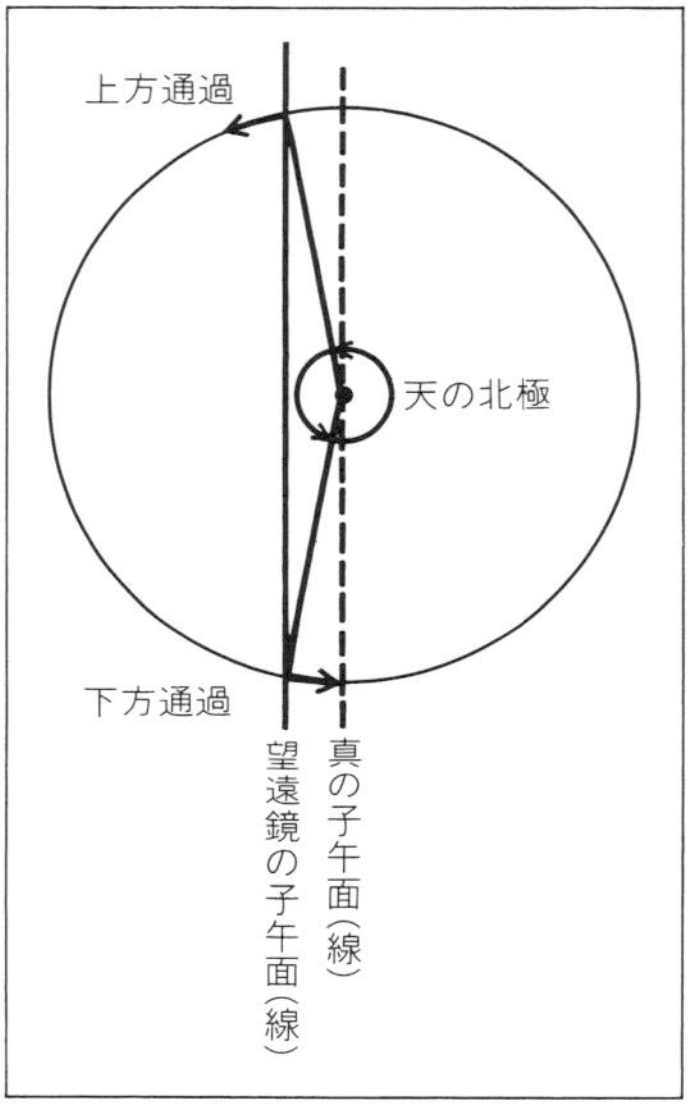

図 73　子午面のセットのずれ
もしも望遠鏡の機械的な子午面が真の子午面より，この図のごとく西側にあれば，上方通過から下方通過までの経過時間は，下方通過から上方通過までの時間より短い。その差を求めて，それに対応する子午面のズレを検出して，その分だけ機械的に移動させれば，機械的な子午面を真の子午面と一致させることができる．

子午儀と子午環

観測は、子午儀 transit instrument または子午環 meridian circle で行う。子午儀と子午環の違いは、赤経または恒星時の観測に関しては同じであるが、後者は目盛環がついているために赤緯も測れる点において異る。子午儀は赤経のわかった星を用いて、今述べたように恒星時を、したがって平均太陽時を観測するのに対して、子午環は赤経そのものを測定するのに用いられる。赤経の原点は春分点であるが、そこには何も目印の星があるわけではないので、太陽の高度から赤緯を測り、それが0であるときの赤経が0となるように決める。実際には一回毎の観測から赤経の原点を決めるのでは精度が足りないから、ある仮定された星の赤経のカタログを基準に、太陽の赤経を決め、太陽が赤道をよぎる点の赤経を、そのカタログに準拠してきめる。これを度々行い、カタログが誤差をもっていることが明らかになった段階で、赤経のシステム全体に補正を加える。これを春分点補正という。現在その作業が進行中であり、完成されればＦＫ５（Fifth Fundamental Catalog）と呼ばれることになっている。

さて子午儀（環）は子午面（正南北と天頂を含む面）内にのみ望遠鏡が動くように設計されたもので、次々と南中する星を子午面でのみ観測する。子午面を観測時にきめるのには北極星や周極星（天の極の

図 74　写真天頂筒 PZT の頭部（東京天文台）

まわりを回る星で、上方通過と下方通過双方が観測されるもの）を用いる。完全に天の北極に一致したところに星があれば、それが望遠鏡の真中にいつも入るようにセットすればよいが、そんなに都合のいいようにそこに星があるわけではない。また天の北極は歳差現象のために、空間的に固定しているのではない。北極星は現在天の北極から約一度離れている。子午面を決めるのには、北極星や他の周極星の上方通過と下方通過を観測する。もしもセットされた子午面が真のものであれば、上方通過から下方通過までの時間と下方通過から上方通過までの時間が等しくなる筈であり、真の子午面からずれていれば、その分だけ時間差を生ずることから、そのずれを測定し、補正すればよい。

かくして子午面内にのみ動くように設計された望遠鏡はいわば禁欲型である。普通、望遠鏡というと赤道儀を想像する読者も多いと思う。天体の日周運動にそって望遠鏡が動くように設計されたもので、これは一定の天体を観測するのにむいている。いつまでも観測できるのである。しかし子午環のように絶対的（といってはおこがましいとすれば、基本的）な観測をする場合動く部分が多いと機械が不安定になり、その機械的誤差を求めそれを補正することがむずかしくなってくる。したがって簡単なほうが基本的観測

図 75　写真天頂筒観測室（東京天文台）

には向いているといえる。さて子午環はここ一〇〇年以上も基本的にはその形を変えず、現在でも使用されているが、子午儀のほうは既に第一線から退いた。その理由はこれは眼視用であり、それに伴う個人誤差を消去することがむずかしく、自動化もうまくゆかなかったので、次にのべる写真天頂筒またはアストロラーブに取って代られて、かれこれ三〇年になる。

写真天頂筒

写真天頂筒 Photographic Zenith Tube（略してPZT）は、観測地点の鉛直線を基準として恒星を観測し、地球の自転運動（自転速度と自転軸の方向、別の言い方で時刻と緯度）を高い精度で観測できる望遠鏡である。精度を維持するために、すなわち望遠鏡を安定に作動させるため、天頂方向付近のみを観測する。レンズは節点がレンズの外側に位置するように設計され、その節点の位置に写真乾板を装置している。そのためレンズ光軸の鉛直線からの傾きや写真乾板の水平面からの傾きがあっても観測結果に影響を与えない。またレンズと写真乾板の相対位置関係は変らないように設計されているため、光軸、回転軸の位置の変動があっても一次的には結果に

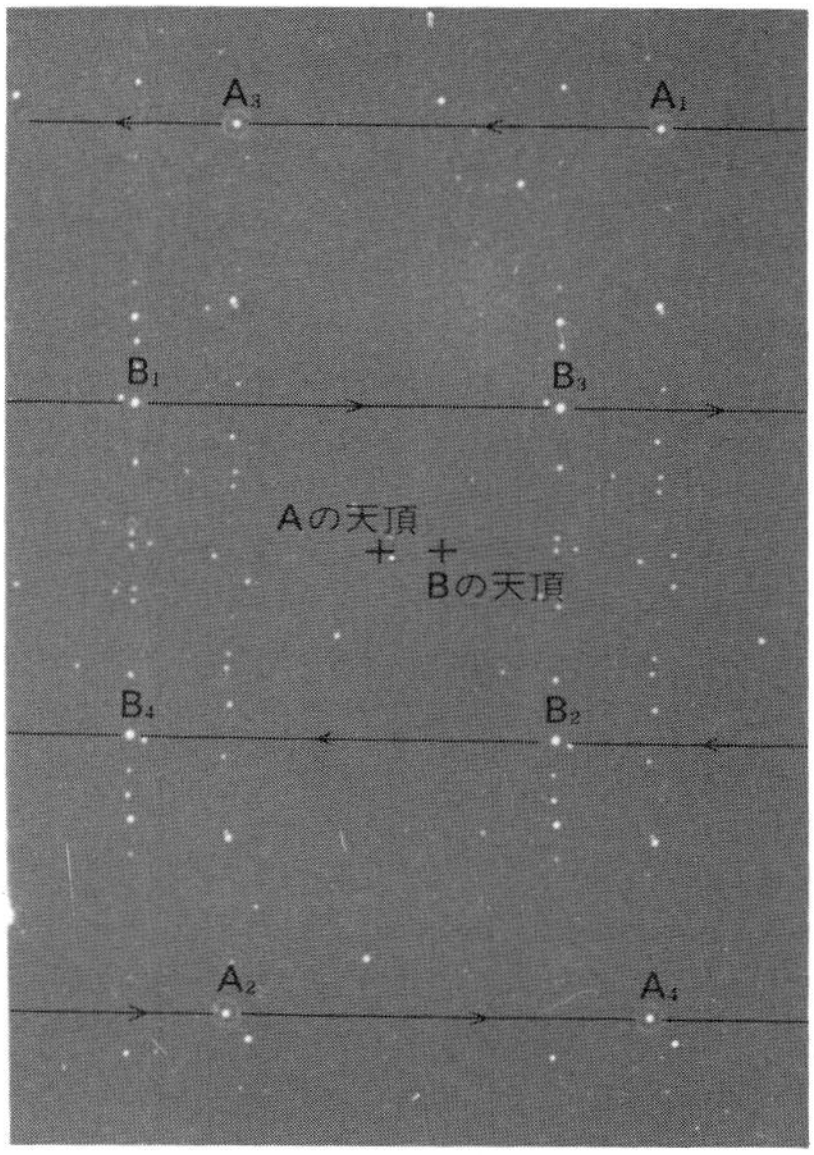

図 76　PZT の写真乾板上の星像
天頂付近を通過する星を，カメラを反転しながら 4 回撮影する．明るい星について撮影順を示す．A_1, A_3, B_2, B_4 はカメラの正位置，他は180°反転位置で撮影する．4 星像の中央部が天頂となる．

影響を与えない。完全自動化により観測の質の均一、安定化が計られ、眼視観測で問題になる個人差は写真観測によってかなり消去された。水銀面利用による鉛直線の安定保障により、また望遠鏡の可動部分が少いことから、長期にわたり高い精度の観測が行われるようになった。

観測は、一星ごとに回転頭部を四回正確に一八〇度反転させ、その度ごとに望遠鏡内の決められた位置で星像を写す。乾板は星像と同じ速度で移動させるので、一つの星の星像は四つの点として撮影される。この星像間隔と星像撮影時刻（時計面の）をもとに時刻と緯度を同時に決定する。年間平均して一晩に約四〇星の観測が行われる。時刻、緯度の決定精度はそれぞれ二ミリ秒、〇・〇四（角度の）秒である。現在のＰＺＴは写真乾板を使用するため精度向上にも限度がある。近年発展の目覚しい光電管、固体素子を使用した星像検出装置を活用することにより、現在より一段と高い精度の観測が期待される。このような線に沿って、実は現在東京天文台において、新しいＰＺＴの建設が計画されている。

しかしこの観測にも欠点がなくはない。それは天頂を中心として角度で約四〇分の間しか観測できないというこ

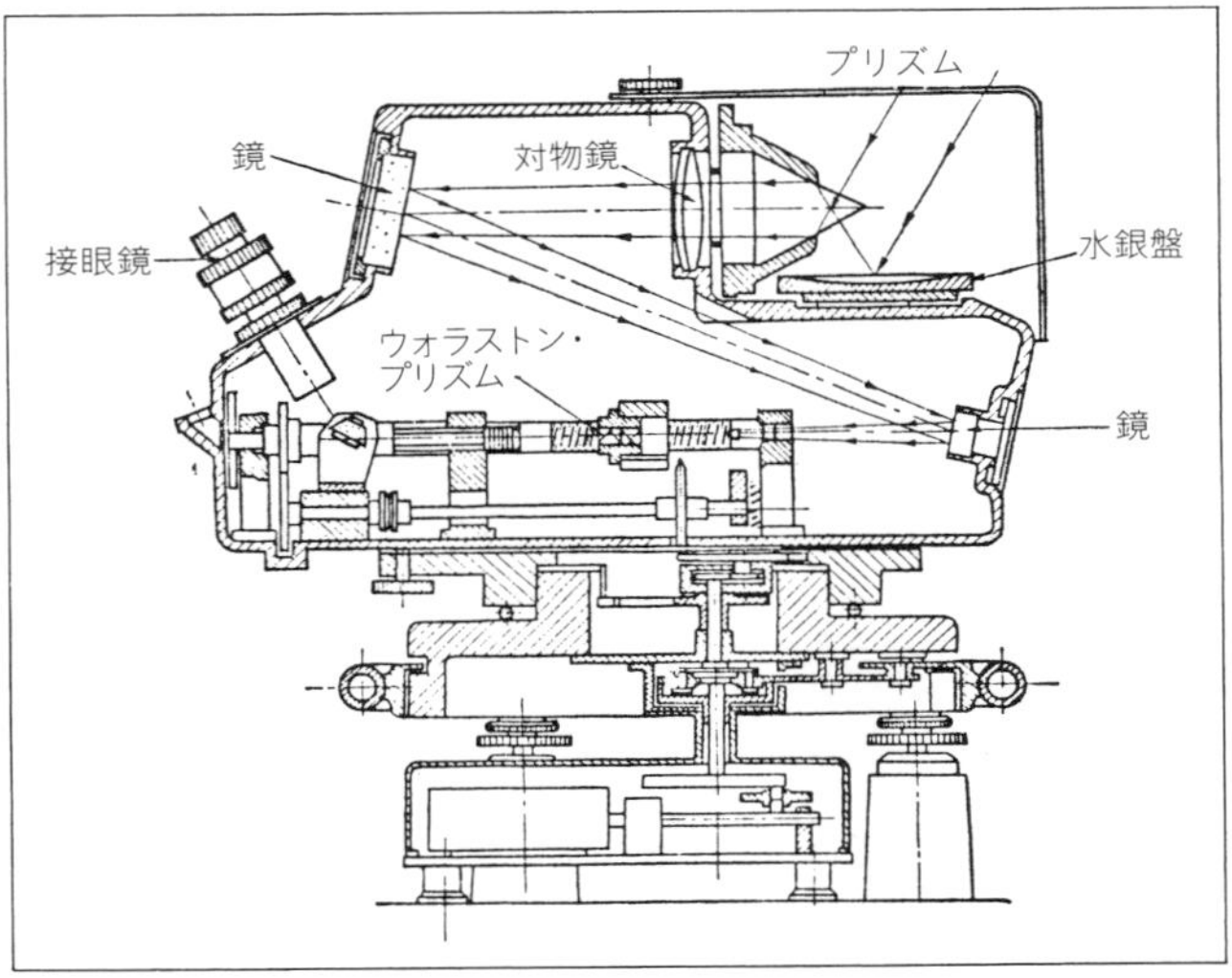

図 77 ダンジョンのアストロラーブ Astrolabe の構造図
この器械は星が一定の高度（たとえば 60°）に達したときの時刻を測定して，観測地点の緯度・経度（または局所恒星時）を求める．一定の高度をきめるためには水平においた鏡と，きまった角度に傾けた鏡を用いる．

とである。したがって、他の観測所と同じ星を観測できないということである。その点は子午環による全天をカバーした観測を用いて、全体としての赤経赤緯のシステムを確立する以外にない。内部的誤差はPZTのほうが優れているが、全体としてのゆがみなどは一つの観測所だけではどうしても分離できない。環境の異ったいろいろの観測所での結果を総合しなければ、システムのゆがみは補正できないからである。現在PZT星の子午環による観測結果がまとめられつつあり、それを参考にして、各星の位置を求め直すことにより、格段の精度が期待される。

アストロラーブ

一定の高度（たとえば六〇度）を通過するグリニチ時刻を測って観測点の緯度、経度を求める器械にアストロラーブ astrolabe というものがある。以上の用法は野外用であるが、固定点ですなわち観測点の経度がわかっていれば、局地恒星時からそのときのグリニチ平均時（または世界時）がわかる。この方法は種々の赤緯の星が利用できる点で、PZTの欠点をおぎなっているともいえる。一方、欠点としては大気差の影響が直接きいてくること、したがって、高度の絶対測定に問題がなくはない。さらに緯度と経度（または時刻）が独立でなく観測され、その分離がむずかしいという点に問題がある。現在ではＰＺＴと相俟って両方の欠点を互いにかばい合っているといっても過言ではない。

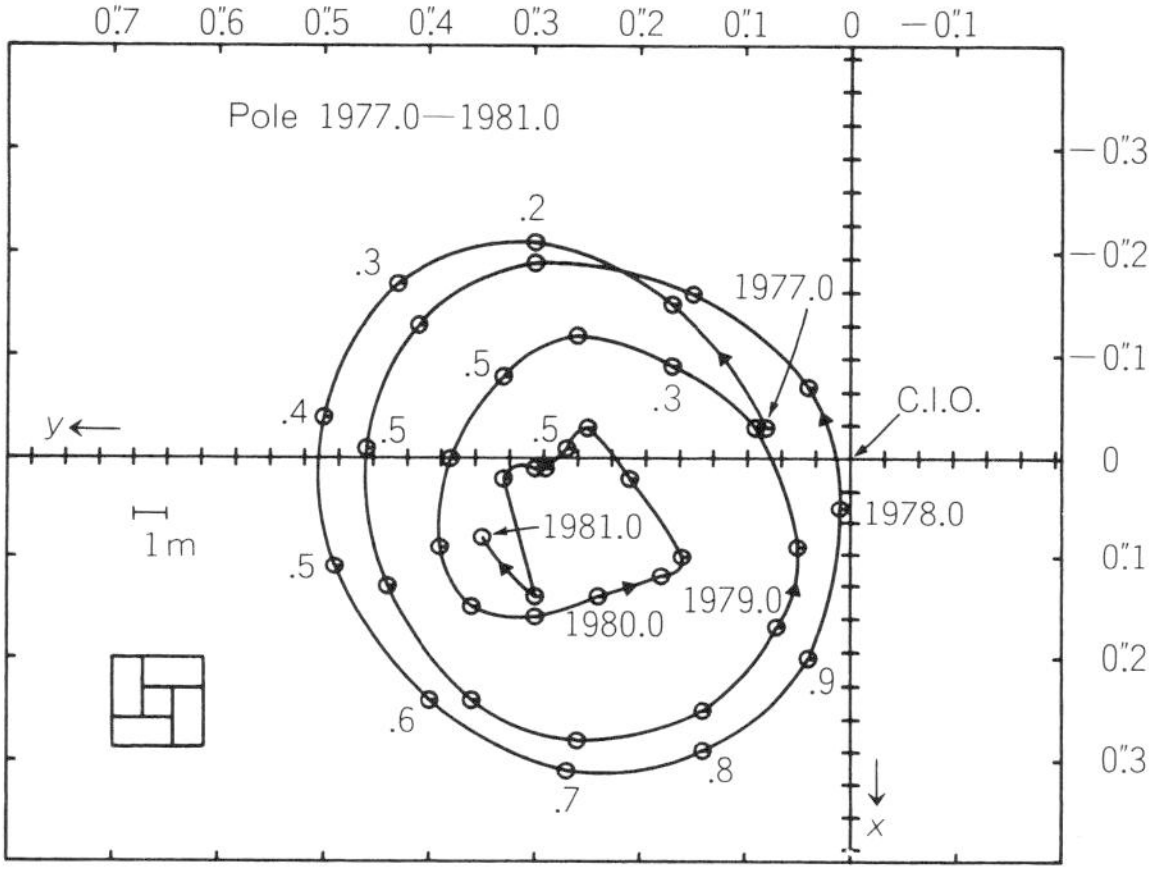

図 78 極運動の図

1977.0～1981.0 の極位置を表わしてある（0.1 年毎に丸印で示す）．『理科年表』1982 年版による．原点は国際慣用原点 C.I.O.（1900～1906 の平均極の位置，図 79 参照）である．現在の軌跡の中心は C.I.O. にないことに注意．スケールは角度の秒単位とメートル単位両方が示されている．なお左下の模様はこのスケールで書いた四畳半の大きさである．地球の極位置の決り具合をみる指標と考えると面白い．

極運動と緯度変化

第三章二節で、ある点の鉛直線と赤道面のなす角度をその点の緯度ということを述べた。赤道面は地軸（地球自転軸で、自転軸が、地面に出た点が北極および南極）に対して垂直であることはご存知と思う。二点のそれぞれの子午面が北極において張る角度が、その二点間の経度差であり、基準になる一方の子午面がグリニチを通ったときが、他の点の経度である。したがって地上のすべての点について経緯度が定義され、それにもとづいて地図が作られている。それらはその点に固有のものであると思っている読者は多いことと思う。したがってその緯度が変化すると言ったら、さぞびっくりするであろう。それでは地図は書けないではないか、然り而して否である。くわしく言うと本当は書けないのである。角度の一秒以下を問題にするといろいろとやっかいなことが出てくるのである。

どうしてそういうことが起るかというと、地軸が、地球の最大慣性能率軸と一致していないからなのである。このことはすでにオイラー Leonhard Euler (1707–83) が一七六五年ごろ理論的に求め、その周期を約一〇ヵ月と出した。振幅は理論からは不定。振幅は実は非常に小さく、この現象はなかなか発見されなかったが、一八八四年にキュストナー F. Küstner によって発見された。その後チャンドラー S. C. Chandler によって周期は一年のものと一四ヵ月のものがあることがわかり、その原因を求めることが急務となった。一八九九年、日本の水沢（岩手県）を含む同一緯度の六ヵ所で世界的に観測をすることになり、ここに国際緯度観測事業（最初は臨時という形容詞がついていた）が出発することになる。この事業のその後のくわしい発展は他書にゆずることにするが、一〇ヵ月と一四ヵ月の違いは地球内部に流体の核《コア》があることに原因があることが現在ではわかっている。しかしその振幅が大きくなったり、次第に減少する機構はあまりよくわからない。地震が原因だと言う人もいるし、また減衰もそれほど規則的ではないので、とにかく観測結果を溜めなければならなくなっている。最初ほんの数年かせいぜい一〇年くらいを目標にしていたのが、すでに八〇年を超過することになった。

ポール・ヘーエ

緯度観測所の初代の所長であった木村栄が z 項を一九〇二年に発見したとき彼は緯度変化は極の位置 x・y という平面座標だけでは表わせず、z 項という第三次元の量を追加したのであるが、それを評して、ある人がそれは Polhöhe だと言ったという。これはもちろん洒落であるので、本当はここでやめたいのだが、もう少し説明しないとお解りにならないと思うので、以下蛇足を付け加える。Polhöhe とはドイツ語で、「極の高さ」であり、これは天の極の地平面からの仰角であって、その地点の緯度そのものである。地球の極位置が、地表に対して動くため、各地点での緯度が変化する（極からその地点までの地心で見た角度を九〇度から引き去ったものがその地点での緯度である）わけであるが、逆は必ずしも真ならずで緯度の変化が、このような極の位置（それは x・y という座標で表わされる）だけでは説明できず、全然独立な原因にもよるものとして木村栄はそれを z と表現したのである。x・y と組み合せて、z というのだから、その人は三次元空間での高さだと言ったわけである。これがこの洒落での〝極の高さ〟ということになる。一方、すでに述べたようにこの言葉の元来の意味は緯度そのものであるから、緯度（変化）の極の位置によらない、（各観測所に）共通な部分が z 項すなわち〝極の高さ〟である。すなわち、緯度（極の高さ）の共通部分は z 項（〝極の高さ〟）であるというもう一つ別の洒落になっているのである。

理論のない現象

最近木村氏の z 項は観測の整約に用いた章動項の計算のなかに、今まで無視してきた地球内部の流体核の影響を採り入れれば、かなりの部分が説明されることが判明してきた。未だ完全とはいかないが。けれども一方 x・y のほうや、地球自転の不整のほうは全体としてまだ研究の緒についたばかりで、人によってはその糸口もつかめていないとする。それを評して「理論のない現象」だという。

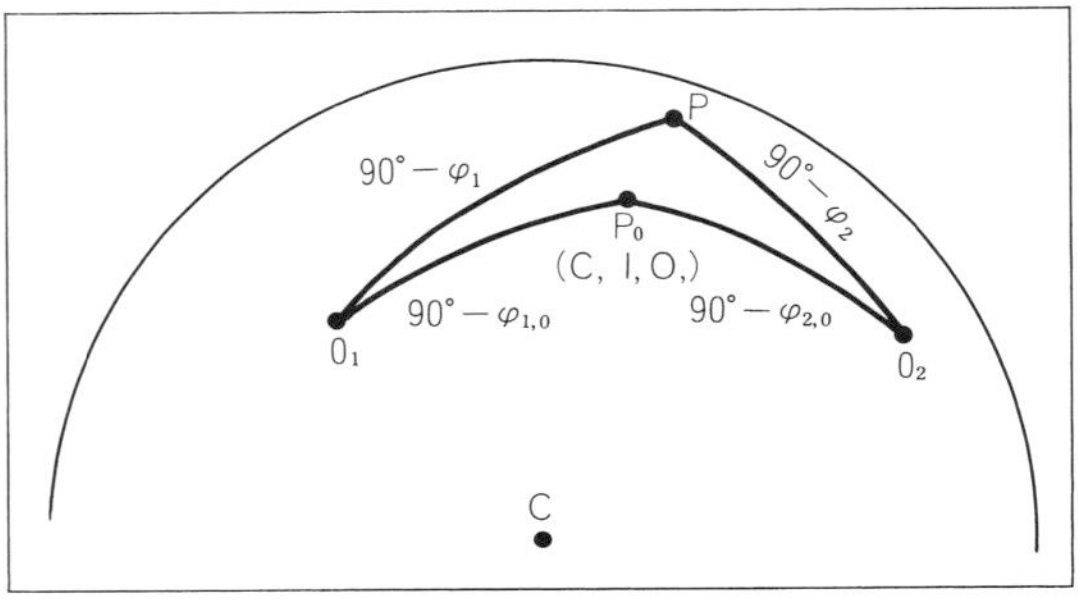

図 79 C.I.O.（国際慣用原点）の説明
2 つの観測点 O_1，O_2 でそれぞれ決った採用緯度 $\varphi_{1,0}$，$\varphi_{2,0}$ を用いると，両点から緯度の余角（90° から緯度を引いたもの）をもつ点がきまる．この点を C.I.O. Conventional International Origin という（一般には交点は 2 つあるが，ここで問題にしているのは北極の近くの点に限る）．各瞬間の緯度はそれぞれこの採用緯度とは一般には異るので，各観測からその時々の瞬間極が決る．採用緯度との差を問題にすれば極位置は C.I.O. を原点として瞬間の極を問題にしていることになる．

さてラテン語の標語に Nulla poena sine lege という言葉があるが、これは「法律なくして刑罰なし」と訳される。これは罪刑法定主義を宣言する言葉であるが、「理論なき現象」とは、さしずめ、この言葉があてはまるような気がする。この標語は「人をつかまえてから後に法律を作って罰してはならない」ことを意味する。これはローマ法以来の伝統である。日本語でちょっと似た言葉に「泥縄」がある。すなわち泥棒を見てから縄をなっても間に合わないのである。

ここでは何も泥棒をつかまえる話をしようと思っているのではなく、緯度変化ということがなかなか一筋縄ではいかないことを言いたいのである。すなわち、いくら fact（(L)factum 事実、犯罪）を観測しても（泥棒をつかまえても）、理論または法則（法則と法律はヨーロッパ語では同じ）がなければ（彼を取締まる法律がなければ）、全然無効であると（?!）。

初期の平均極

冗談はさておき、一番やっかいなのは最大主慣性軸が、各観測点に対して動いているらしいことである。「らしい」というのは観測的に各観測所の平均緯度は一定ではなく経年的に変化しているが、それが、観測点が地殻に対して動いているためなのか、観測の系統的誤差によるものなのか実のところはっきりしないからである。しかし観測の解析をする段階では、それを論じても始まらないので、まず一九〇〇―一九〇五年での平均緯度を固定して採用し（これを採用緯度 adopted latitude という）、各観測所からそれぞれ与えられた固定緯度の余角（九〇度から緯度を引いた角）だけ離れた点を極の原点と考える。これを国際慣用原点と呼び、それを基準として各瞬間の極位置を求めることにしている。こうすることによって、極位置は経年的に変化する部分（経年的に緯度が変化する）と一年およびほぼ一四ヵ月の周期をもつものとに分解されることになる。簡単に言えば初期の平均極に準拠して極位置を求めていることになる。

経度変化

さて極の位置の変化は緯度の変化だけに止まらない。経度差にも影響を与える。それはすでに見てきたように経度差は極の位置で張る二点への経線の間の角度であるからである。これを経度変化 longitude variation という。しかし緯度に較べて経度（または時刻）の観測は昔は悪かったので、観測的にはなかなか見出されなかった。それが可能になったのは水晶時計が実用化され時間の数ミリ秒（ミリ秒は千分の一秒）が時計面で確保されるようになってからである。極位置の変化（極運動）による経度変化は地上の位置によって異るが中緯度では二、三〇ミリ秒程度である。

周期的な部分はともかく経年的な変化について時刻観測に関しては実にやっかいな問題がある。それは時刻（経度）観測をしている天文台の出入がはげしいことである。そういった場合、全体の観測を平均したときどういう意味をもつのかいろいろと問題になる。各観測所が相互に動いていない、すなわち経度差に経年変化がなければ、観測所が出入してもあまり問題にはならないかも知れない。そ

図 80　ハーストモンスー城 Herstmonceux Castle
グリニチ天文台は 1948〜1958 年に，イングランド南部 East Sussex 州 Hailsham にある Herstmonceux Castle に引越した．ここはもともと英仏海峡地帯防備のための城である．典型的な中世の城郭であり，今でもそのまま天文台の本館として使用している（この建物には望遠鏡はない．各観測室は別棟）．

の上PZT観測はすでに述べた如く各観測所相互で同じ星を観測しているわけではない。したがって、観測点が相互に移動しているのか、用いた星系が全体として相互に流れているのか決着のつけようがないのである。恒星はその名のごとくは止まっていてくれず、それぞれ固有の運動をしているのである。

グリニチ天文台の引越

それにもう一つやっかいなことがおきた。一九四八年から五八年にかけて、グリニチ天文台は、都塵を避けて、南海岸のイースト・サセックス州ハーストモンスー城に引越した。設立した当時は郊外にあったグリニチも今ではロンドンの真中に位置するようになり、ご多聞に洩れず精密な観測ができない状態になったので、グリニチでの観測を中止したわけである。観測所が引越したとしても、新しい所で続けて観測を行えば、

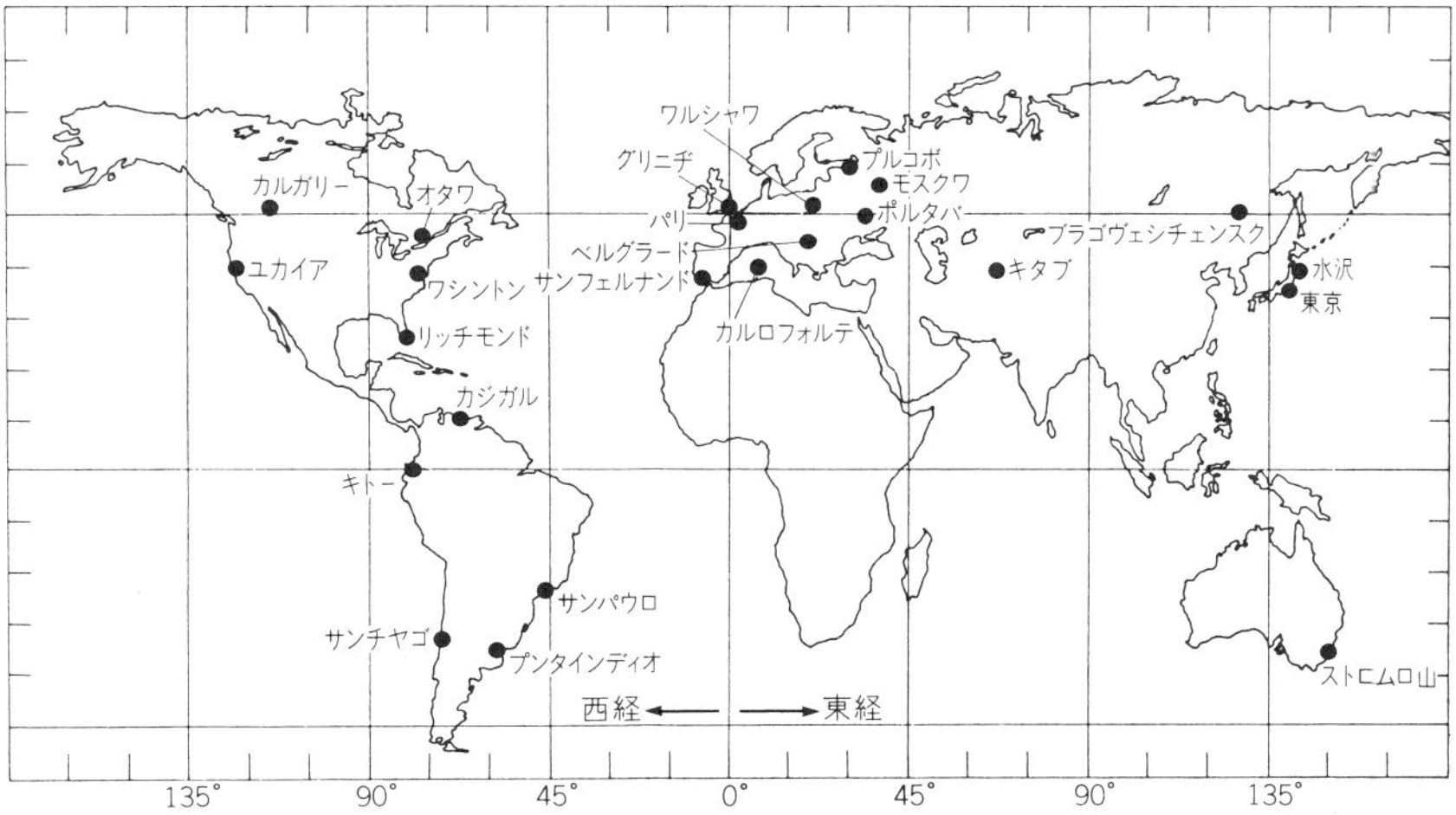

図 81 観測所の分布
極運動，地球自転速度変動の光学的方法による観測ネット・ワークに参加している主な観測所の配置
IPMS（国際極運動事業，在岩手県水沢市，緯度観測所内）年報より抜萃.

何の支障もないではないかと問う読者もおられることと思う。たしかにそうである。がそれは無条件ではなく次のことが保証される限りにおいてである。引越をするときに十分新旧の経度差が観測され、それがそれ以後も不変であるならば。しかしそのことは厳密には成立たない。第一に測定は絶対正確というわけにはゆかず、いつも偶然誤差を含み得る。普通そういった誤差の影響をなるべく小さくするために何度も測定する。旧観測所での観測がもはや行われないとすると厳密にはこの条件は満たされないことになる。もっと面倒なことはそれまで気がつかなかった系統的誤差が発見されることがあるからである。それはそれまで考慮していなかった外界の影響が微妙にきいてくるときに起る。こういったものは精度の高い、系統誤差を含まない観測をもう一度やり直してみないことには判然としない。さらに面倒なことに経度差が一定であるかどうか実はわからないのである。徐々に変化しているかも知れないし、その変化率がときに変るかも知れないのである。それではもうお手上げである。両方でいつまでも、何度も測定し直さなければ駄目である。しかしそれでは移転できない（器械を新式のものに取り代える場合も似ている）のであって実際的ではない。それゆえ、実際は移行のときに最善の注意をはらって、前後の測定値がなるべく連続的につながるように心掛ける以外に方法はないのであるが、いつまでも不安が付きまとう。

平均天文台　基準点になっていない観測所なら、以上のことはその観測所限りであるから、それほど悩むことはないかも知れないが、グリニヂのように基準点ともなると、影響は全世界に及ぶので慎重でなければならない。他の点での経度はグリニヂとの経度差であり、グリニヂでの測定の変更はいつも全世界の経度をそれだけ変えなければならないからである。すなわち、地図上の位置はその度に書き替えなければならないのである。こういった負担は実は負担のしすぎであって、現実にはグリニヂだけが基準なのではないのである。各天文台がその能力に応じて責任を分担し合っている。能力を科学的に評価するのには重み weight という方法を採る。一個だけを基準にするのではなく、各観測値に適当な重みを掛けて平均するのである。そうすれば重みの高いものほど平均値に対する貢献度も高いし、それだけ世界的に発言力も出てくるのである。

表29での重みはＢＩＨ（第五章四節参照）が決めたものであって、一九六八年のものは、すでに述べた国際慣用原点を北極原点として各天文台の経緯度を計算し、採用したときの重みである。これを一九六八年システムと言う。各観測値から、この原点基準の瞬間極位置と、地球の回転パラメータ（地

表 29　平均天文台を構成する主な観測所における採用経緯度

観測所名	器械	採用緯度	採用経度（西経を＋にしてある）	重み (1968) 緯度	重み (1968) 経度	重み (1981) 緯度	重み (1981) 経度
Blagovestchensk	LZ	50度19分 9.459秒	−8時30分	100	—	62	—
Calgary	PZT	50 52 22.500	＋7時37分 9.5000秒	—	—	99	27
Herstmonceux	PZT	50 52 17.889	−0 1 21.0785	100	49	23	5
Mizusawa	PZT	39 8 3.285	−9 24 31.4599	49	49	—	—
	PZT	39 8 2.600	−9 24 31.5245	—	—	46	20
	LZ	39 8 3.514	−9 25	49	—	50	—
Ottawa	PZT	45 23 37.121	＋5 2 51.9500	100	49	—	—
Ottawa-Shirley	PZT	45 24 00.800	5 3 40.8500	—	—	99	60
Paris	ASTR	48 50 9.229	−0 9 21.0290	100	49	77	4
Pulkovo	LZ	59 46 15.635	−2 1	100	—	87	—
Quito	ASTR	−0 12 56.476	＋5 13 59.7654	100	49	—	—
Richmond	PZT	25 36 46.927	＋5 21 31.7270	25	49		
		(46.927)	(31.7030)			99	50
San Fernando	ASTR	36 27 43.800	＋0 24 49.1493	—	—	99	10
Tokyo	PZT	35 40 20.607	−9 18 9.9355	100	49	99	60
Washington	PZT	38 55 16.860	5 8 15.7374	49	25	80	20
	(Doppler)	—	—	—	—	400	0

注：LZ＝眼視天頂儀，PZT＝写真天頂筒，ASTR＝アストロラーブ，Doppler は人工衛星から発射する電波のドップラ観測システムで，観測所は全世界的に数ヵ所ある．重みは極位置 (x, y) それぞれに対するものである．1968 年の重みはシステムを定義するもの．1981 年の重みはこの定義に合うように観測の精度を考慮して決め直したもの．カッコ内の数字は採用値の改定値．

球が空間に対してどちらを向いているかを決めるもの。次項参照）をＢＩＨは計算しているが、たとえば一九八一年に対する重みはこの計算を遂行するときの各観測値の重みを表わしている。こちらはときどき、各観測値の精度を見わたして決め直している。いわば、各観測所の星取り表となっている。

こうみてくると、実は(旧)グリニヂが基準点であるということは最早ノミナルなもので、実は旧グリニヂの子午儀があたかも0度になるように全世界の天文台がそれぞれの能力に応じて共同で責任を分担しているのである（しかし、このやり方で本当に旧グリニヂの子午儀が0度になっているかどうかは、実はわからない）。ある観測所が誤りを冒すとその分だけ世界の天文台の位置を狂わすことになる（もっとも度々やるとＢＩＨにみつかって重みを落されることになる。——たとえば、一九七九年においてHerstmonceuxの経度観測の重みは0であった。これは原因不明の異常変化を示しているためである。八一年ではやっと少し重みがついてきている）。

新約聖書ロマ書四の一七に τὰ μὴ ὄντα ὡς ὄντα（タ・メー・オンタ・ホース・オンタ）という言葉があるが、これは「実はないものであるのだが、あたかもあるがごとき物」と訳される。グリニヂ基準の経度というものは正にこれに相当する。もはや現在では観測上存在しない（確かめられない）のにもかかわらず、あたかも（旧）グリニヂが零度であるかのごとくに取扱うのである。

地球自転変動の観測

すでに第二次世界大戦の前後、振子時計が水晶時計に取って代られた時期に、地球の自転変動が観測されたことを述べた。それ以前は、時刻観測が時計と合わないときは、時計が狂っていたとして、時計を補正していたのである。そのときはそれゆえ時刻や時間をきめる尺度は地球の自転であり、時計は時間を分割するうえでの補助的手段に過ぎなかった。

相対精度で 10^{-8} 程度の水晶時計の出現で、いろいろとこまかいことがわかってきた。最初は極位置の変化（極運動）による経度変化である。振幅数一〇ミリ秒（時間の秒。以下同じ）で、一年とか一・二年の周期をもつものである。それを除いてもまだ時刻の観測と時計面とが合わない。しかも時計自体は短波の時報を通じて世界的に比較することができる。その精度は数ミリ秒の程度である。世界中の時計が一斉に遅れたり、進んだりするのはありそうもないので、これは地球の自転のほうが一定でないのではないかと疑われることになる。最初に見出されたのは一年を周期とする季節的変化で振幅二〜三〇ミリ秒の程度である。

時刻の観測から直接決まるものは、その地点での局所恒星時（第三章二節参照）であるが、これから採用経度（東経を正として）を差引くとグリニチ恒星時が得られる。これからあらかじめ決められた変換式を用いるとグリニチ平均太陽時（もしくはこれを世界時UTという）が得られる。これを正確にはUT0という。次に経度変化を補正してUT1、次に季節的変化を補正してUT2という（世界中の観測を集めて相互比較を行うのはBIHの仕事である）。こうしてできたUT2も「時計」に対して必ずしも一様には進んでくれなかった。二〜三年の変動やもっと長期間での変動が含まれていた。地球の自転はそのとき、時の基準であることをやめる。代って惑星や月の運動から定義される暦表時が一九五六年公式の時の尺度となることはすでに述べた（第四章三節一六三頁参照）。

しかしこれも長くは続かなかった。その当時水晶時計に代る原子時計が開発されていた。秒の定

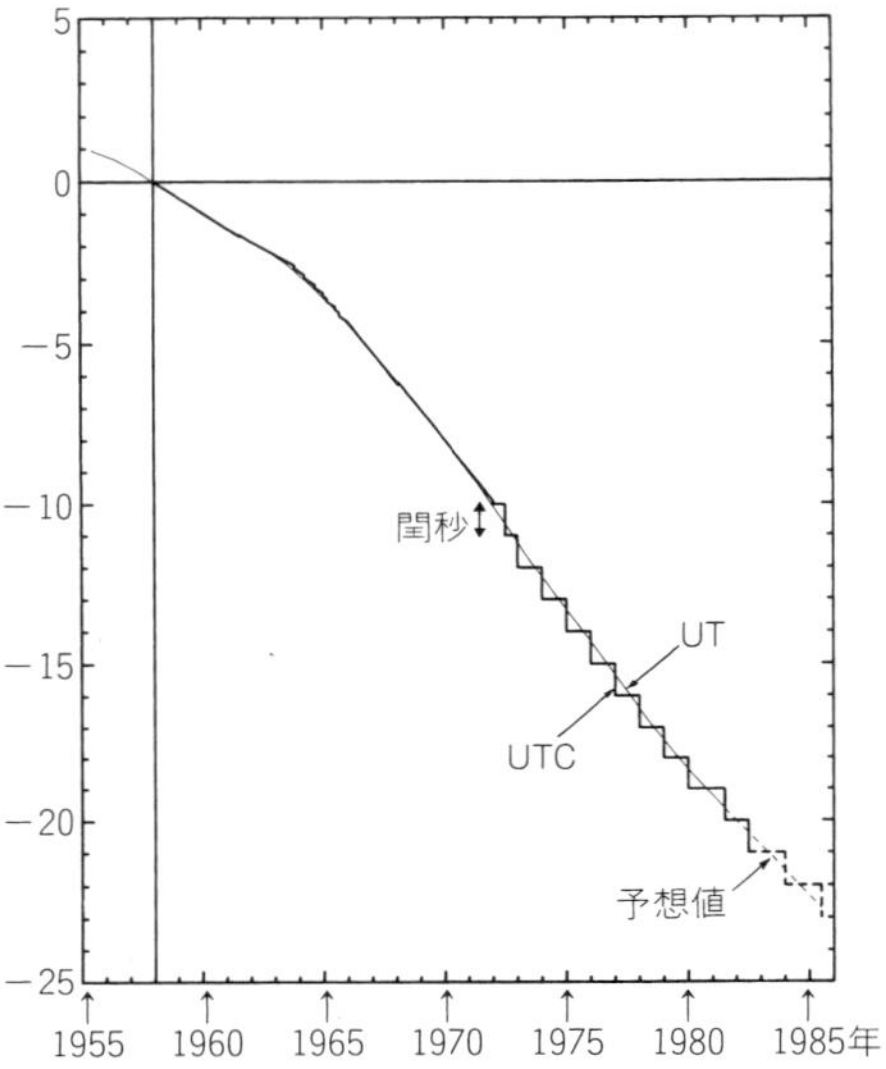

図 82 世界時（UT）および協定世界時（UTC）と国際原子時（TAI）との差
UT（年平均）−TAI［細実線］，および UTC−TAI［太実線］，ただし 1960.0 までは UT 2−TAI（『理科年表』1982 年版による）．点線の部分は東京天文台天文時部による予想値．（UTC および閏秒については第 4 節 235 頁以下参照）．

義が一九六七年暦表時系から原子時系に代ったことはすでに述べたし（二八八頁）、国際原子時（TAI）の仕組みについては本章四節（二三二頁）で述べることとする。ここでは時刻観測と原子時との比較について述べる（図82参照）。国際原子時のスタートであった一九五八年頃は、その差は一年あたり〇・三秒程度であったのが最近では一年あたり約一秒近くになっている。地球の自転は現在その程度遅くなっているのである（もっともごく最近は多少スピードアップして、一年あたりの遅れは〇・八秒程度になっている。）

さてこのような変動は一体何によるのであろうか。現在のところ完全にはわかっていないが、二年程度までの変動は大気の大循環の変動に関連しているらしいことがつきとめられている。すなわち、地球全体の角運動量は一定であっても、大循環に伴う風のもつ角運動量がこの程度の周期で変化するために、それを補償する形で地殻の回転速度が変動するのではないかと言われている。では何故大気の大循環の変動が起るかと言うと、それは気象学上現在でも争われている問題であって、完全には説明されていない。もとは太陽活動かも知れない。風が吹けば桶屋が儲かるではないが、太陽が活動すれば、地球自転に変動を与えることになるのか。

もっと長い期間での変動は地球内部の運動に関連しているようであるが、これも緯度変化と同じく現在のところ「理論なき現象」である。

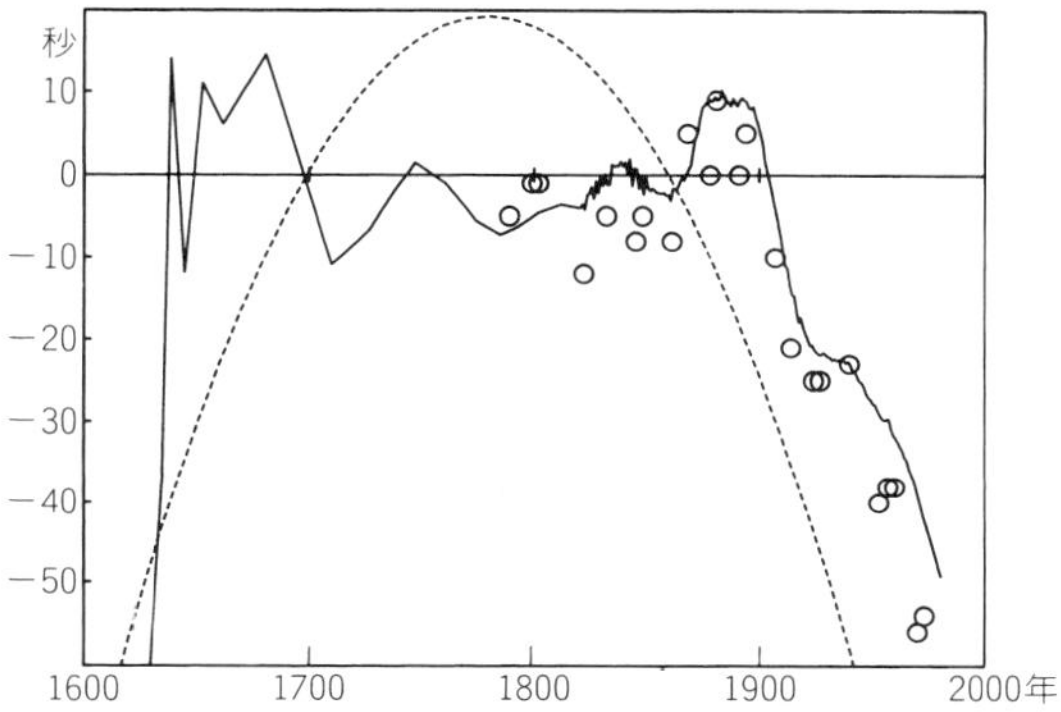

図 83 世界時（UT）と暦表時（ET）の差
UT−ET(＝$-\Delta T$)

実線は月の掩蔽観測より求めた ET を用いてある．
ただし月の黄経にはブラウンの表から大経験項（152 頁）を除き，さらに $-8''.72-26''.74T-11''.22T^2$
を加えた改良月行表 Improved Lunar Ephemeris (ILE) によっている．ここで $-11''.22T^2$ については月に現われる長年項（表 23 最終欄，150 頁参照），$-8''.72-26''.74T$ はブラウンの要素に変更を加えたもので，月と太陽が全く同じ時系（ET）で表わされるようにした場合の補正にあたる．白丸は水星の日面通過観測から求めた ET から（L. V. Morrison & C. G. Ward, 1975 による）．
点線は $-24^{s}.349-72^{s}.318T-29^{s}.950T^2$ を示し，(−)ΔT のうち 2 次式で表わされる部分を描いた，したがって点線と実線（もしくは白丸）の差が揺動 fluctuation を表わしていることになる．

揺動

数十年か数百年の変動を見るのには原子時計に準拠したのではわからない。原子時計の運転はやっと二十年を越したところであるからである。この場合には話をもとに戻して暦表時系で見なければならない。

図83の丸印は水星の日面経過（水星が太陽の前面を通過する現象で、接触の時刻から水星の軌道要素が正確にわかる。同時に、惑星運動が正確に古典的力学に合っているとすると、用いた世界時の暦表時に対するズレが決められる）か

ら求めたもので、実線は月の掩蔽観測（月が恒星をかくす現象を観測することにより、月の恒星に対する位置がわかる）から求めたものである。

この図では、地球の自転速度が遅くなるほうが下に向くように描かれている。月の観測から求めたUT－ETと水星から求めたそれとを比較してみると、大体は平行しているが、こまかいことになるといろいろ問題がでてくる。一九三〇年ごろまでの平行性はまあまあだが、最近は少し食違ってきているようにも見える。この解釈に関して、いろいろと言われているが、今のところ断定的な結論はない。

なお図に点線で描かれてある放物線は、長年的摩擦による地球の自転速度減少に伴うUT－ETである。これは古代日食観測をも睨んで決めたので、ここに現われた部分からだけでは何ともいえない。それはともかくとして、観測値とこの放物線で表わされたものとの差が、潮汐摩擦以外に原因を求むべきものであり、これを揺動 fluctuation と呼んでいる。数千年の間では一方的に増えたり、減ったりしない部分という意味である。

この揺動の原因は、地球内部にあるというのが有力であるが、現在のところあまりくわしいことはわかっていない。理論なき現象に属すると言える。

三　標準時

経度の統一

経度差の測定が、昔は大変むずかしかったことはすでに述べた（第三章二節）。そこで昔は各国の首都とか、主要天文台での経度を0度とし、経度を測り、時刻はそこでの局所時を表わしていた。したがって、世界的に見ると一七世紀以降各国各地方はバラバラの経度表示を採用しており、同一地点に対して別々の数値を用いていたことになる。このことは、あるいはヨーロッパの各国の主権拡張に支えられていたのではないかと思われる。このことはまた、新大陸でも実行され、むしろ独立の表象として独自の経度システムを採用していたのではないかと思われる。図84にみるように、アメリカでは、ワシントンにあるキャピトル（国会議事堂）を経度の原点にする考えがあったようである。この地図は一七八〇年、首都建設法が議会を通過した際に描かれたプランである。

このような各地バラバラの経度（時刻）採用は遠距離の交通・通信の発達に伴って次第に混乱を生ずる結果となる。事実産業革命の花形といわれる鉄道や、電信の発達は時間差を縮め、距離を縮めた。イギリスではすでに一九世紀の中頃、鉄道の普及の結果、全国的にグリニチの時刻を採用し始め、一八八〇年、グリニチ標準時の法律が制定される。このことがアメリカの鉄道にも影響を与え、一八八〇年頃には全体で四つの標準時を、それもワシントン基準ではなく、グリニチからそれぞれ五、六、七、八時間遅れた時刻を採用するようになった。これに伴って、イェール大学天文台（ニューヨーク

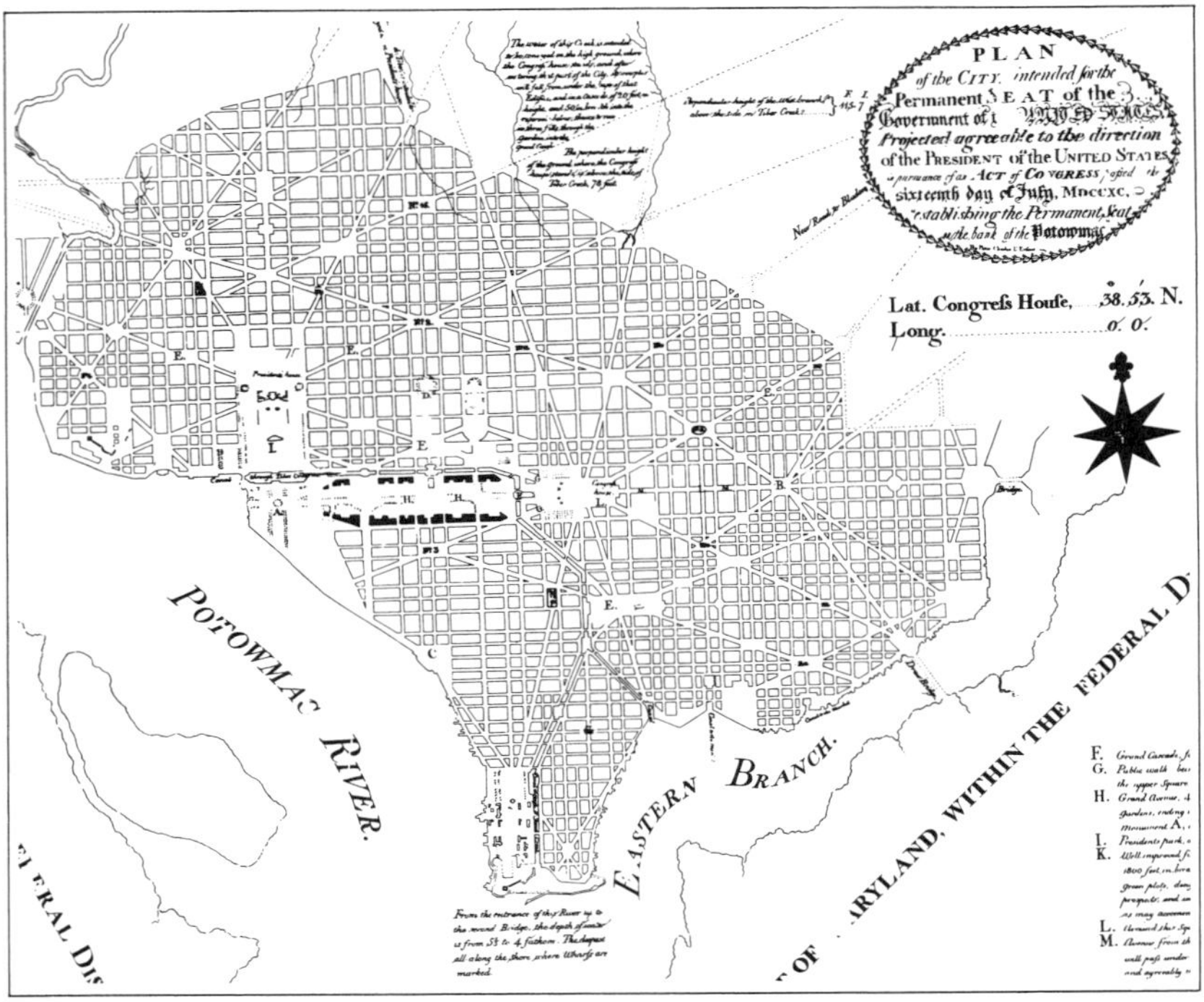

図 84 (a) 1790 年アメリカ議会を通過した首都建設法にもとづくワシントン D. C. 建設案. Congress House (現在は Capitol と言っているが, 国会議事堂) を経度の原点に採っていることに注意. なお, この地図は現ワシントン市のごく中心部のみであることを, (b) 図で確かめられたい.

の東約一〇〇キロメートル）は一八八三年一一月一八日、それまでのニューヨーク時刻（グリニチより $4^{h}56^{m}1^{s}.6$ 遅れている）を廃止して、ちょうどグリニチ時より五時間遅れている〝東部標準時〟を始めた。その直前の同年一〇月、ローマにおける国際測地学協会総会において、経度統一が議せられた。この会議は現在の国際測地・地球物理学連合の、国際測地学協会 International Geodetic Association に直結するものであるが、現在のように純粋な学術団体であるよりもむしろ政治色の強い会議である。というのは測地事業と

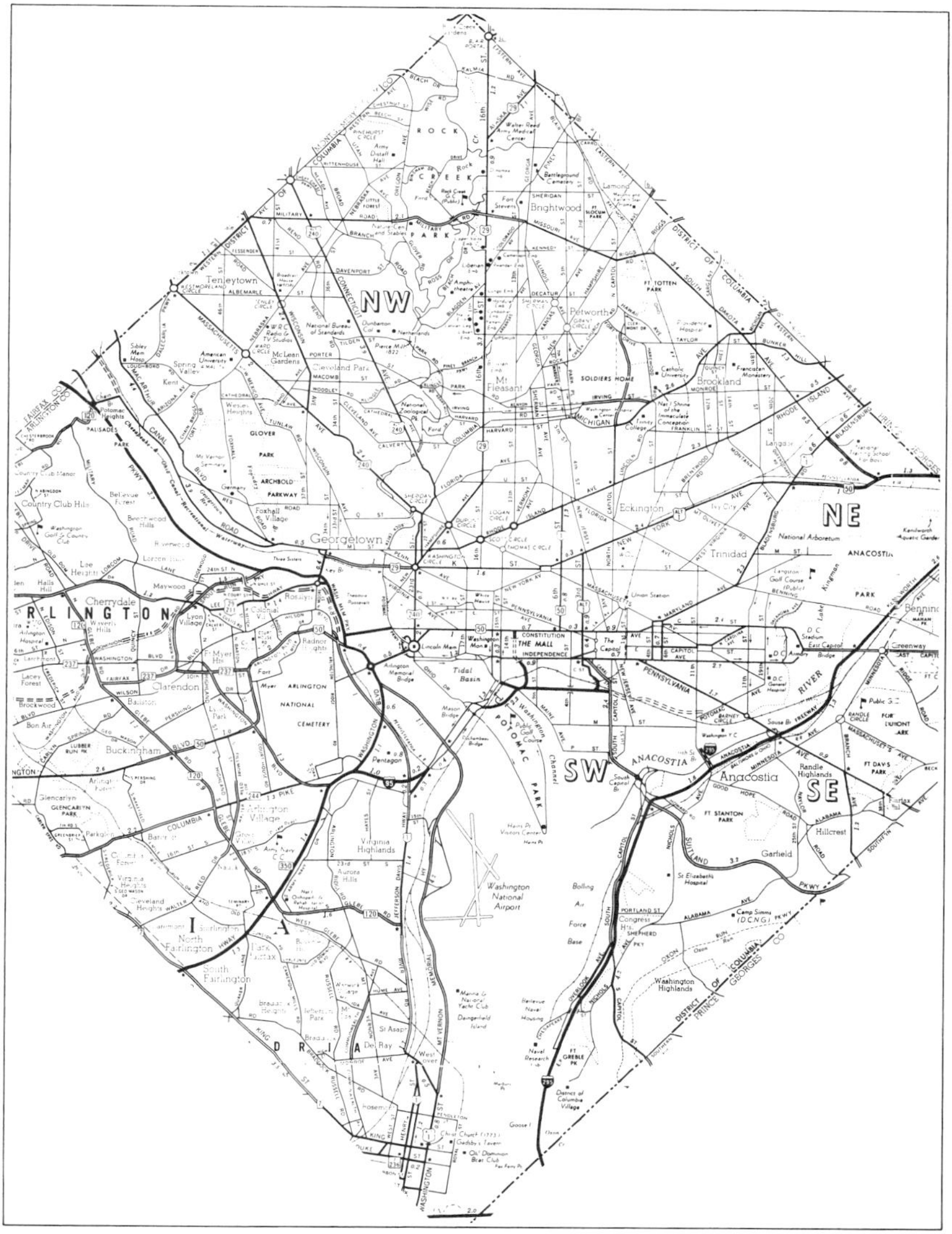

図 84 (b) 現在のワシントン D.C. (District of Columbia, コロンビア特別区)の地図. ヴァージニア側は最初の予定のようには連邦政府に土地を提供しなかったので, 現在ポトマック川西南側は特別区には編入されていない.

いうものは国土の保全に関連して、多く〝軍〟が管理しており、この会議では国際間の地図の統一とか共同測量の実施といった問題が論じられていたのである。そこで経度の統一という政治問題が議題となったのである。

国際子午線会議

ローマでの会議を受けてアメリカ合衆国は各国に International Meridian Conference を一八八四年に開催することを提案した。各国政府代表には外交官・軍人・学者等の種々の人種が含まれている。わが国の代表は東京大学理学部長菊池大麓（一八五五―一九一七）であった。彼は学者ではあっても天文学者ではなく、数学者であった。政府代表としての資格はあったのであろうが、専門家ではない。

昨今、日本学術会議での代表派遣に関して、政府との見解の相違から問題がおきているが、有資格者、必ずしも最適の専門家であるかどうかわからないのは今も昔も変らない。

それはさておき、この会議に代表を送った国は欧洲一〇ヵ国、米洲大陸一一ヵ国で、それ以外は日本、ハワイ、トルコ、リベリアの四ヵ国である。当時の記録が、『法規分類大全』に載せられているが、今読んでもわが国の国際化への並々ならぬ気迫が逼るようで興味が尽きないので、ハシリの部分を転載する。

内務陸軍海軍農商務遞信五大臣へ訓令 十九年〔一八八六〕三月二十三日各通

去十七年米國華盛頓《ワシントン》府ニ於テ開設セシ本初子午線并計時法萬國公會へ委員トシテ差遣ハサレタル菊池大麓同會決議ニ關スル意見書ヲ文部大臣ニ提出シタルニヨリ關係諸省ニ於テ委員ヲ出シ共ニ之ヲ審査セシメ度旨同大臣ノ請議ヲ認許シタルニ付右委員ヲ選命シ同大臣協議ノ上之ヲ審査セシムヘシ

とあり以下細字で各省間の協議と五頁半にわたる菊池の意見書が付いており、最後に三頁に亙《わた》る国内委員会の結論が載せられている。当時の大臣は黒田清隆首相を含めて一〇名であるから、そのうち過半数の大臣が関係し（直接関係のない大臣は、外相・蔵相・法相のみである）、閣議の議題になったものである。

さて国際会議の決議は次のようなものであった。

一、各種の経度の採り方をやめて、一つの本初子午線 prime meridian を採ること。（賛、全数）

二、この本初子午線としてグリニチ子午儀を通るものを採用するよう代表各国政府に提案 propose する。（賛二二、反対一、棄権二）

三、この子午線から東および西に一八〇度まで測り、東経を正とする。（賛一四、反五、棄六）

四、普通日 universal day を採用する。ただし局所時の使用はさまたげない。（賛二三、反〇、棄二）

五、普通日は本初子午線での平均太陽時の正子から始める。二四時間制を採る。（賛一四、反三、棄七）

六、現行の正午を基準とした天文日 astronomical day や航海日 nautical day（これは同じ瞬間を一日分だけ天文日より多い数え方をする）をやめて常用時（正子を基準）と一致させるように希望 express hope する。（賛、全数）

七、角度や時間の六〇進法をやめて、一〇進法での計算法を採用することを希望する。（賛二一、反〇、棄三）

〔なお六〇進法については第二章二節二項六三頁参照〕

（以上の要約は筆者が行ったものである。英語の本文は多少むずかしいところもあるが、現在でもそのまま読める。それに反して漢文書き下し方法で書いてある日本語の表現は随分読みにくい。約百年間の日本語表記法の変化の速さを見るようで面白い。というか、日本語のほうがむしろ外国語のようである。）

図 85　19 世紀のグリニチ天文台
(前掲, Greenwich Observatory, vol. IIより)

日本は合衆国やイギリスと共に会議案に全部賛成している。反対するばかりが能ではないが、自主性のないこと夥しい。理由のある反対はむしろ国際的に歓迎されるものである。ある国はローマ会議と違った条項(たとえば第三、第五がそうである)については本国からの訓令がないことを理由に棄権している。これもまた一つの立場である。

なお、この会議の決議の法的性格は必ずしも明らかでない。すなわち条約のように決議そのものを後に各国で批准して(各国内法によって)いないようだし、これに違反したときの制裁等もついているわけではない。いわば国際間の紳士協定のようなものだと思っている。事実、第七決議は未だに実行されていないし、その後何らかのアクションが採られたということも聞いていない。なお日本で、関係各省から選出された国内委員会の報告書に、たとえば第六決議に関して、天文日については欧米学者の諸議論が一定するのを待ち、航海日についてはグリニチ天文台の処置に拠るべきことを述べており、自主性のないことを暴露している。

それはともあれ、この会議の決議文をよく見ると、どこにもグリニチ平均（太陽）時ＧＭＴと整数時間だけ異った時刻を採用すべきだという言葉がないことに気付く。経度の測り方を統一しただけである。たとえば現在存在している半整数時間の違いは容認されるのか。整数分の差の場合はどうなのか（リベリアは GMT－44^{m}）。整数秒の場合はどうか等々と考えるとわからなくなる。第四決議中の局所時とはどの程度のことをいうのか。第七決議を意識して、一日を十等分か百等分したときの整数差が念頭にあるのか、案外大事なことが不明なのである。

世界時

また universal day という呼称についても何故かイギリスは用いたがらない。実際一九二五年、それまでの天文学的グリニチ平均時が正午から測っていたのを、正子から測ることに公式に改めたのに伴って、むしろ universal time（ＵＴ訳して世界時）のほうが一般に天文学的には用いられるようになった。しかし現在でも航海や航空関係者はＵＴを用いず、ＧＭＴを用いている。グリニヂという名称が無くなるのは、イギリスが世界の中心から脱落するように思えて耐えられないのかも知れない。しかし、実際は前節一一項の平均天文台（二〇六頁）で述べたように、グリニヂで観測しているわけでもなく、科学的決定の面ではグリニヂは単に名目に過ぎないのである。さらに国際天文学連合（ＩＡＵ）で一九七六年、「科学的用法としてはＧＭＴの呼称はやめ、くわしく言うときはＵＴ0、ＵＴ1、ＵＴ2、ＵＴＣ（これらの内容については前節一二項二〇九頁参照）を公式に用い、区別をする必要のないときは単にＵＴと呼ぼう」という決議が通過したのを怒って、現にグリニヂ天文台前編暦部長のサドラー D. H. Sadler はIAUの第四委員会から退会してしまった。「航海・航空関係者に強制はできない」という理由からである。筆者は、イギリス流の実学的趣味から彼等がいわば地についていない universal（普遍という意味）time という言葉をきらうことは分る。しかし、一旦会議で決められたことは守るほうがいいに違いない。それとも初めから拘束力のないことを見越しての処置なのであろうか。とにかく世界中にはツワモノが多い。それにひきかえ日本は優等生（?）である。

日本の場合

さて、日本では GMT + 9^h の標準時を採ることになり、勅令第五十一号の公布を見る。

（明治十九年〔一八八六〕七月十二日）

一、英國グリニッチ天文臺子午儀ノ中心ヲ經過スル子午線ヲ以テ經度の本初子午線トス
一、經度ハ本初子午線ヨリ起算シ東西百八十度ニ至リ東經ヲ正トシ西經ヲ負トス
一、明治二十一年一月一日ヨリ東經百三十五度ノ子午線ノ時ヲ以テ本邦一般ノ標準時ト定ム

それまでは東京付近は東京の、大阪付近は大阪のというように各地バラバラの時刻を用いていた。明治維新前はもちろん京都。

さて、明治二八年（一八九五）に台湾および澎湖列島が日本の属領になるに及び、同地および八重山、宮古列島では東経一二〇度の子午線の時を用いることになり、これを西部標準時と呼び（第二條）、それまでの標準時を中央標準時と呼ぶことになった（第一條）。（明治二十八年勅令第百六十七號、同年十二月二十七日公布）。

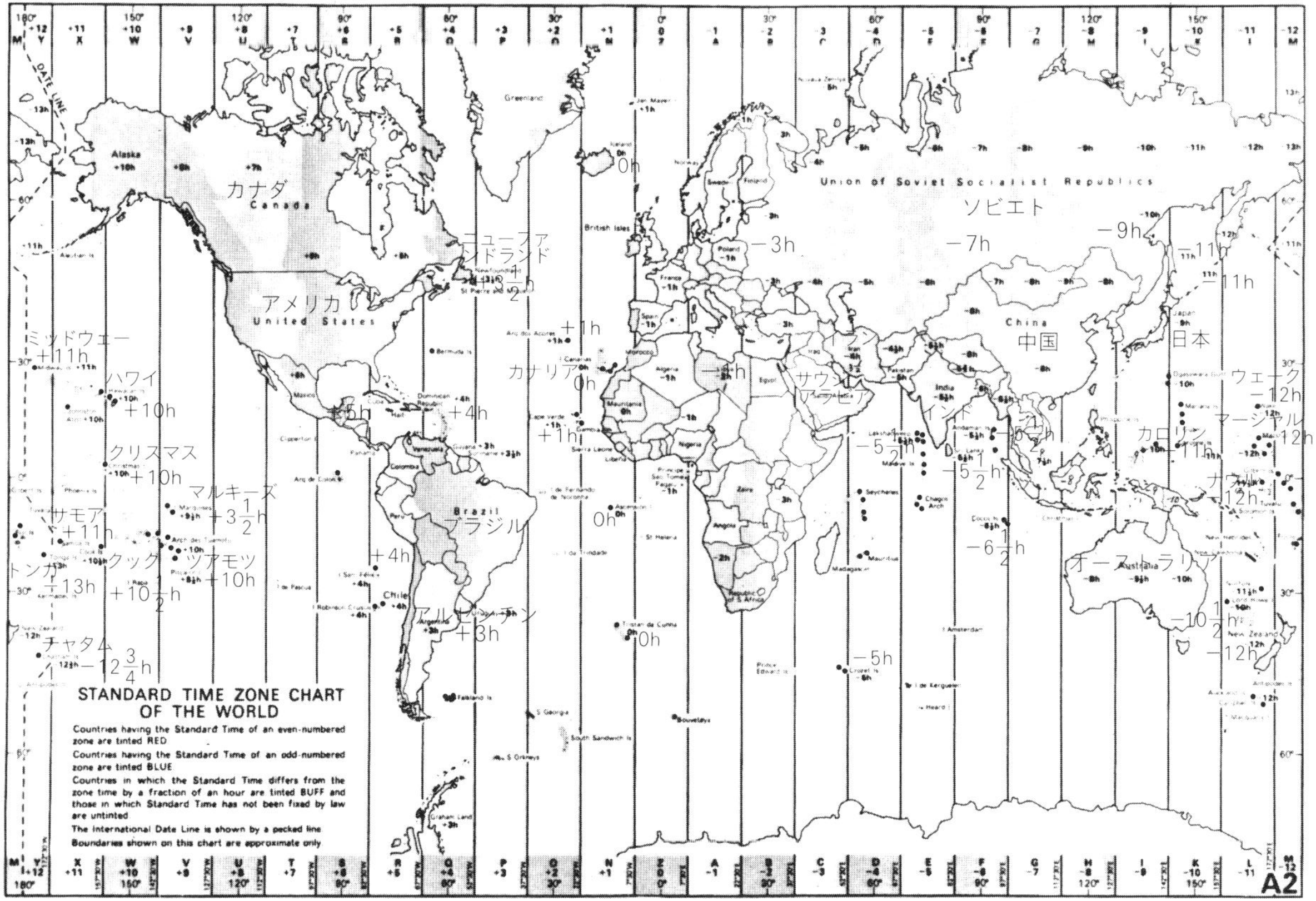
STANDARD TIME ZONE CHART OF THE WORLD
Countries having the Standard Time of an even-numbered zone are tinted RED
Countries having the Standard Time of an odd-numbered zone are tinted BLUE
Countries in which the Standard Time differs from the zone time by a fraction of an hour are tinted BUFF and those in which Standard Time has not been fixed by law are untinted
The International Date Line is shown by a pecked line
Boundaries shown on this chart are approximate only
A2
カナダ
Canada
アメリカ
United States
ソビエト
Union of Soviet Socialist Republics
中国
China
日本
ブラジル
Brazil
オーストラリア
Australia
ミッドウェー +11h
ハワイ +10h
クリスマス +10h
マルキーズ $+3\frac{1}{2}$h
サモア +11h
クック
ツアモツ +10h
トンガ +13h
$+10\frac{1}{2}$h
チャタム $-12\frac{3}{4}$h
ニューファンドランド $+3\frac{1}{2}$h
+1h
カナリア 0h
+5h
+4h
+4h
+1h
0h
+4h
アルゼンチン +3h
0h
0h
−3h
−7h
−9h
−11h
−11h
−1h
サウジアラビア
インド
$-5\frac{1}{2}$h
$-5\frac{1}{2}$h
$-6\frac{1}{2}$h
−5h
ウェーク −12h
マーシャル −12h
カロリン −11h
ナウル −12h
$-10\frac{1}{2}$h
−12h
DATE LINE

図 86　世界の標準時

ところが軍の要請によるものと思われるが、西部標準時を昭和十二年勅令五百二十九號（九月二十四日）で廃止してしまった。異った時刻を使っていたのでは軍令上面倒だとしたのであろうが、住民にとっては何とも妙な結果になったのではないかと思われる。ここでちょっと注意しておこう。以上の廃止は勅令の第二条を削除するという方式で行われたため、法令上、正確には「中央標準時」という言葉だけ残る結果になった。一つしかないものに「中央」もなにもないのだけれども、この言葉はかえって軍にとっては必要だったのかも知れない。いわゆる大東亜共栄圏に中央標準時をおしつけたとも聞く（くわしいことは未調査）。なお「中央」の現在での法令上の問題は次節一二項で再び採り上げる。

フランスの態度

フランスは統一した経度原点を採用することには賛成したけれども、それがグリニヂになることには賛成し兼ねていた。ローマのＩＡＧではグリニヂの代り、その西一八度にあるフェロー島（Ferro Is. スペイン領キャナリ諸島の最西端の島）を基準点にすべきだと提案したが賛成が少く否決された。ワシントンでは基準点は局外中立 neutral であるべきだと動議を出したが、具体案がなく、結局否決され、フランスは棄権し原案が採択される。universal という概念にはフランスは賛成するが、その内容には不満であった。が結局はグリニヂ平均時を universal day とすることが採択されるという皮肉な結果に終る。L)universalia sunt realia ante rem（普遍は個物に先立って実在する）を考えているようであるが、一体具体的にどうしたらよいと思っていたのかよくわからない。それかあらぬか、一九一一年三月九日のフランス標準時の法律では「フランスの法定時はパリ天文台の平均時に遅れること九分二一秒である」と書かれてあり、「グリニヂ」という言葉は使われていないそうである（原文は未見）。あくまでもパリ天文台で観測し、この数字を使ってあとは計算して出すという寸法である。不思議なことにこの考え方は、前節一一項の平均天文台（二〇六頁）で述べたように現在に生かされている。この場合パリ天文台やグリニヂ天文台だけでなくすべての天文台が参与しているのではあるが。しかもその計算をパリ天文台の中にあるＢＩＨ（次節六項二四五頁参照）が行っているのである。面白いめぐり合せと言える。

メートル法条約

ついでながらフランス流の抽象好みの例として「メートル」mètre（英語では metre または meter）という言葉を考えよう。この言葉は μετρέω（測る）から鋳造したものであって、何の長さかという概念は含まれていない。これは元来地球子午線に沿って測った全周の長さの四千万分の一のつもりであった（まさに世界的〔宇宙的〕ユニバーサル）。したがって、正確に言おうとすれば、geometer（＜Gr γῆ＋μετρέω）となるが、これは現在別の意味、すなわち幾何学 geometry として用いている。もっとも「幾何学」とは元来抽象的な意味ではなく、文字通り土地測量術のことであった。なお現在のメートルの定義については例えば『理科年表』（丸善発行）参照。またそれに到る歴史については、高田誠『単位の進化』講談社、一九六〇年参照。

メートルの問題と一〇進法の問題の関連について述べよう。もし、経度のほうも、全周の四千万分の一を単位として測ったとすれば、経度表示は少くとも赤道でのメートル表示と一対一対応になるはずであった。ワシントンの会議で具体的にそこまで考えていたのかどうかは不明であるが、第七決議をすなおに読めば、この関係は明瞭である。一日を四〇か四〇〇または四〇〇〇かに等分したとすれば、時刻の呼称とメートルの関連もついたことになる。たとえば、一日の四万分の一をかりに〝秒〟

と呼べば、一〝秒〟は赤道上で約一キロメートルに対応するのである（地球の扁平率のためもちろん正確には一致しないのだけれども）。

さて話を戻して、一つ興味あることを述べよう。ローマ会議の第八決議は要約すると「全世界がグリニチを経度原点にとって経度の統一を図ることで、イギリスが一八七五年のメートル法条約に加盟して、度量衡の統一をも図るきっかけになることを希望する」と読める。実はこの時点ではイギリスはメートル法条約に加盟していない。一説によるとフランスはイギリスとの間に密約を結んで、グリニチ基準を認める代りにメートル法条約 Convention du Mètre 1875 を呑ませたといわれているが、真偽の程はわからない。ただ各国が経度と度量衡の双方の統一を望んでいたことだけは読み取れる。それとも、イギリスがメートル法条約に加盟してもなかなかメートル法を実行しないので、フランスではグリニチという言葉を法律的には避けているのかも知れない。事実、現在でもイギリスではヤード・ポンド法を用いている。ただし一インチは正確に 2.54 cm と定義する（一九五九年採用）ことで、メートル法を実行しているともいえる。というのは、メートル法そのものには他の単位を用いてはならないとは書かれておらず、他の単位との間にはっきりとした互換性があればよいとある。しかしポンドの場合は 0.45359237 kg と定義され、ちょっと問題である。測定精度ギリギリまでの数字を用いているからである。いずれにせよ、科学的には単位がなんであれ、それがあいまいさなく定義されていればよいのである。一方単位の変換は一度実行してしまえば、こういったものは後の世代にとってはそれほど負担になることではないことなのであるが、移行時期の人間にとっては負担が莫大なもので、そう簡単には移行できない。イギリス・フランスともかなりのツワモノである。それにひきかえて日本はあまりにもスンナリといってしまったように思える。ただし日本でも尺貫法からメートル法への切換えで、職人にとっては勘が狂って仕事にならないという訴えがあり、問題がのこっている。

船上での暦時法

地上で一定に固定した地点での標準時は、その国の置かれた状況によっていろいろと問題はあるにしても一旦決められてしまえば、それなりに安定した運用が可能であり、特に不便はない。しかし船のように動いている場合は面倒になる。定期貨客船の場合、昔は普通翌日の正午の予定位置の標準時に合わせるように真夜中に時刻の調整を行っていたが、一九七〇年頃からは、たとえば夜八時（または翌日午前八時）に翌日の正午予定位置に応ずる標準時に合うように調整しているそうである。これは交代時刻との兼合いと聞いている。この場合、一日での調整時間差は三〇分、四五分と場合によって異る。特に調査船のように、そのときどきの事情によって航路をいちいち決めているような場合はその他のやり方もあるようである。

一般に航海や航空の場合、二つの時計を用いている。一つは一定の進み具合を示すもので、グリニヂ時（日本船では日本の中央標準時のこともある）を示す。もう一つは船上での生活時刻を示すものであって、シップ・タイム ship time と呼ばれる時刻を示す。後者を決めるのは船長の権限に属する。調査船の場合には都合によっては入港直前に一遍に変更することもあるという。

したがって、調査船で観測している調査員は、うっかりしていると、いつ変更したのかがわからず往生する。船の位置がシップ・タイムだけで通報される場合はなおさらである。調査員や研究員は自分の都合でスケジュールを建てられるから、自分自身の時計を持っていればそれなりのやり方はあるが、船員のほうはワッチ（見張り）の時間が伸びたり縮んだりするので、労働時間が不公平になるという問題が生ずる。時計の管理以外に、交代をどの時計でやるのかという相互関連したややこしい問題が現われる。

それも同じ航路を往復している定期船の場合は往きで損をしても帰りで得をすることになれば、まあまあだが、たとえば西方にばかり航海すると、勤務時間がいつも長くなって、極端に言って地球を一周りすると、一日分だけ勤務時間が伸びてしまう。

しかも日付の問題が加わると余計やっかいなことになる。たとえば、日付変更線を土曜日の午後一一時五五分に東から西に通過したとする。この場合、理論的には日付は日曜日になり、日曜の同時刻、すなわち午後一一時五五分ということになる。日曜日はあと五分しか残っていない。さてそのとき当番にあたった人の休日勤務の扱いはどうなるのであろうか。そういった場合の労働管理の問題はかなりやっかいなことになる。実際には一週間に日曜日が二回おきたり、なくなったりしないようにその前後で調整し、一般に勤務時間が長くなったときのみ超過勤務手当が支給されていると聞いているが、いろいろと複雑な計算で賃金が支払われているようである。

さて出入港の場合はさらに面倒である。入港が現地の日曜日になると休日出勤扱いになるし、殆どすべての船員が仕事につくことになるので超勤費が嵩《かさ》む。そこである船長は機関長に、なるべく土・日の出入港はさけるように船の速度を調整せよと命ずる。しかし機関長は馬耳東風である。休日に入港したほうが自分の実入りも多くなるからである。船長は機関長を呼びつけて議論を始める。業《ごう》を煮やした船長は思わず「いうことをきかんちょう」と怒鳴る。機関長も負けていないで、「なにもせんちょう」と言い返す。結着のつかない議論を聞いていた航海長曰く、「船員になったのをつくづくこうかいするね。」と。

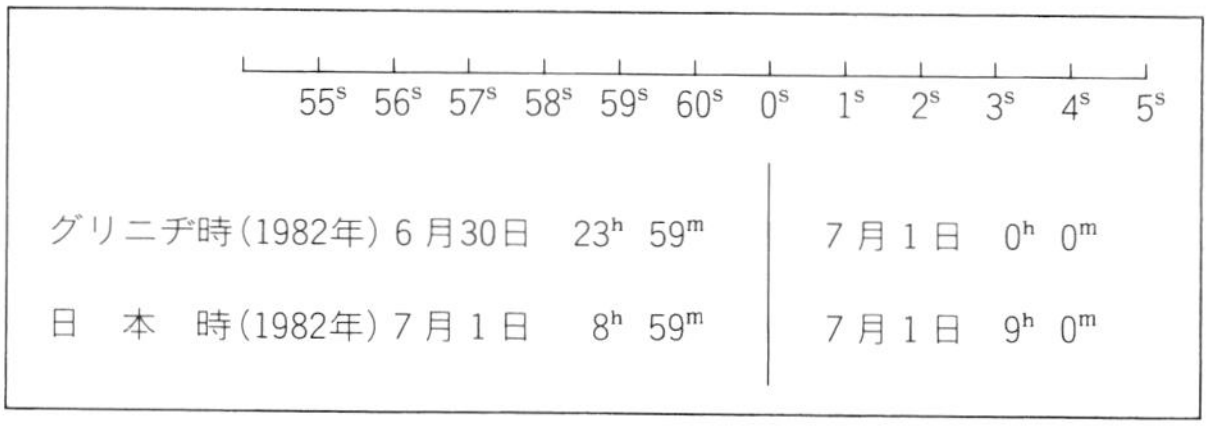

図 87 閏秒の挿入

協定世界時

さて現在、日本での時報の基礎となっているものは協定世界時 coordinated universal time (略してUTC) に九時間を加えたものである。この協定世界時のくわしい定義および、何故そのようなものを採るに至ったかの歴史的説明は後に譲る (本章次節四項二三七頁参照) ことにして、ここでは概略だけを述べることにする。この協定世界時とは、秒間隔は一定にしておいて、一方、地球の自転から決まる世界時UT (くわしくはUT1) とある範囲以上は離れないように原子時 atomic time (略してAT) にときどき余分の一秒を付け加えたり、取り去ったりして人工的に管理しているものである。一九七二年末より一九七九年までは毎年年末に閏秒を挿入していたが、一九八〇年末は取止めとなり、代りに一九八一、八二年は六月末日 (正確にはグリニヂ時で) 最後に一秒挿入する。すなわち、そのときは二三時五九分五九秒、六〇秒、ときて次が、〇《レイ》時〇《レイ》分〇《レイ》秒と秒を刻むことにしてある。

さて原子時とは一定の秒間隔からなる時の尺度 time scale であって、その秒間隔は一九世紀後半の太陽に対する地球の平均自転周期の八六四〇〇分の一になるように

表 30　ラジオ時報の精度（時報-JJY）

1963年	NHK 第1	ラジオ東京	文化放送	日本放送	ラジオ関東
10月1日	(15時) −9				
10月26日	(15時) −5	(14時) +100	(18時) +150	(19時) +50	(20時) +20
11月5日	(23時) −6	(22時) −2	(20時) +39	(19時) +65	(18時) +30
11月10日	(15時) −6	(16時) +6	(18時) +135	(17時) +75	(20時) −670
11月11日	(6時) −6				(7時) 0

注：カッコ内は測定時刻で，中央標準時．精度の単位は 1/1000 秒=ms，＋ は早すぎ，− は遅れを示す．JJY とはここでは（旧）協定世界時に準拠した標準電波の秒信号を示す．

表 31　ラジオ時報の精度（時報-UTC(TAO)−9時間）

1981年	NHK 第1	TBS	文化放送	日本放送	ラジオ関東	FEN
4月22日	(12時) +1					
4月23日		(11時) −60				
4月24日			(9時) −25			
4月25日				(17時) −1	(23時) −86	
4月26日		(6時) −70	(7時) −25		(8時) −82)	(1時) −14
4月27日	(15時) +1	(17時) −42				
4月28日	(9時) +1		(10時) −27			

注：カッコ内は測定時刻で中央標準時．精度の単位は 1/1000 秒=ms，＋は早すぎ，−は遅れを示す．UTC(TAO) とは東京天文台で保持している協定世界時を意味する．以下の表も同じ．

図 88 ポータブル・クロック portable clock(東京天文台)
一番確実な時計比較は現在セシウム時計を運搬することである．東京天文台は国内の時計比較をこの方法で行っている．アメリカ海軍天文台 USNO は年に 1～2 度日本を始めアジア地域にも時計を運んで比較している．比較の精度は1億分の1秒まで行う．

表 32 ラジオ時報の精度（時報－UTC(TAO)－9時間）

1981年	NHK 第1	TBS	文化放送	日本放送	ラジオ関東	FEN
7月30日	(10時) +1.6	(11時) −65	(14時) −28			
7月31日				(15時) −2.5	(18時) −80	
8月4日	(11時) 1.5	(17時) −60				
8月5日		(11時) −62				(15時) −11
8月6日			(12時) −30	(16時) −1.8		
8月10日	(14時) 1.5 (NHK 第2)				(11時) −90	

表 33 電話時報（117）の精度 （時報－UTC(TAO)－9時間）（単位は 1/1000 s，測定時刻は中央標準時）

1981年		0422-32-5111（東京天文台）			
8月10日	15時10分	+6			
	17　30	−2			
	18　0	−1			
8　11	10　0	−2			
	12　0	0			
	15　0	0			
	17　15	0			
	18　0	1			
	23　5	+10			
	23　30	+11			
8　12	7　0	+25			
	8　0	+27			≃5×10⁻⁷ 程度の発振器使用か
	9　0	+28			
	10　0	+30			
	12　0	+32			
	15　0	+35			
					(step 調整)
	17　20	−2			
	18　0	−1			
	19　40	+2			≃5×10⁻⁷ 程度の発振器使用か
	23　0	+8			
8　13	8　0	+25			
	9　50	−1			
	12　0	+1			
	15　0	−1			
	20　48	+3			
8　14	10　30	−120			最大誤差（調整不良？）
	12　0	−120			
	15　0	−2			
	18　2	+1			
	18　47	+2			
	23　4	+10			
8　15	10　10	−2			
	12　0	+0			
8　17	12　0	−1			
	14　57	+2			
		（東京天文台）	0439-37-2661（鹿野山測地観測所）	01972-4-7111（緯度観測所）	
10月16日	12時 5分	+37	+37		
	12　47	+38	+38		
	13　37	+40	+39		
10　26	10　10	−3			
	11　10	−3			
	13　10	0			
	14　10	+2			
	15　10	+3			
	15　50	+4		+1	
	16　0	+4		+1	
	16　30	+4		+1	

原子周波数の基準を逆に決めたものなのである。現在は一九世紀後半の一日に対して、一年間に約一秒、すなわち一日は約三六五分の一秒だけ長くなっているということができる。時間単位は不変にしておいて、一年間に積った分を余分な一秒として挿入するという方法を採っているのである。すなわち、現在は日本時刻で七月一日のみは八六四〇一秒で他の日はすべて八六四〇〇秒である。余分の一秒を（正の）閏秒と呼ぶ。これはときどき一年の長さを三六六日とするというやり方を見習ったものである。

時報の精度

さて、このように決められた時の尺度に対して、現在日常的に接している時報の精度はどのくらいであろうか。表30〜33は東京天文台で行った測定結果を示している。放送局によってかなりマチマチであることがおわかりと思う。なお表33は電話による時報であるが、東京天文台以外での測定値は、時計比較のため、それぞれの機関に東京天文台職員が原子時計を持参（portable clock という）した際に、測定したものである。

なお、これらより高精度のもの、たとえば標準電波、ロランC、GPS等については後にくわしくのべてある（第四節九、一〇項二四九、二五〇頁）ので、そちらを参照されたい。

四　国際的取り決め

秒の再々定義

さて、「秒」の定義をそれまでの「平均太陽日の八六四〇〇分の一」としていたのを「回帰年の……分の一とする」と改めたことを述べた（第四章三節五項一六三頁）が、この定義は長くは続かず、原子の振動数による定義に変更されることになる。一九六七年のことである。すなわち、第一三回度量衡総会ＣＧＰＭは次の決議を採択した。

「〔前文省略〕

一、国際単位系 Système International d'Unités（略してＳＩ）における時間の単位は次のように定義された秒である。

〝秒はセシウム原子一三三の基底状態にある二つの超微細準位の間の遷移に対応する放射の 9 192 631 770 周期の継続時間である。〟

二、一九五六年採択された国際度量衡委員会決議1、すなわち第一一回度量衡総会決議9は廃止する。」

この定義の意味はすでに述べた（本章一節八項一八七頁および二節一二項二〇九頁）から再び繰返さない。なお度量衡関係の主たる国内機関は通産省工業技術院計量研究所である。

国際原子時

いま述べた「秒」は時間間隔であるが、ある時刻を出発点として、この秒間隔を並べて行くと、それ以後の時刻が定義される。すなわち、ある出発点から任意の瞬間までをこの秒間隔を単位として秒数を測れば、その瞬間は出発点から……秒であると言うことができる。これが原子時 Atomic Time（略してAT）であり、出発点としては一九五八年一月一日グリニヂ平均時（世界時）正子とした。実際にはそのとき動いていた世界中の原子時計の平均であり、これを国際原子時 Temps Atomique International（略してTAI）と呼んでいる。「時」には時間と時刻の両概念があることは序章（六項七頁）に述べたが、いくら正確な時計があっても出発点での値を決めなければ時刻を決めたことにはならない。時計は元来時間を測る道具であって、時刻のほうはどこかで合せなければならないことは日常的に経験することでわかると思う。ここでいう原子時とは時刻をも含めた概念であり、原子時が時の尺度 time scale, F)échelle de temps であるとは専門的には時刻のきめ方をも含んだ概念であることを意味する。さて第一四回度量衡総会は一九七一年一〇月、次の定義を採択した。

　TAIとは国際単位系の単位である秒の定義に合うように運転された各研究機関 établissements（フランス語、以下同じ）の原子時計の示す時刻にもとづいて、BIHによって確立 établir された時刻指標 repérage temporel の座標（値）la coordonnée である。

表現は厳密を旨としているため多少ややこしいが、大事なことはTAIはBIH（本節六項二四五頁参照）によって確立されたものであるということと、それは指標すなわちタイム・マーク time mark であることである。すなわち、最善の注意をもって、BIHが決定するのではあるが、種々の研究（BIHのみならず、他の研究機関を含めての）によって将来別の知見が得られるかも知れない。しかし、一旦決められたものはそのままにしておき、いついつのマークはどれだけの偏差を持っていた筈であると公表できる余地を残しておこうということである。ちょうど道路脇にあるマイル・ストーンmile-stoneのようなもので、それぞれ一応の（原点からの）マイル数milage（距離）が書かれてあるが、そのマークの真の距離は後の測定で変り得ても、マークそのものは動かすことはしないのと同じである（くわしく言うと、多少の違いはある。すなわち時刻観測の場合は再測定ということはできず、一度行った測定を記録上、再吟味できるに過ぎない。時報の場合を考えればわかるように一旦出した電波を出し直すわけにはゆかないのである）。とにかく一度きめられたものはそのままにして（ὃ γέγραφα, γέγραφα.＝私が書いたものは、そのままに。＝わしが一旦決めたことは、きめたことだ。ヨハネ伝一九の二二）TAIとして確定しておき、将来の研究のための指標としようという考え方である。

なお、細かいことになるが今述べた決議は総会そのものが行ったのではなく、総会の執行委員会である国際度量衡委員会CIPMがそのことを見越して、一九七〇年一〇月に決定し、総会そのものは委員会に権限をゆだねるような決議を採択した。

さてBIHの役割に関して、CGPMの下部機構である「秒の定義諮問委員会」CCDS（本節第七項二四八頁参照）は一九七〇年規則règlesを定めている。そのうち二つだけを挙げておこう。

㈠　TAI尺度の単位間隔は平均水準面におけるある定点でSIに合うようにBIHが決める。

………

㈣　TAIの出発点はIAU（本節六、七項二四五頁以下）の勧告（第一三回、一九六七）に一致するようにBIHが決める。すなわち一九五八年一月一日〇時（世界時）において、この尺度はUT2と近似的に一致する。

………

㈠については相対論的補正の問題が絡んでおり、厳密に述べることは本書の範囲を越えるので止めにして（なお概略については第六章二項二五七頁参照）、ここでは㈣についてのみ述べることにする。すなわちここで「近似的」と表現されているのは、実はCCDSがこの決議を採択したときすでに、原子時は出現しており、それは一九五八年でTAIとUT2とは一致している筈であったが、それは必ずしも満足されてはいなかった。しかし一度スタートしてしまったものをやり直すのは、過去については書き直さなければならないし、さりとて、過去のものをそのままにしておいたのでは一九七〇年の段階で、それ以後を厳密に定義した場合には、新旧の間にジャンプが生ずることになる。そういったことはこの種の事業や研究によく起ることなのである。そのジャンプを避けるために、定義上はすこぶる曖昧な「近似的」という言葉を用いているけれども、実際上は当時存在していたものに連続的につながるようにした。その辺の操作を実際にやったのはBIHであり、それを権威づけるためにBIHが決めるという表現を使っているのである。

(旧)協定世界時　暦表時を一九六〇年から導入したことをすでに述べた（第四章三節五項一六三頁）が、ちょうどそのころすでに、原子時計の精度が向上し、実験室内で時刻が刻めるようになった。そうした場合、時報の時刻を何によって決めたものにするのかが問題になってきた。すなわち当時三つの時系が並行して存在していた。地球自転の回転パラメータである世界時UT（正確にはUT2）、秒の定義のもとになっている暦表時ET、原子振動周波数を積算した原子時AT。このうち暦表時は数年の観測を集めなければ、確立できないという不便さがあった（現在でもそうであるが）。

一方、航海・航空や陸地測量では地球か空間（具体的には恒星のシステム）に対してどこを向いているか（これをオリエンテイション orientation という）をその場その場（即時的、in real time）で知る必要がある。一方〝原子秒〟と月の運動による〝暦表秒〟との関係すなわち、9 192 631 770 周期という数字は暫定的なものではあったが、当時すでに知られていた。このような状況で考えられることは、UT2で決まる秒にできるだけ近い秒の刻みになるように、原子時をオフセットおよびステップ調整することで表現することであった。

オフセット offset とは周波数を 50×10^{-10} の整数倍だけずらせて暫定〝原子秒〟とは異る秒間隔を採用することである。これでもUT2からあまり離れてしまうと困るので、そういった場合は時系に跳びを50 msの整数倍で与えて（これをステップ調整 step adjustment という）、UT2に近づける。すなわち報時された時刻はUT2から±0.1 s の精度内に、いつもおさまるようにする。また周波数のほうは、そのときのオフセット値を用いて逆算すれば、暫定採用周波数そのものが、標準周波数や時報から得られるようにしたわけである。それは暫定採用周波数とは異るものが採用されるかも知れないという考慮もあって、このような二重の操作（周波数のオフセットとステップ調整）の方式を採ったのである。周波数のオフセット値は年毎に決められ、翌年のものがあらかじめ発表された。これはBIHが各天文台と協議して決めることになっており、この方式は一九六〇年から一九七一年まで実施された。各年のオフセット値およびステップ調整値は『理科年表』一九七二年版に一括して掲げられている。

これが（旧）協定世界時UTC Coordinated Universal Time、フランス語では Temps universel coordonné である。UTCという略称は英仏語混合でありあまりすっきりしないが、慣用上そうなっているのでそのまま本書でも用いる。

さて旧と書いたが、これに対する「新」は一九七二年から実施され現在でも用いられているものである。一九六七年に秒の定義が暦表時から原子時に代ったこと

新(現)協定世界時

はすでに述べた（本節一項二三二頁）。暫定値をそのまま公式的に採用したのである。そうなると、周波数のオフセットをいちいちやるのは第一面倒であるし、あまり実用的意味もない（図82参照）。

しかしこの場合、ステップ調整のほうはすこしややこしい。すなわち、もし調整を$0^{\mathrm{s}}.05$の刻みで行い、またUT1と$0^{\mathrm{s}}.1$の差を目標にするならば毎月一、二回行わなければならない。それをあらかじめ予想することが不可能ではないにしても非常に繁雑である。そこで、ステップ調整を一秒刻みで行うことにした。そうなるとUT1との差はうまくやって $\pm 0^{\mathrm{s}}.5$ へたをするとそれ以上の差が生ずる結果になる（最高 $\pm 0^{\mathrm{s}}.9$ におさえることになっている）。折角精度高いものを目指したのに、結果的には前（$\pm 0^{\mathrm{s}}.1$）より悪い結果になることは避けなければならない。そこで UT1−UTC の $0^{\mathrm{s}}.1$ 精度での値（これをDUT1という）を標準電波に乗せて通報することにした。ここでUT2の代りにUT1を採ったのは次のような事情がある。元来UT2は一様な時系を得るために、観測値UT1から、地球自転の季節的変化を求めて補正したものであり、UT2を導入したときは、それが一様な時系としては一応理想的なものであった。当時はまだ原子時計は実験段階であった。しかし原子時系が確立すれば、その原子時系に対して、実際の地球の回転角そのものの指標になるUT1を採ることのほうが意味のあることはおわかりと思う。

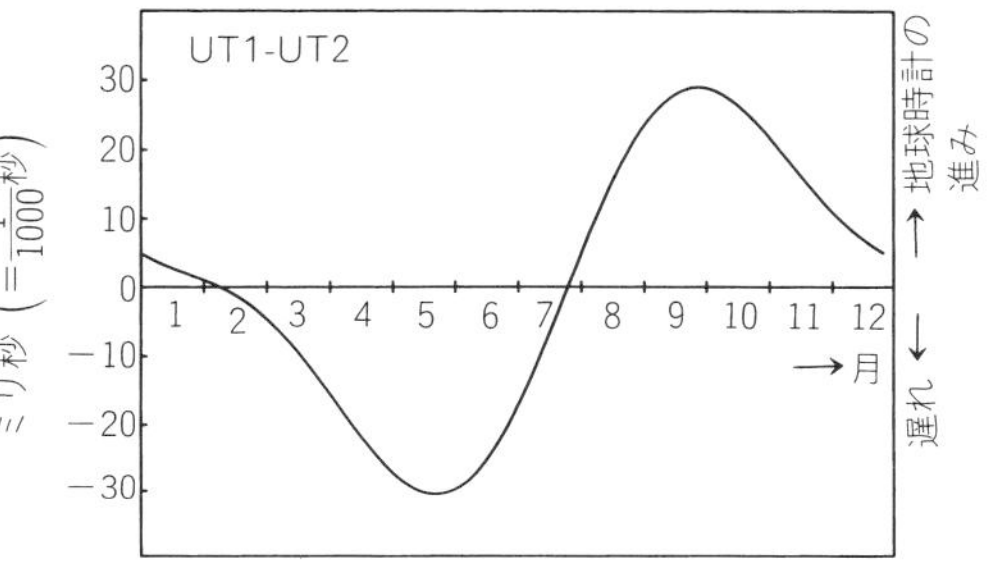

図 89 地球自転角の季節変化
（BIH 年報の UT 2 採用計算式による）

なお、UTCが一秒刻みのステップ調整を行った場合に、天文学的（または測地、航海上の）要求からDUT1の値を$0.^{s}1$の精度でリアル・タイム real time に得られるような方法を考えるように、IAU第一四回総会（一九七〇）は関係諸機関に要請した（Resolution No. 6）。

これにもとづいて決められたものが新しい（現行の）協定世界時である。ことはかなりテクニカルのようであるが、ここに案外重要な要素が隠されている。標語めいていえば、「量が質を規定し、変革する」（マルクス？）と。約一秒の差が実際上意味があるか。もしあるとすれば一体、世界時UTとはUT1なのか、それともUTCなのか。またそれと、一般に整数時間だけ異っている各国の標準時は一体どちらに準拠したものであろうか、という疑問である。

元来、報時というものはもともとタイム・マークなのである。このことについて国際原子時に関して前々項（二三三頁）に述べた。この場合マーク（UTC）にDUT1を加えて結局UT1が通報されていることと思えば、（もし精度が足りなければ天文台等に問合わせるなりして）UT1が世界時であると考えることができる。こちらは時刻に跳び《ジャンプ》がない！　しかし一般にはそんな面倒なことはやらないから、かえってことは面倒である。このことは旧UTCでも原理的には問題としてあり得たのであるが、$0.^{s}1$のジャンプではあまり問題にならなかった。跳びが一秒となると〝質的〟に違うと感ずる人が、殊に日本では、多いようである。この問題に対する解決法は各国でかなりの差異があり、これは各国民の考え方に依存しているように思われるので、本節最後（第一二項「各国の態度」二五三頁）で取り上げることにして、ここでは具体的な国際的取り決めの内容を述べることにする。

さて第一二回国際無線通信諮問委員会ＣＣＩＲ全権会議（これについては本節七項二四八頁参照）は一九七〇年、次の勧告（Rec. 460）を採択した（全文は長いので一部のみ要約する）。

一、周波数および時間間隔は秒の定義に合うように発射される。

二、発射されるときの尺度はＵＴに近似的に一致するように、正確に一秒きざみのステップで調整される。

三、報時には、ＵＴと報時信号との差（前のＤＵＴ１のこと）についての情報も含ませる。

五、この報時は一九七二年一月一日〇〇《ゼロ》時〇〇《ゼロ》分ＵＴから実施する。

具体的なＤＵＴ１の通報型式は Report 517（1971）にゆだねられている。新ＵＴＣのスタートは旧ＵＴＣに特別のステップを導入して、新ＵＴＣはＡＴで $0^{\mathrm{h}}00^{\mathrm{m}}10^{\mathrm{s}}.0000$ になるように調整された。それ以後は一秒きざみのステップ調整を行う（これを閏秒という）。なおこのときの勧告ではＤＵＴ１は $-0^{\mathrm{s}}.7 \sim +0^{\mathrm{s}}.7$ の範囲で与えられることにしてあった。

この勧告はその後ＣＣＩＲ第一三回全権会議（1974, Rec. 460-1）で部分修正されているが大勢は変っていない。ただ違いは定義をくわしくした(たとえばＵＴの代りにＵＴ１を用いている)のと、通報されるＤＵＴ１の範囲が $-0^{\mathrm{s}}.8 \sim +0^{\mathrm{s}}.8$ に拡大されたのと、閏秒の挿入（または消去）を各月の最後の秒に調整できる自由度を与えたことである。ただし第一優先は六月、一二月。第二優先は三月、九月の末である。第一四回（1978, Rec. 460-2）では字句の修正と精度の向上のみで、現在に至っている。

一方、第一五回ＣＧＰＭ（一九七五）の決議５では

ＵＴＣと呼ばれる時刻系が広く用いられ、すなわち大部分の報時の発射で供給され、その供給が同時に使用者にとって周波数標準・国際原子時および世界時（または平均太陽時）を与えていることを考慮して、ＵＴＣが常用時の基礎（常用時を用いることが大部分の国で法定をされているが）であることを確認し、ＵＴＣの使用が完全に勧告できるものと判断する。

と述べている。

以上ややくわしく種々の国際機関での決議の内容までを紹介したのは、これらの機関の具体的関係を示そうと思ったことと、後にみるような各国の国内法の扱いの違いを説明するための伏線にしようと思ったからに外ならない。ややこしいと思われる方は次項参照。こちらはもう少し平易に解説したつもりである。

閏秒Q&A

Q「現在のところ一年に一度正の閏《うるう》秒を挿入しているようですが、これは一体誰がというか、どこできめているのですか。」

A「一年に一度というのは正確ではありません。最近ではUTで一九八一年六月三〇日末に挿入しましたが、七九年およびそれ以前は一二月三一日末でした。七九年一二月からその次までの間隔は一年半でした。どこできめているかといいますと、それはパリ天文台の中にあるBIH（Bureau International de l'Heure 国際報時局と訳しておきます）です。」

Q「それはパリ天文台の一部ですか。」

A「場所はパリ天文台内ですが、組織的には別のもので、国際機関です。」

Q「それは一体どういう国際機関ですか。」

A「正式に言いますと、これはユネスコに属するICSUの下部機構であるFAGS（天文学および地球物理学事業連合）に属する恒久的国際事業の一つです。岩手県水沢にある緯度観測所におかれているIPMSと同列です。」

Q「いろいろの名前が出てきてややこしいのですが、これは学術団体ですか、それとも行政的な組織ですか。」

A「学術団体です。もっとくわしく言いますともう少し複雑なんです。BIH自体は学術的な組織であり、もともとIAUが作ったものなのですが、その性質上学術団体だけではなく、国際的行政組織からもコントロールを受けています。すなわち、学術団体であるIAU、IUGG、URSIの他に、行政的組織であるCCIRやCIPMの代表およびBIHの所長からなる委員会（Directing Board）の監督をうけることになっています。」

Q「頭文字を並べた言葉を使われても何のことかさっぱりわかりません。」

A「すみません。これは近ごろの悪い習慣です。われわれでもちょっと専門分野の違う人と話していると、このようにやたらと変な名前が出てきて閉口します。一種の符牒ですね。二四五頁および二四七頁にそれらの組織図と、フルネームそれに日本語訳を一覧表の形でまとめておきますので、そこを参照して下さい。言いたいことは、BIHは元来学術的組織であったけれども、時刻や時間というものは行政的な問題にも関連してくるので、そういうところと密接な関係があるということです。CCIRは無線関係ですし、CIPMは度量衡関係です。」

Q「それですこし組織的なことはわかりましたが、実際どうやって閏秒の挿入をきめているのですか。」

A「世界中にある天文台での地球自転の観測結果を定期的に集めて、それに基づいて、地球の自転

BUREAU INTERNATIONAL DE L'HEURE
(B. I. H.)
61, avenue de l'Observatoire
75014 - PARIS
Télex : 270776 OBS PARIS

Paris, le 8 février 1982

Circulaire E 11

Aux autorités responsables
des mesures et de la diffusion
de l'heure

SAUT DE TEMPS DE UTC

le ler juillet 1982

Une seconde intercalaire positive sera introduite à la fin de juin 1982.
La séquence des dates des repères de secondes de UTC sera

30 juin 1982 , $23^h\ 59^m\ 59^s$
30 juin 1982 , $23^h\ 59^m\ 60^s$
1 juillet 1982 , $0^h\ 0^m\ 0^s$

La différence entre UTC et le Temps Atomique International TAI sera donc :

du ler juillet 1981, 0h UTC au ler juillet 1982, 0 h UTC : UTC-TAI=-20s
après le ler juillet 1982, 0 h UTC : UTC-TAI=-21s

UTC TIME STEP

on the 1st of July 1982

A positive leap second will be introduced at the end of June 1982. The sequence of dates of the UTC second markers will be

30 June 1982 , $23^h\ 59^m\ 59^s$
30 June 1982 , $23^h\ 59^m\ 60^s$
1 July 1982 , $0^h\ 0^m\ 0^s$

The difference between UTC, and the International Atomic Time will thus be

from the 1st of July 1981, 0h UTC to the 1st of July 1982, 0h UTC :
UTC-TAI= - 20 s

from the 1st of July 1982, 0h UTC : UTC-TAI= - 21 s

B. GUINOT.
Directeur.

図 90 閏秒宣言文（フランス語と英語で記されている）

（訳文） 1982 年 2 月 8 日，パリにて
時の測定および供給各機関御中
1982 年 7 月 1 日における協定世界時（UTC）ステップ
正の閏秒が 1982 年 6 月末に導入される．UTC の秒信号の順序は次の通り：

1982 年 6 月 30 日 $23^h59^m59^s$
1982 年 6 月 30 日 $23^h59^m60^s$
1982 年 7 月 1 日 $0^h\ 0^m\ 0^s$

UTC と国際原子時（TAI）との差は，したがって，次の通り：
1981 年 7 月 1 日 0^hUTC より 1982 年 7 月 1 日 0^hUTC までは
UTC−TAI＝−20s
1982 年 7 月 1 日 0^hUTC よりは
UTC−TAI＝−21s

国際報時局長
B. ギノー

が原子標準に対しておくれて行くようでしたら、協定世界時に一秒を加えるし、逆に早くなってゆくようでしたら一秒を抜くわけです。」

Q「それはいつごろ決めるんですか。」

A「約束上は八週間前ですが、実際はそれではいろいろと混乱が生ずるおそれがありますので、三

ヵ月くらい前にやっているようです。」

Q「どういうルートで知らされるのですか。」

A「BIHから直接関係機関に手紙で送ってきます。日本には東京天文台と電波研究所にきています。」

Q「国内的にはどういう方法でわかりますか。」

A「JJYという標準電波にはUTC以外に、DUT1（地球が実際どの方向を向いているかということを示すUT1と、発射されている秒信号をきめているUTCとの差）というものが、同時に通報されていますので、閏秒が挿入される前後では、たとえば一九八一年六月末の場合ではDUT1がマイナス〇・六秒からプラス〇・四秒に変りましたので、注意していればわかります。」

Q「それはそのときにならなければわからないと思いますが、前もってはわかりませんか。新聞を通じてですか。それだと何となくたよりないような気がしますが。」

A「もちろん新聞にも出ますが、これは正式のものではありません。現在のところ、電波研究所が窓口になって官報の官庁報告欄に出しているのが一応正式のものと考えられています。これは標準電波の出す秒信号がどういうものであるかということを一般に知らせるということが目的です。」

Q「われわれは一々官報を見ないのですが。」

A「そうですね。『天文月報』とか『電気通信学会誌』のような学術雑誌には載っています。」

Q「話は変りますが、どうして閏秒などという面倒なものを考えるのですか。たとえば地震計の時

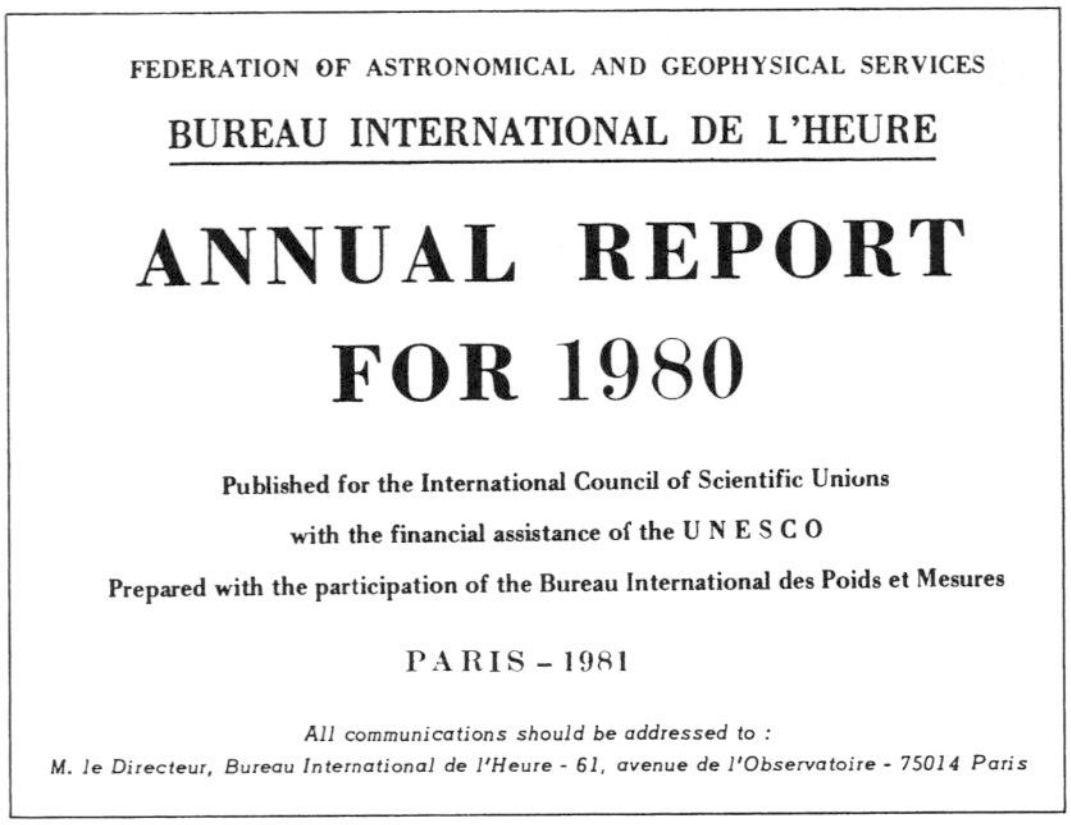
FEDERATION OF ASTRONOMICAL AND GEOPHYSICAL SERVICES

BUREAU INTERNATIONAL DE L'HEURE

ANNUAL REPORT
FOR 1980

Published for the International Council of Scientific Unions
with the financial assistance of the UNESCO
Prepared with the participation of the Bureau International des Poids et Mesures

PARIS – 1981

All communications should be addressed to :
M. le Directeur, Bureau International de l'Heure - 61, avenue de l'Observatoire - 75014 Paris

図 91　国際報時局 BIH 年報の表紙

刻標示を変えるのは面倒だと思いますが。」

Ａ「これはかなり本質的な問題です。時刻はある意味で約束なのですからなんでもいいし、また閏秒なしに連続して時を刻んでもいいのですが、これには次のような事情があるのです。本書にすでに何度も書いてありますように、時刻は地球上の地点の経度と関連をもっていますので、時刻だけが独立しているわけではないのです。そして、経度は元来天体観測にもとづいて決められています。ですから、電波航法だけを頼りにしていれば、それは地上の固定局に準拠していますから、どんな時刻系を採用しても問題はないのですが、電波のこない地域や、まさかの場合電波が受信できないようなときには、やはり天体観測に基づいて経度をきめなければならず、それには天球に対する地球の向きを示すＵＴ１が必要になってくるのです。さもないとたとえば航空機が互いにその位置をきめる基準が異るために衝突することがありうるのです。人工的な約束だけに頼るのではなく、自然にもとづいたものが必要なわけです。このような理由からＵＴ１になるべく合うようなＵＴＣでの時刻を発射しているのです。」

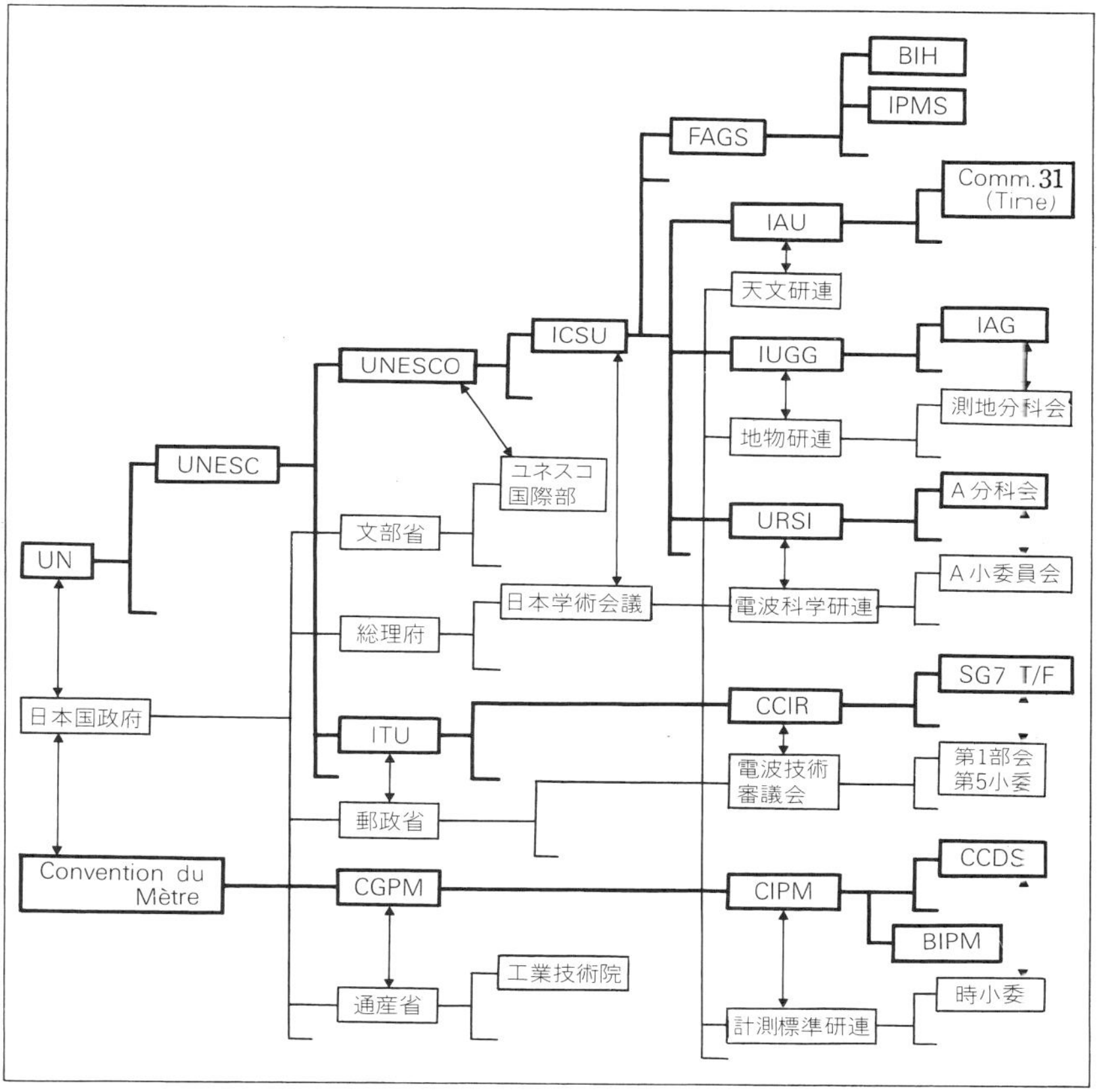

図 92　「時」に関連する国際組織と対応する国内組織の系統図

ＢＩＨ　ここで時関係の国際的組織を説明しておこう。中心となるのはＢＩＨ(以下、国際機関のフル・ネーム、訳語および簡単な備考は次項二四七頁を参照)であるが、これは元来国際天文学連合ＩＡＵの「時に関する委員会」のBureauであった。Bureauという言葉はすこし訳しにくい言葉であるが、委員会に対する事務局または常設研究機関と考えるとわかり易い。さてＢＩＨの創立は正確に言うとＩＡＵの設立より以前に遡る。それは一九一〇年のパリのエッフェル塔よりの無線による報時実験に端を発する。フランス政府はこの実験の結果をふまえて、国際会議を一九一三年に招集した。三二ヵ国の代表が集まり、「時の国際協会」を創立する条約に署名した。しかし、この条約は結局第一次世界大戦のため、各国で批准されなかった。しかし、その Bureau の長に指名されたベイヨー B. Baillaud は初めは個人的出費で、後にはパリ天文台の職員に仕事を分担して貰うことで、一九一九年まで Bureau を維持した。一九一九年にはＩＡＵが創立され、第一回総会は一九二二年ローマで開催された。

ＩＡＵの Commission 31 は「時」に関する科学的問題を取扱うが、とくに無線による報時の発信と受信の科学的技術的問題を取扱う。その Bureau としてのＢＩＨは以上の問題についての研究も行う。場所はパリ天文台構内にあるが、組織的には別である。一九二二年のＢＩＨに対するＩＡＵの支出は三万五千フランであった。(現在ＢＩＨに対する、パリ天文台の負担は全体の約九五％だそうである。他はＦＡＧＳ等から支払われている。)

さて現在でも基本的性格は変っていないが、実際の運用面では多少の変化がみられる。まず現在ではＩＡＵの Bureau という形ではなく、ＩＡＵとＩＵＧＧを母体とするＦＡＧＳに属する一つの事業である。

しかしこれだけなら比較的わかり易いが、実はＢＩＨには監督委員会というものがあり、これはＩＡＵ、ＩＵＧＧ以外にＵＲＳＩ、ＣＩＰＭ、ＣＣＩＲそれぞれの代表、およびＢＩＨの長で構成され

表 34 時に関連する国際機関一覧表

略称	名称	和訳	備考
BIH	Bureau International de l'Heure	国際報時局	時に関する事業，連絡，取まとめを行う．場所はパリ天文台内にあるが，組織は別．
BIPM	Bureau International des Poids et Mesures	国際度量衡局（度量衡万国中央局）	CIPM の事務局であり，度量衡に関する中央研究所の役割もはたす．
CCDS	Comité Consultatif pour la Définition de la Seconde	秒の定義諮問委員会	時間単位の定義およびそれに関連した事項を取扱う．
CCIR	Comité Consultatif International des Radiocommunications	国際無線通信諮問委員会	国際電気通信の技術的問題を取扱う．
CGPM	Conférence Générale des Poids et Mesures	度量衡総会	度量衡に関する，政府代表よりなる最高議決機関．3～4 年に一度開かれる．
CIPM	Comité International des Poids et Mesures	国際度量衡委員会（度量衡万国委員会）	上の執行機関で，学者よりなる国際委員会．
FAGS	Federation of Astronomical & Geophysical Services	天文学および地球物理学事業体	天文・地球物理学に関連する恒久的事業の連合体．ICSU に属する．
IAG	International Association of Geodesy	国際測地学協会	現在は測地学に関する学術団体．
IAU	International Astronomical Union (Commission 31, Time)	国際天文学連合（第 31 委員会，時）	天文学全般に関する国際学術団体．（時に関する学術的問題を取扱う）
ICSU	International Council of Scientific Unions	国際学術連合	各分野の学術団体の連合体．
IPMS	International Polar Motion Service	国際極運動事業	地球の極位置を決める．中央局は水沢緯度観測所内にある．
ITU	International Telecommunication Union	国際電気通信連合	国際電気通信に関する政府間連合．
IUGG	International Union of Geodesy & Geophysics	国際測地学地球物理学連合	地球物理学全般に関する学術団体で IAG を含む．
UNESC	United Nation's Economic & Social Council	国連経済社会理事会	直接政治以外の経済，産業，社会問題を取扱う．
UNESCO	UN's Educational, Scientific & Cultural Organization	ユネスコ	国連の機関で，教育・科学・文化を取扱う．
URSI	Union Radio-Scientifique Internationale	国際電波科学連合	電波科学全般に関する国際学術団体．

る。ＢＩＨがＣＩＰＭと関連をもっていることはすでに述べた（本節一項「秒の定義」二三二頁）のでわかると思う。またＣＣＩＲとの関連については本節四項（二三七頁）でもふれたが、それは無線通信による報時を相互に受信し合って、時刻の国際比較を行っていることによる。地球物理学とくに測地学との関連は地球上での経度との関連であることはもちろんである。

その他の国際機関　各科学連合はさらに集まってＩＣＳＵを作る。これはユネスコに属する専門機関である。ユネスコの上部機関である国連経済社会理事会にはユネスコ以外に、ＵＰＵ万国郵便連合や、ＷＨＯ世界保健機構、ＷＭＯ世界気象機構等と同じカテゴリーのものとしてＩＴＵ国際電気通信連合がある。これらでは業務的な仕事が主であり、政府間条約によって拘束されている。このＩＴＵの諮問委員会の一つにＣＣＩＲは位置している。

度量衡関係は、メートル法条約できめられており、国連とは別の次元のようである。こちらはしたがって個別的政府間の協定という形をとっている。

以上の関係をまとめたのが図92二四五頁である（表34二四七頁と併せて参照されたい）。なお国際機関にはそれに対応する国内機関（国内委員会）が存在する（そこで代表を派遣したり決議の国内的実行案を纏める）。

国際時刻比較　離れた地点間の時刻の比較がいかにむずかしいかを第三章（三節三項一三二頁）で述べた。それが、クロノメータの発明によって解決されたことも述べた。しかしこれは精度との競争の話であって、精度に対する要求が変れば状況は変ってくる。実際、一八、九世紀ではまた、各国がバラバラの経度原点を採用したこと、それが一九世紀の終りになって統一した経度原点をもつ気運になったことも述べた（本章三節二一三頁）。当時の時計比較は有線電信法によっている。精度として考えられるのは〇・一秒程度であろう。一八八八年から日本では標準時として東経一三五度の子午線での時刻を採ることになったが、実際はそこへ行って観測したのではなく、（旧）東京天文台（港区麻布台）で観測していたのである。その場合、東京天文台とグリニヂの経度差を知る必要があるが、グリニヂ時を有線電信で、シベリア回りとハワイ・グァム経由で知り、それを平均する。東京天文台での局所時を観測で求め、グリニヂ時との差（経度差または時差）を求める。幾度かの比較観測を総合して、その経度差を採用経度（本章二節一一項二〇九頁参照）とする。それ以後はこの採用経度を東京天文台できめた局所恒星時から差引くことでグリニヂ恒星時を求め、さらに計算からグリニヂ平均太陽時に換算する。それにさらに九時間足して、日本の標準時刻を決めていたのである。大事なことはこの時期には有線電信を用いることによって、時計運搬に伴う誤差を消去することができたことである。

無線報時　さて次が無線電信の応用である。無線は一九世紀の終りの一八九五年マルコーニ Guglielmo Marconi (1874–1937) によって発明された。最初のうちはあまり遠くまで使えるものではなかった。しかし少くともワイヤーレスで、すなわち同じ部屋の中で電線はつながっていなくとも、信号は通じたわけである。それが相互に離れていても利用できるようになり、船上とある固定局との間で通信ができるようになった。有線では天文台間の時計比較は可能であるが、船舶とは交信できない。船舶には時計をもって行かなければならないが、無線が発明されたことで、クロノメータの狂いの心配から解放されることになる。この無線が最初に報時に利用されるようになったのはアメリカにおいてである（一九〇五年）。正確な時刻を知らせる特別の目的の電波を標準電波という。これには時刻情報のみならず、周波数も標準を保っているという意味で周波数標準という。日本では現在郵政省電波研究所のコントロールで、電々公社名崎送信所（茨城県三和町、139°51′E, 36°11′N）から短波による標準電波（周波数 2.5, 5, 8, 10, 15 MHz, MHz＝10^6 Hz）が発射されている。呼出符号はＪＪＹ。これには秒信号、周波数標準のみならず、UT1−UTCの情報も〇・一秒の精度で発射されている。発射の精度の規制は時刻で10^{-4} s、周波数で10^{-11}である。しかし東京付近では伝播経路の不安定から受信精度で、ミリ・セコンド、10^{-3} s 程度のフラツキがあるようである。

一般に短波の場合、距離が長くなると、電波が直接伝わらず、一回または数回電離層および地表で反射する。そのことをうまく利用するわけである。しかしその場合問題がなくはない。良好な受信が得られるためには、電離層が静かなことが必要である。盥《たらい》の水には月が映っても海面には月が映らないのと同じである。またそれほどひどくなくても途中の状態が不安定であると、電波伝播時間が一定ではなくなる。したがって現在でもこの方法では一ミリ・セコンドくらいの比較しかできない。これを改善するために、電波研究所では放送衛星による報時（電波はＵＨＦ）を目下計画中である。

高精度比較

さて一九六〇年ごろまでは短波による国際比較が主流であったが、現在では高精度の比較のためにはむしろ長波が用いられている。その一つにロランC Loran-Cがある。これは元来、時刻情報を与えるというより、主局 master station、従局 slave station からの電波到達時間差を用いて、船舶の位置決めに用いるものであるが、発射の時刻がわかっていれば、固定点までの到達時間を仮定して、逆に受信地での時計比較に用いることができる。長波の場合、地上波（または海上波）で伝わるので、電離層の擾乱の影響は受けないという利点があり、精度は向上する。

日本を含む北西太平洋地（海）域では、硫黄島（141°19′30″E, 24°48′04″N）を主局とし、マーカス島、北海道、慶佐次《ゲサシ》（沖縄）、ヤップ島を従局とするネットワークがある。周波数は 100 kHz である。この受信精度は ±0.1 μs（μs=10^{-6}s）であるが、発射時刻そのもののバラツキが ±0.5 μs 程度はあるようである。

さらに高精度が必要の場合は人工衛星を用いる。現に欧米間では、ロランC以外にシンホニー人工衛星を中継とし、極超短波ＵＨＦ（またはギガ・ヘルツ帯という。GHz=10^9Hz）を用いた比較が恒常的に行われている（この場合、電離層で反射しない）。日米間では二、三の実験的比較は行われたが、定常的とまではいっていない。一方、現在開発中のものに、汎世界的衛星による位置決めシステム Global Positioning System（略してＧＰＳ）というものがあり、東京天文台ではこれを利用して、アメリカ海軍天文台と時刻同期の研究を目下計画中である。すなわちＵＨＦの電波で結ぼうとするもので、全世界的に ±0.05 μs 程度の同期が期待される。場合によっては ±0.01 μs 程度も可能になるかも知れない。しかし衛星による時刻比較でも電波を用いるので、厳密には途中の媒質の性質によるディスターバンスを受けるし、また送受信機内のおくれ等の問題があるので、一年に一、二度時計を運搬して直接比較をやる必要がある。それを flying clock〝翔んでいる〟時計と呼ぶ。飛行機で運ぶからである。その場合、客室のほうが電気の供給その他チェックが容易なので、商用飛行機の場合座席を一人分占領する。乗客名簿には Mr. Cesium Clock と登録される（Ms. のほうが〝翔んでいる〟という形容詞にふさわしいと思うのだが）。

それはともかく現在〇・〇一マイクロ秒（μs）の桁で世界的に時計比較が行われている。原子時の定義のところで述べたように、現在、世界中の時計を相互比較し、適当なウェイトを掛けて平均原子時をつくりそれをＴＡＩとしている（日本は残念ながらリンクが弱いので現在参加していない）。その材料集めや計算等はＢＩＨが行っている。ＴＡＩを示す時計が何処かに存在するのではなく、平均の操作を行って初めて実現化されるものである。その意味で paper clock と呼ぶ。すなわち紙の上で計算した時計である（もっとも現在では情報はコンピュータの中にあることは言うまでもない）。すなわち、どこそこの時計は（計算された平均）国際原子時とどのくらい違っているかという数値を公表するのである。

国際法と国内法

標準電波は、ＣＣＩＲの勧告によって、協定世界時にもとづいて発射されることになり、現に世界中のほとんどの標準電波はそれに従っていることを述べた（本節四項「新協定世界時」二三七頁）。しかしその場合、それが、国内法上の世界時（またはグリニチ平均時）そのものであるかどうかという法律的にややこしい問題が生じているのである。第一六回ＩＡＵ（一九七六年）では第四委員会（天体暦）と第三一委員会（時）はその決議1で

ＧＭＴとＵＴの使用を明確にすることを考慮して（consider）、

（a）ＧＭＴとＵＴは、法的・通信・常用的その他の用法で、最大精度が整数秒である場合はＵＴＣの意味で用いられることに注意し（notice）、 （b）GMTとUTは天文航法や陸地測量のための天体暦での独立引数としては、UT1の意味で引続き用いられることに注意し（notice）、

UTはその間の区別の必要のないときには、UT0、UT1、UT2、UTCの代りに用いてもよいことを認め（recognize）、

GMTは他の適当な名称にとりかえる必要性を強調し（urge）、

科学文献上、その区別が必要であるときはいつでも曖昧でないUT0、UT1、UT2、UTCを用いることを勧告する（recommend）。

と述べている。したがって科学的用法については問題がないが、一般の場合UTとは何かについてのnotice clause (a) の読み方が問題となる。すなわち法的……に整数秒の精度よりも高い精度の場合を考えるか考えないかが争われる。実際、英語でここは…in the sense of UTC for Statutory, communications, civil use and other purposes in which maximum precision of timing is integer seconds, となっており、in which の直前にコンマがないので、普通はここではより高精度の場合は考える必要がないと解されると思う。

各国の態度　これについてたとえばアメリカ合衆国の法制では、秒より高精度のことは法律のコントロール以外のことで、全く科学的技術的問題であるとする。したがってUTCの導入に伴って、わざわざ法定時 legal time の法律を改正する必要は認めないという態度である。イギリスもほぼ同じ。一八八〇年の法律が現在でも生きている。

これと全く対照的なのが西ドイツであって、時に関する法律を改正して（一九七八年七月二五日）、法

定時 gesetzliche Zeit は、グリニヂ平均太陽時の 1971 年 12 月 31 日 $23^h59^m59^s.96$ の瞬間が 1972 年 1 月 1 日 $0^h0^m0^s.00$ である協定世界時 koordinierte Weltzeit プラス 1 時間である云々、という表現をしている。なんでも法律に書かなければ気が済まないのであろう。

フランスはそれほどでなく、法定時 l'heure légale française が協定世界時 temps universel coordonné プラス整数時であると政令（Décret, n°78-855, 1978 年 8 月 9 日）に書いているが、その内容は国際報時局ＢＩＨによって確立 établir されたＵＴＣにもとづいて定義 définir される、という表現を採る。内容は研究機関であるＢＩＨにまかせるのである（それは実はフランス国内にあるが国際機関なのである。国際法と国内法のスリカエ？）。

日本はややアメリカに近い。すなわち、標準時に関する勅令（昭和十二年〔一九三七〕勅令第五二九号――これについては本章三節四項二二二頁参照）は改正していない。ただし、計量法は改正し（昭和四七年〔一九七二〕法律第二七号）時間単位としての〝原子秒〟を採用し、郵政省告示（最終改正は昭和五二年〔一九七七〕告示第八九〇号）でＣＣＩＲ勧告に従って発射する標準時の内容をくわしく規定している。この場合すでにのべたように勅令の中央標準時が法的には生きており、郵政省の告示の標準時とは別ものである。というか「中央標準時」と「標準時」の間には法的関係がない。

それはさておき法的処置は国内法の問題であり、国際会議での議決から自動的に結果が出てくるのではないということである。どういう構成にするのか（法律か、政令か……）、その表現をどうするのかは、われわれのような科学面での専門家だけでなく、法律家の意見をも徴しなければならないことは言うまでもない。その底には国民感情というか、文化的背景がものをいってくると思う。現在のままのバラバラの方式がいつまで続くかわからないし、早晩、高精度の時刻要求が日常生活に入りこんでくることは間違いなく、ある種の混乱が生ずることも避けられない。国際的に統一した解決法が存在すれば問題は少いかも知れないが、統一されなかったときを考えて、一体「日本よ、何処へ行くのか」と思うのは筆者の老爺(?)心だろうか。

第六章　未知の世界を求めて

——ad terram incognitam——

天文定数系の改定

一九七六年八月国際天文学連合はグルノーブル Grenoble で総会を開き、歳差定数、惑星の質量、時の尺度の改定を含む天文定数系の改定案を勧告した。この改定は一八九六年のパリ会議での天文定数に関する約束以来初めての根本的修正であり、その意義は大きい。目下この協定にもとづく天体暦の改定作業が国際的に進行中であり、予定としては一九八四年用の天体暦から採用されることになる。この作業には惑星・月の運動理論の全面的改正を含み、その結果きわめて広範囲な改定となることが期待されている。この場合、時の尺度・基本座標系の改定、惑星の質量の変更の外に、第四章二節で述べた月運動論の修正が最大の問題であり、精度よい暦を作ることに目下種々の結果の比較検討が行われている段階である。月の運動は古くて新しい問題であり、本書も最初から最後までこの問題が一つの軸になっていることに読者はお気付きのことと思う。月の運動は天文学のアルファであり、オメガである。

しかもその言葉は二重の意味を持つ。第一の意味はすでに述べた。第二は次の事情による。すなわち、月の運動は万有引力のような保存力だけでは説明できず、潮汐摩擦のような非保存力にもよっていることによる。その影響を正確に決めるためには、現在の観測だけでは間に合わず、現在からみると、その影響が逆に集積されている古代の観測も参考にしなければならないという事情がある。したがって、中国、バビロニア、エジプトを初めとする古代の日食等の記録が重要な因子となる。この意味で、古代記録は単なる歴史回顧のためのみの資料ではなく、現代的価値をも持っていると言いうる。すなわち月の運動は歴史を貫いているのである。まさに温故知新。

相対論的補正　天体力学の問題は月に限ったことではない。惑星の運動にも精度の向上に伴って、たとえば相対論的補正を厳密に導入されなければならない。このために単なる計算技術の問題だけでなく、実際の観測量が何であり、それをいかに計算に採り入れるかが重大な問題になりつつある。

一方、時刻観測（測定）は最近とみに精度を増してきたことはすでに見てきたことから明らかであり、第五章の中心課題であった。高精度の時刻が得られてくると、時刻とは何か、同期とは何かの原理的問題について、どうしても相対論の影響を考えなければならない時期にきている。相対性理論によれば、時間は他の座標とは無関係な座標ではなく、時空の一つの座標であるからである。

また、このことは天体の運動を記述する場合の時の尺度と地球上に置かれた原子時計の示す時の尺度との関係如何という問題に発展する（原子時計をおく位置で、その進み方が違うのである）。また一時、アインシュタイン Albert Einstein（1879–1955）の一般相対性理論に代って、ブランス・ディッケ Brans-Dicke の相対論が登場したが、現在再びアインシュタインの理論のほうが観測に適合するという見方が有力になってきている。しかし本当にそれでよいのかの最終的結着はまだついていない。こ

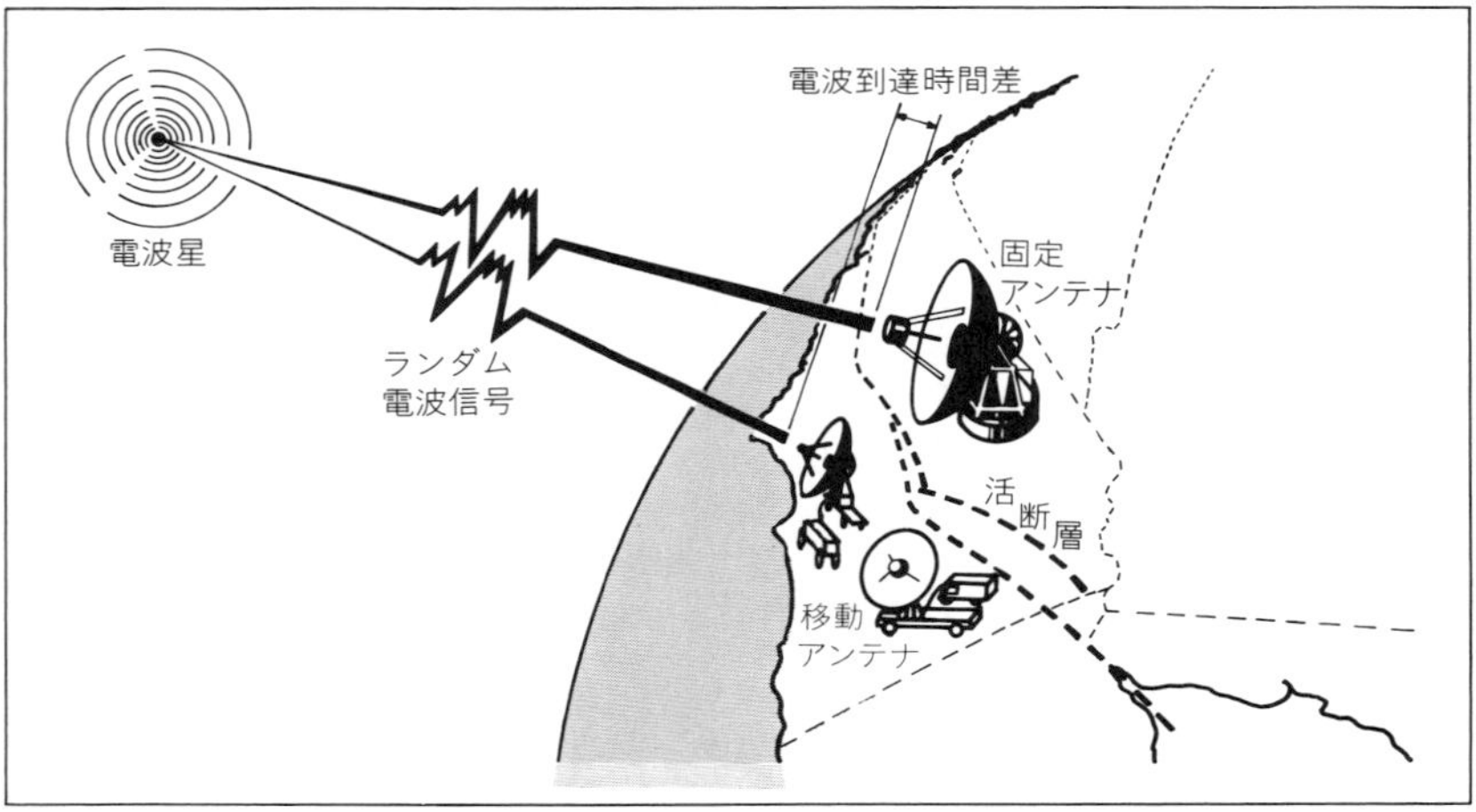

図 93　超基線干渉計 VLBI の原理図

カリフォルニアの活断層付近の地殻変動の VLBI 観測計画（ARIES），移動型アンテナで各地の変動を測定し，地震予知を行う．VLBI は，地殻の動きばかりでなく，地球全体の空間に対する運動も決定することができるので，今までの光学観測に加えて新しい観測データを提供することができると期待されている．

れは観測的に検証されなければならず、時刻測定の精度向上が実験的裏付けのための重要なファクターになることが期待されている。そのとき太陽系外の天体から発射される信号の地上での見え方の観測の解釈に、相対論的影響の厳密な検証が地道ながら実行されなければならない。その場合、四次元的時空の把握が必要であり、これは宇宙の時空構造とも直接つながってくる問題である。現在、相対論と量子論を結びつける統一場理論が盛んであるが、天文学の問題が、このような物理学上の問題の実験的基礎の一つとなり得るものであると筆者は思っている。

新技術の開発

一方、一九八三、八四年を目処《めど》に、地球回転パラメータを求める観測的新技術開発のキャンペーン International Collaboration in the Monitoring of Earth-Rotation and in the Intercomparison of the Techniques of Observation and Analysis（略してMERIT計

画）が進行しつつある。そのうちの一つに超基線干渉計 Very Long Baseline Interferometory（略してＶＬＢＩ）がある。これは今までの光学観測のかわりに電波により地球の向き orientation を観測しようとするものであり、それが実現されれば、今までの光学観測での一つのネックであった大気によるふらつき scintillation による限界が克服されるのではないかと思われている。電波に対しても空気中の屈折によるふらつきは絶対的には避けられないが、多周波数での観測による消去という方法に十分成算があれば、今までの精度より格段の精度向上が得られ、それによって地球回転パラメータがより詳しく求められるのではないかと期待される（目下、日本では電波研究所等でこの研究が進められている）。そのことにより、〝理論なき現象〟から脱却できるかも知れない。ただ惜しむらくは光学観測に較べかなり桁違いの費用がかかることである。しかし、この点は国際協力による分担によって、あるいは切り抜けることが可能かも知れない。

終章　本書の構成と書き残したこと

時と暦

ここでようやく「はしがき」に述べた問題に辿りついた。現在用いられている時刻はどのように定義されているのか。日本の時報の拠りどころとなっているのは協定世界時プラス九時間である。（現）協定世界時とは国際原子時――すなわち一九五八年一月一日〇《ゼロ》時世界時（正確にはUT2）で近似的に一致し、それ以後はセシウム（133）原子の発する基準放射の 9 192 631 770 周期である〝原子〟秒数でカウントした時系――から一九八一年七月一日より一九八二年六月末日（世界時で）までは二〇秒差引いたものである。二〇秒は閏秒の積算である。同年七月一日以後は二一秒。それ以後の閏秒の挿入時期は目下のところ未定である。

一方、暦日のほうは現在はグレゴリオ暦でカウントしたものであり、この暦は前四六年のユリウス暦の伝統を引きずって、各月の日数にかなりのバラツキが見られるが、紀元前九世紀ごろでは、四、七、一〇、一月の初日が、それぞれ春分、夏至、秋分、冬至の近く（一、二日の差は無視して）にあり、元来月の配置はそうなるように作ったものと推定される（現在のところその確証は知らないが）。グレゴリオによる改暦はあったけれども、それは紀元後四世紀のユリウス暦の状態に復することのみを考えたのであり、根本的改善にはなっていない。そういった暦をユリウス暦以来用いているので、季節と月の替り目が現在でもかなり（一〇日ばかり）残っている。

それはともかく、暦の基本になるのは月・太陽の運動理論である。これについては現在でも、現代の科学的要求に応えるだけ十分精密な天体暦はまだ完成していないのである。

暦という言葉をここでは三種類の意味に用いた。ひとつは本居宣長のいう自然暦で、これはその日その日の月相を見て〝何日くらい〟だと呼ぶときの「こよみ」である。第二が月や太陽の運動理論をあらかじめ知って、将来について日単位で朔望や春（秋）分、夏（冬）至が計算できるような「暦」。前者をここではひらがなで「こよみ」とし、後者を「暦」と書いた。後者にあたるヨーロッパ語は calendar である。これはラテン語の calendae に由来し、元来これは月の初日を宣言することから、初日そのものをさす言葉であった。すなわち各月の初日 calendae を宣言することは暦 calendarium を作ることを意味するのである。

第三の暦の意味は天体暦、航海暦という場合の暦であって、これは天体位置表（日本ではこの名称で海上保安庁水路部で編纂されている）である。天体の運動の様子を記述する天体力学の理論にもとづいて、精密な推算位置を計算して出版したものである。この意味での暦の英語は（astronomical）ephemeris, (nautical) almanac といい、他のヨーロッパ語でも大体同様である。ephemeris は Gr) ἐφημέριος < ἐπὶ ἡμέρα = on (a) day = daily に由来する。すなわち「その日、その日」という意味である。毎日毎日用ということである（因みに成虫になって数日しかもたないカゲロウのことを ephemera というのも同じ意味からである）。almanac はアラビア語経由であるが、その語義は必ずしも明らかでない。al は定冠詞であ

ることはわかっているが、manac はシリア語の「月」かも知れないという。いずれにしても月や太陽の運動が基本になっており、これが現代の天体力学そのものの起源になっていることには変りない。

以上が本書の結論である。そこに達するのに実にいろいろのことに触れなければならなかった。初めは別々の主題と思われることが、いつの間にか底でつながり、全体としての有機体を構成していることにお気付きと思う。それを解説するのに、まずは各節ごとに（場合によっては節のうちの項ごとに）、独立した主題としてわざわざ書いた。したがって、当面興味が持てない場合は、多少飛ばして読まれても、独立した話として理解できるように書いたつもりである。

しかし、これでもすべて関係ある話が書けたわけでもない。したがって、本書は全般的な教科書の形を採っていない。エピソードの集積である。ひとつひとつの内容についてまんべんなく知りたい方は、それぞれ別の教科書風の解説書を参照されたい。ことに筆者はいわゆる理論屋で、実験や観測のことについては弱い。それらについては他書を参照して戴きたい。実験や観測については、ここでは原理的なことしか触れられていないからである。一方ここで取り上げたものについては、類書に見当らないことも多いと思う。

多声音楽《ポリフォニー》　各トピックに重点をおいたため、各章や各節の変り目で時間が相前後していることが多い。これは交響曲の楽譜の各パートを並行して書くのではなく、各パートを別々に書いているようなものである。実際の事件の進行は、交響曲の各パートのごとく同時に、互いに十分関連をもってはいても、独立に並行していることはもちろんである。筆者はたとえばバッハのオルガン曲のような対位法的 contrapuntal 多声音楽 polyphony を聞くときになるべく、一つのパートだけを聞き、次回には別のパートだけを聴くように努力しているが、そういう聞き方をしていると、一つ一つのパートがそれぞれの自己発展を行いつつ、しかもそれが全体の関連において、すなわち調和 harmony のうちに進行して行くことを実感する。

これと全く同じことを、四章、五章を書いているうちに気がついた。そこでの主題はそれぞれが「時」をめぐって、ときには近づき、あるときは離れてゆく。これを完全に編年体式に書くことは可能であっても、理解することはかえってむずかしいと思われる。全体の時間的流れについては巻末の年表を参照されたい。また内容を科学の歴史に限ると、とかく平板的になり易く、理解度が深まらないと思われるので、科学・技術のみならず、産業の発達や政治的状況にも多少触れた。このことにより、立体的把握が可能になるのではないかと思っている。そのときに注意すべきことは種々の国民の考え方の相違が微妙に影響し合っていることである。たとえば標準時の問題がそうである。またここではくわしくは触れられなかったが、一六、七世紀のヨーロッパの歴史は実にいろいろの要素が錯綜している。

紀年法

さて交響曲の指揮者のように、各章節の時間的排列を厳密に規制しているのは、各事件の年次であり、紀年法としては、ここでは西暦を主として用いている。これは現在世界史を叙述する場合の枠組であるからである。もしこれが各国の君主の即位からの年次で表わされていたとしたなら、どんなことになるであろうか。統一的理解は到底できまい。時間的前後がピンとこないからである。実際このことが東洋において行われたのである。その場合もちろん統一的な尺度として、十干十二支というものが同時に用いられていた。けれどもそれは不幸にして六〇年（または六〇日）という短い周期であるため、六〇年（日）の整数倍だけは不定になり、それを前後関係からどう読むかは、それ自体一つの問題になってしまう。そのことについては、たとえば第一章一節二項「稲荷山鉄剣」（一一頁）で触れた通りである。

さて幸か不幸か、一五八二年の改暦は、カトリック側からなされたため、ヨーロッパで全般的採用にならず、かなりの長年月の後（ロシアでグレゴリオ暦が採用されたのは実に第一次大戦後の一九一九年のことである）で、その間に混乱が生じている。ことに第二章（四節六項九七頁）で述べた通りこの不統一の混乱を防ぐ目的で、ユリウス通日が考案されている。これはあらゆる歴史上の日付に一連番号を付けたものであり、正確を期するためには何年何月何日（何の暦でと指定しなければならない）という代りに△△△△△△日と言えばよく、しかも小数点以下で時刻も表わせるようになっている。すべて一次元的な時間軸に乗せれば、事件の前後は一目瞭然である。

INTERMEZZO——以下は元号問題に関して、筆者が関係した会議で実際あった話である——

「履歴を書く場合、昭和で書くのですか。それとも西暦ですか。」

「昭和で書きました。」

「でも論文のリストの場合、西暦のほうが便利でしょう。」(英語で論文を書く場合、昭和を使う人はいない)

「それはそうですね。」

「論文の出方との関係でいえば西暦のほうがいいこともありますね。」

「昭和と西暦の場合、その換算が割合覚えやすいから、どっちだってかまわないでしょう。(一九)二五引くか足せばいいのだから。」

「でも、それが大正・明治……となって行くと、いちいち覚えていられないから面倒ですよね。」

「両方書いておいたほうが便利ですよ。」

「それはそうだが、合っているか、まちがえているかいちいちチェックしなければならない。違っていたらどちらが正しいか悩むし、第一、事件によってどちらかで覚えているんで、どうも頭が混乱しますね。」


結論は両方書くことになったが、両方覚えるにしても、いちいち換算するにしても、随分不便なものである。これは国民の頭の訓練のためだといわれれば何とも反論できないが、頭の不経済であることだけはたしかである。そのことだけから見ても元号問題は何とかならないものかと筆者は思っている。

世界の調和

話をもとに戻すが、種々の音色をもって、相互にからみ合いつつ事件は進行する。これは一種の世界の調和であり、これはケプラーの追求した世界であった。実際彼は惑星の運動の遅速をその天体の奏でる音階になぞらえて、惑星の運動全体を一種の音楽であると見なした。これが彼の世界の調和の内容である。

しかし実際の研究の歴史はそんな調和に満ちたものではない。第三章一節（一〇二頁）でケプラーの評伝を書いてみて、つくづくその感を深くした。現実の世界は不協和音に満ちている！　そうであればこそ彼はイデアの世界が現実の天体の世界で実現しているのを見てとり、地球上では見出せないものを求め続けたのかも知れない。

しかし地上と天上が全く同じ法則に支配されていることを物理的に証明したのは他ならぬ近代の科学者たちであった。しかしそれは物理学や天文学だけの世界だったのだろうか。研究の実際生活の面ではやはり地上と天上は別々のものだったのか。……

ニュートンの場合

ここでは頁数の関係で触れることはできなかったが、ニュートンの場合でも、けっしてすっきりしてはいない。彼は造幣局長官へのお座敷が掛かると、しばらくしてそちらに移ってしまう。しかもそこで錬金術 alchemy（この語は化学 chemistry,（独）Chemie と同根であり、占星術と天文学の関係に似ている。序章三項四頁参照）に凝る。彼を近代科学の父とみる現代人からすると、彼が錬金術者になってもらいたくないし、止むを得ない場合でも「こともあろうに」という副詞が付いた表現をする。錬金術は科学ではないと初めからきめつけているからである。そして、彼を精神病扱いにして個人の責任から免れさせようとする。しかし『プリンキピア』Philosophiae naturalis principia mathematica, 1686—87 の執筆と錬金術の研究が併行していたことを考えれば、少くともジキルとハイド氏的な二重人格状態であるとしなければ辻褄が合わない（もっとも『プリンキピア』完成後は本当に精神分裂症になったと言われるが）。しかしどうもそういうことではないらしい。彼は真面目なのである。自分の金儲けのためばかりとはいえず、造幣局長官としての職責上、通貨安定のため、イギリスのため、金《キン》を作ろうとしたに違いない。そういった彼等錬金術者の努力で、結局鉛は残念ながら物理的・化学的操作では、金にならないことが後に結論される。歴史はときどきこのような迷路に迷い込むことが多い。そして現代からみると、それをひとつのエピソードとしてカッコに入れたくなるが、むしろ現実とはそちらの「エピソード」そのものなのである。現代のわれわれの努力が馬鹿馬鹿しいと後世の人に笑われない保証はどこにあるのだろうか。

東西文化比較

なお本書は東西文化の比較論にもなっている。第一章二、三節（二九頁以下）の明治期の問題は、第五章三節「標準時」（二一三頁）に対する日本の態度や、現代の法定時の問題（第五章四節一一、一二項二五二頁）にも影響をみせている。また異文化の接触という意味でオリエント（第二章二節六〇頁）とギリシアの問題（第二章一、二節五八および七三頁）にも触れたつもりである。もちろん天文学というほんの一面からみたひとつの試みに過ぎない。

輸入文化の摂取については、寛政期の西洋天文学の導入（たとえば高橋至時、一七六四―一八〇四）の問題があるが、紙面の都合で載せられなかった。幕府天文方（そこだけが幕府公認で外国文化に触れ得る所であった）のなかに設けられた蕃書取調所が結局明治期の帝国大学に、それが最後的に現在の東京大学に繋がって行くのである。この伝統は決して現在でも無くならない。大学とは学問輸入の機関であるのか。かつての大学の予備門課程であった旧制高等学校でやらなければならないことは、文科で哲学と語学、理科で数学と語学であった。あとは自分のやりたいことをやっていれば何とかなった。

表 35　東京大学の沿革

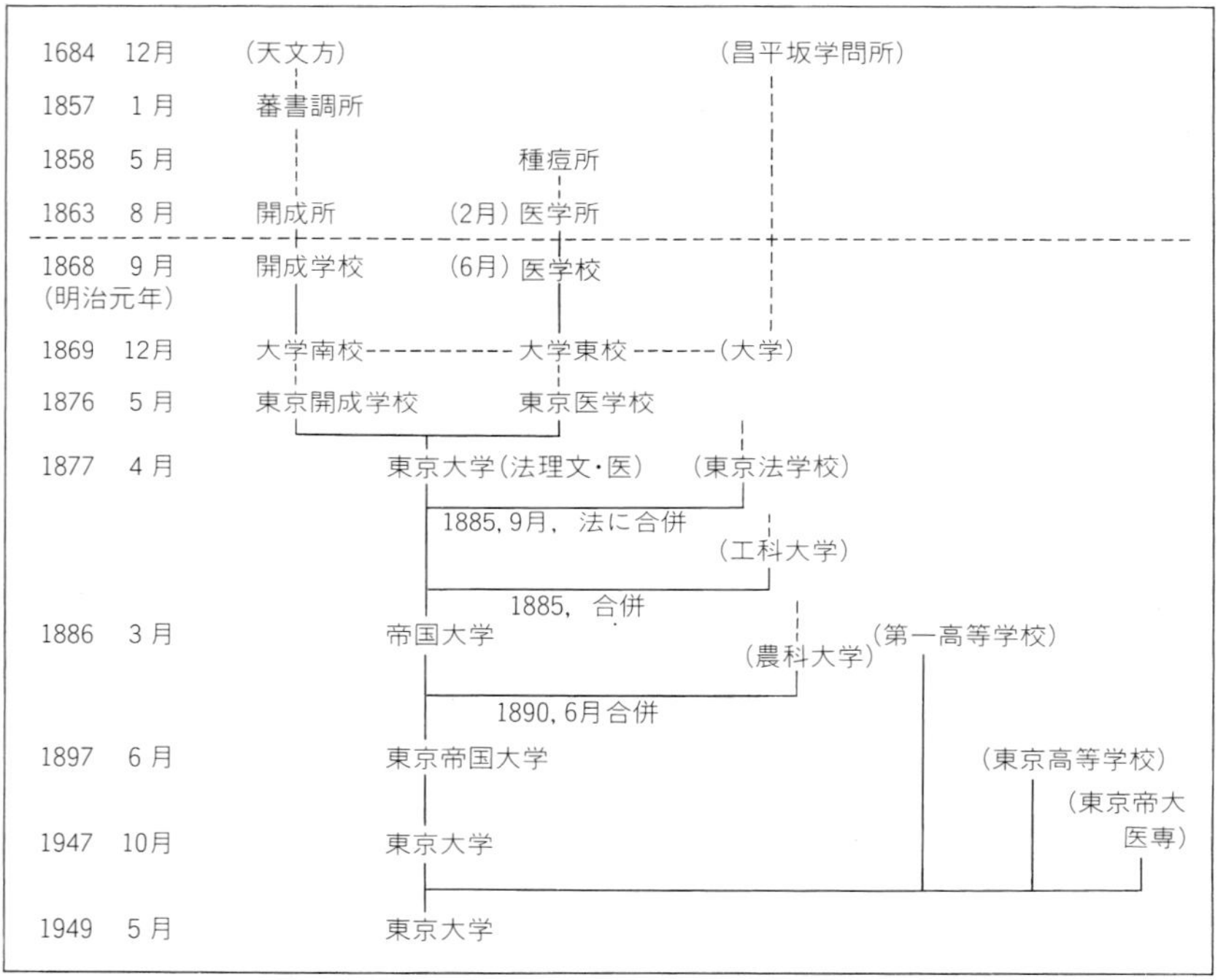

旧制高校の成績は大学の入試には無関係であったから。大学での勉強も結局は外国語教科書を読むことから始めなければならなかった。この点は現在では、専門にもよるが、いろいろ良い教科書が出ているので、少くとも学部段階では、日本語だけで済ませられるかも知れないが、大学院段階ではどうか。筆者の知る限り、天文学の世界では大学院程度の専門的教科書は日本語ではまだお目に掛かれないので、どうしても最低英語の本を読みこなす能力が要求される。

筆者の経験では、ゼミ等で専門的学術用語は英語で言い、テニヲハだけが日本語である先輩の会話は外国語のように全くチンプンカンプンであった。

現在では、しかし、輸入だけをしていてはもう間に合わず、こちらからも輸出しなければならない。幸か不幸か、現在では日本語のままでは外国人に理解して貰うわけにはゆかず、少くとも英語で論文を発表しなければ読んで貰えない。そういった現代の前段階としての明治期の行動様式の問題を提供することで、本書が日本人論に対する試論になっていないだろうか。

なお本書にはいわゆる「時間論」は含まれていない。これはアリストテレス、アウグスチヌス以来の哲学の重要な課題であり未解決の問題である。一方、東洋の仏教思想の根幹でもある。これについての筆者の考えはなくはないが、わざわざ触れなかった。ここでは「時」をどう科学的に把えるかということが主題となっている。しかしここでの問題が哲学における問題の一つの前提条件となっていると筆者は考える。それなくして「時間」は具体性がないからである。

位置天文学・天体力学

しかし何と言っても本書の中心は第四章以下の現在の位置天文学や天体力学の解説と、その史的背景の説明である。現代の天文学におけるこれらの地位は決して高くなく、また華々しい存在でもない。いわば地味な存在である。音楽にたとえればベース（バス）のようなものである。しかし基礎は基礎として、天文学の他の分野や、他の学問にも重要な足場を提供しているものと思っている。それはちょうど臨床医学に対する基礎医学のようなものである。もっと類似《アナロジー》を言わせて貰うなら、位置天文学は解剖学であり、天体力学は生理学である。

あとがき

誰でも時計を身につけていることからもわかるように「時」は人間の生活に密着している。また何かの行事の予定を考えるのにもカレンダーをめくることからもわかるように、われわれの生活は「暦」に縛られている。しかし人々は現在の暦法・時法の仕組《システム》を理解しているわけでもなく、そこに含まれている「必然」と「約束」の境界についての知識があるわけでもあるまい。それらの仕組は長い長い歴史の所産であり、一方、天文学を初めとする科学・技術に裏打ちされたことなのであるが、他方、約束も同時に存在している。

本書の目的は、そういった観点から、日常何気なく使われている事柄の解明や、その歴史的背景・科学的意味の説明をすることにある。そのためには科学的内容以外に歴史発展をも考慮しなければならなかった。私は現代科学の一つである天文学を専攻している者であって、けっして「歴史家」ではない。しかし敢えてこのことに手を着けたのは、天文学のこの分野が如何に多く歴史的制約を被っているかを感じているからに外ならない。

しかし、そのことは言うは易く行うは難い。それは理科的学問と文科的学問との乖離《かいり》という問題にぶつかるからである。これはスノー (Baron) Charles Percy Snow (1905–80) の『二つの文化』の問題であり、世界史的課題であって、個人の能力の限界を越えている。その接点の一つに「科学史」という分野があるが、これとてそれ自体一つの専門の学問分野をなしているのであって、専門外の人が容易には近づけるものではない。

しかし「科学・技術」史と「一般」歴史との相互作用という古くて新しい問題に対して、科学の現場からの発言が、何らかの意味を持っているとして、本書を書くことにした。それゆえ、これが成功しているかどうかはもちろん読者諸賢の批判に俟たなければならない。

もう一つ触れなければならないことは案外「時と暦」には法律問題が絡むことである。それはこの問題が科学上の問題だけでなく、一般の生活と密接に結びついているからである。しかし一般に法律問題は素人にはわかりにくいのであって、本書で触れた筆者の解釈が見当違いでないことを願うが、読者の御批判を乞うものである。「生兵法、大怪我のもと」にならないことを祈るばかりである。

それはともかく、本書は全く偶然の機会から生れた。東京大学の一般教育総合科目の講座で筆者が、たまたま「時間測定の歴史」なる講義をし、それが村上陽一郎編『時間と人間』(東京大学出版会、一九八一)の一部に入れられたことがその発端となっている。その講義の原稿を整理している段階で、初めに述べたような観点から、もっと長いものを書いてみたいという欲望が湧いてきた。しかしこのような試みを快く引受けてくださり、面倒な組版も採用してくださった東京大学出版会の小池美樹彦氏の御助力と御励ましがなければ、本書はけっして生れなかった。その意味で本書は著者と同氏との二人三脚であることを付け加えさせて戴く。

なお、本書が多方面の分野に関係しているため実にいろいろの方からの多くの御援助を戴くことになった。これらの人々の御努力無しには、また本書は生れなかったと思っている。それらの方々の御名前を次に挙げて感謝のしるしとしたい。

石田五郎（一般天文学）、伊藤節子（暦法史）、泉　治典（古代・中世哲学史）、内田正男（暦法史）、岡崎清市（天文時）、小林　昇（経済史）、庄司和民（運送工学）、相馬　充（位置天文学）、中井　宏（暦計算）、中嶋浩一（天文時）、藤本真克（相対論）、藤原　清（天文時）、溝原光夫（暦計算）、村上陽一郎（科学史）、藪内　清（天文学史、科学技術史）。

なお資料蒐集、原稿整理、図版作製等に御協力戴いた東京天文台、石崎秀晴、加藤　正、新美幸夫、八百洋子の各氏にも感謝の意を表したい。

最後に個人的な感想を述べさせて戴きたい。筆者の手元に、平山清次著『暦法及時法』（恒星社発行、昭和十八年再版〔初版年は昭和八年〕）という書物がある。この本の著者は筆者の先生の先生にあたられる方であるが、この本が出版されてからすでに約四〇年が経過している。今その目次だけを挙げる。

太陽暦／太陰暦／支那暦とギリシャ暦／フランス共和暦／暦法改良案の分類及び評論／世界暦／週について／ロシヤの週制／日本に行われた時刻法／月と時／常用時の改良に就て／夏時法の現在／二十四時通算法の可否／時の話／附録、命数法の可否／尺貫法を保存せよ／度量衡と暦の改正。

主題が全く同じなので、本書と共通した話題が多い。しかし内容を見較べて戴けばわかることであるが、随分と変っている点も多い。「暦法・時法」というあまり変化のない問題と思われることでも、四〇年の歳月は徐々にその内容を変化させてきたのであることを知って戴きたい。当時問題となっていたことで、未だに解決のつかない問題ももちろんあるが、一方全く新しい局面が開けてきたことも事実である。その一つに時計の精度がある。歴史とは徐々に、しかし時として急速に変化するものであることが、この二つの書物を見較べて戴くことによって理解されると思う（アダージオもあれば、プレストもある）。それが案外歴史というものの面白さかも知れない。

付記

旧版以後の主な変更をここにまとめて書くことにする。

一九八八年七月一日より東京天文台と緯度観測所は合体して、文部省所轄の国立大学共同利用機関の一つである国立天文台に改組した。したがって本書に誌されている「東京天文台」と「緯度観測所」はすべて「国立天文台」と読み替える必要がある。

一方、国際的にはＢＩＨ（国際報時局）は二つに分かれ、一九八八年一月一日より、原子時関係はＢＩＰＭ（国際度量衡局）の下部組織に、天文時関係は地球回転観測を含めて、ＩＥＲＳ（International Earth Rotation Service）——訳して国際地球回転観測事業——となりＦＡＧＳ（天文学・地球物理学事業連合）に属することになった。前者は天文学・地球物理学に専属するというより、もっと広く、物理測定全般の基礎に属するからという考慮からである。後者に関していえば、ＶＬＢＩ（超長基線干渉計）が地球回転の測定に実用化され、それを含めて種々の方法によって統一的に地球回転を測定することになった。因みに言えば、ＶＬＢＩのための基準となる電波源の位置（ここでは距離は考えず、方向のみ）は一万分の一秒程度におさえられ、それに伴って、各瞬間での地球のむき（方向）が一万分の数秒（角度の）まで求められることになった。

日常生活に関係深いものとしては、ＧＰＳ（衛星による汎世界的位置決めシステム）の実用化であろう。二十四個の人工衛星によるシステムが稼働し、常時最低四個が観測されることにより、数十メートルの精度で、いつでも、世界的に経度・緯度・高さが測定出来るようになった。それを応用して、いわゆるカーナビ（Car Navigation ——これは車を目的地まで自由に誘導させることが出来ることを意味する）の装置で、数千円の値段で装備され得るまでになった。予め組み込んだ地図と組み合せれば、今どこの道路を通っているのかがわかり、目的地までの道順まで判断出来るようになったわけである。

二〇〇〇年八月

著者

解題

福島登志夫

『時と暦』は基本天文学の碩学、青木信仰先生の名著である。

名著である第一の理由は、「我々が普段使っている時間や暦の仕組みは、どうやって決まっているのか。なぜ、そうなっているのか。誰が、そう決めたのか」などという、普通の人が素朴に発する質問に対して真正面から取り組んでいることである。子供に物事を教えたり、授業や講義をした経験がある人なら誰でも痛感することだが、一見簡単そうに見える素朴な疑問に答えることが、実は一番難しい。本を書く場合もそうであって、学術論文や難解な専門書を著すことは、内容を準備することはともかく、その道のプロならば執筆自体はたやすい。が、誰にでも理解してもらえる本を書くとなると、たとえ素材がすべて与えられていたとしても、途端に難行苦行と化してしまう。

本書のテーマは、平たく言えば時間の測定と天体の運行であるから、すこぶる理科的である。にもかかわらず、本書には数式がほとんど出てこないし、そもそも、縦書きの本である。これでは、このような難解なテーマについてわかりやすい解説を書けというのが、そもそも無理な話で、そうやって出来上がった本が売れるはずもない。にもかかわらず、バリバリの理科系の先生が書いたはずなのに、本は刷を重ねUPコレクションに加えられるまでに至った。このように本書が一般読者に支持されてきた事実こそ、青木先生がチャレンジングなテーマに果敢に挑まれた成果の証左であろう。

第二の理由は、本書のスタイルが真の意味で総合科学的である、つまり理科系、文科系のどちらにも偏らずに内容が選択され記述されている点である。これはテーマの性質上、自然なことであって、時間や暦のシステム化は日常生活に多大な影響を与えるため、古来、君主や教会、政府などの権力者の権威を表す道具として用いられてきたからである。つまり、対象そのものの研究は自然科学に属するが、その結果に基づく制度化は社会科学の問題であり、その余波は歴史、文学、風俗学など広く文化一般に及ぶ、という具合である。歴史上、権威者の交代に伴い、暦の制度が大きく変更された事例は、洋の東西を問わず枚挙にいとまがない。現代でも、経済高揚のために夏時間を導入するとか、標準時を変更するとかの議論がかまびすしい。

かくのごとく、総合的であるテーマに関して本を著すというのは、並大抵の技量・知識ではとうていおぼつかず、青木先生のように博学で文理双方に造詣が深い学者でないと、単独ではとてもなし得ない事業である。事実、東京大学は総合大学である利点を生かして、学内の多分野の学者を集めて公開講座を開催してきているが、一九九九年春には「こよみ」がテーマとして取り上げられた。公開講座のテーマに採択されること自体が総合科学的であることの証明であり、また人々の関心が高い題目であるという事実を裏付ける。もちろん、この公開講座の内容は東京大学出版会から刊行されてはいるが、どうしても複数著者となると個別事項の寄せ集めとならざるを得ず、全体像を把握することは難しい。ここは、やはり単独著者による統一的な記述が望まれるところである。

第三の理由は、本書の内容が古典化している、すなわち記述が正確であり、刊行後三十年以上過ぎた現在でも、ほとんど陳腐化していない点である。もちろん、科学技術の進展に伴い、本書の出版以後、時間の計測手法や惑星の運動理論などでいくつかの進展はあるものの、自然科学の範疇においても、一九一五年のアインシュタインの一般相対性理論による時間概念の大変革以降、本質的な変更は少ない。ましてや、社会学や文化面においては、時間や暦に関する数千年の歴史的変革に比すれば、高々三十年程度の時間経過はとるにたりず、その意味で、本書の記述は太鼓判が押せる内容となっている。実際、時刻系や暦に関する現行制度は、本書の刊行当時から何の変化もなく、せいぜい、閏秒《うるう》の挿入の是非が一部で議論され続けているぐらいである。

とまあ、ここまでは一般読者のための格式ばった推薦理由であるが、私個人の好みから言えば、本書を推す一番の理由は、何と言っても開陳されるウンチクの数々にあり、なるほど実はそうだったのか、と合点する読後の充実感が極めて高い点である。一例をあげれば、建国記念日が二月一一日となった背景について、明治初期の太陽暦への変更の際に、当時採用されていた神武天皇即位紀元記念日（いわゆる紀元節）の日付を、旧暦（天保暦）の正月一日から、天文年代学で多用されるユリウス暦でなく現行のグレゴリオ暦で逆算した日付だからであると解説している。ここまでなら並のウンチクであるが、そのあと、「もしユリウス暦で逆算すると日付は過去のある年の二月一八日となるが、このほうがより適切である証拠として、その年の二月一八日の干支が、伝承されている即位日の干支である庚申《かのえさる》と一致する」と数学的に種明かしまでされてしまうと、ほとほと感心するばかりである。

これは、類書にみられない本書の特徴の最たるもので、ウンチクに類する部分の記述は、文中にやや小さいフォントや脚注の形で、それこそあちらこちらに散在している。加えて、外国の人名や主要な専門用語はすべて（単なる英語訳ではない）原語が明記されている、という凝りようが、たまらなく楽しい。本を読む楽しみにはいくつかあろうが、思わぬ知識（役に立つかどうかはさておき）を発掘できる本書は、繰り返し読むにふさわしい「名著」である。


本書を読まれる前に、まず「解題」の部分から読まれる読者も多いと思われるので、具体的に内容を概観してみよう。目次を列挙すると、序章として「月と時」、本体が「新技術と文明開化」、「太陰暦と太陽暦」、「近代天文学の成立」、「単位と天体暦」、「時の測定と管理」、「未知の世界を求めて」、終章として「本書の構成と書き残したこと」となっている。こうやって並べてみるとよくわかるが、本書は小説にたとえると、長編小説ではなく中編小説集となっている。つまり、各章（場合によっては章内の各節も）はかなり独立しており、別々に読んでも大丈夫である。個々の内容は、時間別あるいはテーマ別に並んでいるため、本書は、一気に通読するよりも、むしろ合間合間に拾い読みしたほうが理解が深まるタイプの書籍である。

序章の「月と時」では、月の満ち欠けを例にとり、天体現象が一般的時計として利用されてきたこと、しかし天体の運動は完全に規則的でないことから閏月の挿入時期などの難問が発生し、結果として数多ある暦法が生み出されてきたこと、関連して（一瞬、一瞬の瞬間を表す）時刻と、（ある時刻から次の時刻までに間の時間間隔を示す）時間との違いなど、本書の内容が概括される。ここでも冒頭から、「つき」と「とき」は語源が近いとか、英語のtime（時間）とtide（潮汐）は同根であるなど、ウンチクの連続で著者の博学ぶりがうかがわれる。

本論では、まず第一章で、日本で暦や時刻制度がどのようにして中国から渡来し変遷してきたかについて解説が加えられている。中でも神武天皇紀元の設定法は、昔から論争になっている難問であるが、著者なりの解答が用意されている。このほか、明治新政府になった直後の太陽暦への暦騒動のドタバタが詳しく述べられている。余録として午後一二時三〇分は正しい表現かなど、ふだん不思議に思っているが誰も正確に答えられない暦の疑問への解答も満載である。

次に、第二章では、うって変わって舞台は日本から世界へと移り、時代も紀元前三〇世紀の古代バビロニアにまでさかのぼる。一年と一か月の長さの比が一二・三八……と中途半端であることが、太陽と月（＝太陰）の明るい二天体を時刻システムの道具として利用しようとする古代文明にとっての悩みのタネであった。これを解決しようとする努力が太陽暦と太陰暦の二種類の暦法を生み出し、最終的には現行のグレゴリオ暦にまでたどり着いてきたという歴史の舞台裏が、微にいり細をうがって述べられている。ちなみに、明治の改暦以前に使われていた、いわゆる旧暦は太陰太陽暦という両者の折衷である。

さて、第三章では、ぐっと趣を変えて、暦の根拠となる天体（特に日月惑星）の運動に焦点があてられる。ティホ・ブラーエ（注：英語読みのティコではなく原語発音表記となっている）の詳細な天体観測に始まり、ケプラー、ニュートンと続く惑星の運動法則の探求から、天体観測とポータブル精密時計による大海原上での船の位置決定法の確立までの近代科学技術史がひもとかれる。ここでも日本語の赤経・赤緯が、なぜ英語だと right ascension（垂直上昇）と declination（離脱）と各々表記されるかの謎解きなど話のネタに困らない。

第四章は、前章を承継して、年月日の長さに具体的に焦点をあてながら、天体運動の研究の推移に伴い、長い時間の基本単位の概念がどのように変化していったかが解説される。年月日は太陽や月、地球の運動周期として定義されるが、他の惑星の影響などのために、周期が完全に一定不変というわけにはいかない。要求精度が向上するにつれて、昔は正しいとされた定義にほころびが見え、新しい定義に変更するのだが、それもまた観測技術の発展に伴い使用に耐えなくなる。これらの諸事情が年月日の定義を複雑にしているため、門外漢には混乱の原因となっている。海王星の予言で一躍有名になったアダムスが、月の運動の論争では自説の正しさが立証されるのを見ずに失意のうちに死去するなど、ここでもエピソードには事欠かない。

さらに、第五章では、時分秒など短い時間の基本単位に関連して、人工的な時計の精度向上のために人類が行った悪戦苦闘の数々が述べられている。第二次世界大戦後、量子力学の原理に基づく原子時計が登場するに至って、時間の基本単位は天文現象に基づく「日」からセシウム原子時計で定義される「秒」に主役交代となった。青木先生の博覧強記は大変なもので、一八八四年の国際子午線会議の日本政府代表に菊池東大理学部長が派遣されるくだりは、明治新政府の切実な国際化願望がうかがえて誠に興味深い。また、同会議の第七決議には「角度・時間は十進法表記にすべし」といういまだ完全不実行となっている勧告が含まれていた事実を聞かされると、国際会議の結論もそんなものかと、妙に感心させられてしまう。

なお、原子時計の精度向上は現在でも続いており、最新技術では相対精度一六ケタ以上というとんでもない高精度が達成されつつある。これらの諸事情については、後述の参考書を参照されたい。

第六章は、一九八〇年当時の話題であった一般相対性理論に基づく天体暦改訂と超長基線電波干渉計などの高精度観測装置の台頭が短く述べられている。本書刊行後の約三〇年間において、この分野の発展は理論・観測双方とも著しい。最新の知見に関しては、参考文献としてあげた中の『天体の位置と運動』が適当かと思われる。ただし、同書は教科書として執筆されたため紋切り型であり、ウンチクは一切含まれてないことをお断りせざるを得ない。

終章には、本書が、なぜこのような中編小説集スタイルの構成となったのか、またその背後に隠された著者の意図は何か、などが開陳されている。あとがきに書かれた本書執筆の背景と合わせ読むと、エピソード満載の語り口も功を奏してか、青木先生の意図は成功したと言わざるを得ない。それにつけても、よくまあ、これだけのウンチクを一体どこからかき集めてきたのかと感心してしまうほどの博学ぶりである。

最後に、読者の理解の一助あるいは一層の興味の深化に応えればと思い、関連する書籍を何冊か紹介することにしよう。ただ、毎年刊行される『理科年表』や、近年、刊行あるいは復刊された書籍以外は、ほとんどすべて絶版となっているので、古書市場か図書館で探していただくほかにアクセスする方法がない点が、実に残念なことではある。

まず、日本の正式な暦は国立天文台が編集刊行している暦象年表である。暦象年表自体は市販されていないが、ネットワークでアクセス可能である。

http://eco.mtk.nao.ac.jp/koyomi/cande/

同じWEBサイトに解説用語集も用意されている。

一方、印刷され市販されている通常の書籍という意味でいえば、『理科年表』がある。

『理科年表』国立天文台編、丸善出版、毎年刊行

実際、『理科年表』中の暦部は暦象年表の簡易版となっているほか、協定世界時と国際原子時の差の秒数のデータなど時刻システムに関係する諸データも網羅されている。

ただ、『理科年表』は入手しやすい反面、どちらかといえば教員・理系技術者などプロ向けなので、理解しやすさからいえば、そのジュニア版が、中高生向けと謳われている分だけ、わかりやすいかもしれない。

『理科年表ジュニア』理科年表ジュニア編集委員会、丸善出版、二〇〇一

いずれにしろ、『理科年表』自体はデータの羅列が多く記述が少ないので、用語や内容を理解するに

は別の解説書が必要となる。容易に理解できるレベルとなると『よくわかる宇宙と地球のすがた』国立天文台編、丸善出版、二〇一〇が、お薦めである。これでは物足りないという猛者には、『こよみ便利帳』暦計算研究会編、恒星社厚生閣、一九八三は、いかがであろうか。内容が一般相対性理論の導入以前で、また数学的に過ぎるきらいはあるが、どのようにして暦が計算されるかを詳しく理解するにはうってつけである。

また、刊行年はやや古いが、暦関係の話題に特化した解説書として『こよみと天文・今昔』内田正男著、丸善、一九八一は貴重である。一方、暦や時間以外の話題も含まれてしまうが、『理科年表Q&A』理科年表Q&A編集委員会、丸善出版、二〇〇三も、「日の出の厳密な定義は何か」など、よくある質問への解答集として重宝する。

なお、一般人向けでコンパクトにまとまっている記述としては『人類の住む宇宙』シリーズ現代の天文学一、岡村定矩ほか編、日本評論社、二〇〇六の第六章が適切である。さらに類似のテーマに関する読み物として一押しなのが『ニュートンの時計』アイバース・ピーターソン著、野本陽代訳、日経サイエンス社、一九九五である。これは、本書の第三章、第四章に関連する内容が、小テーマごとに時間順に並べられている。大河小説風なので、少し分厚いけれども一気に通読することが容易である。

暦と時間に関してオムニバス的にまとめられた書籍では、公開講座の集録、雑誌の連載あるいは特集の再編集という形をとるものが多く、

『暦』広瀬秀雄編、ダイヤモンド社、一九七四

『こよみ』東京大学公開講座七〇、東京大学出版会、一九九九

『時間論の諸パラダイム』別冊・数理科学、サイエンス社、二〇〇四

『相対性理論とタイムトラベル』ニュートン別冊、ニュートン、二〇一一

などがある。取り上げられたトピックスには難解なものも含まれているが、概して重複は少ない。また、時や暦は古く昔から議論されてきた対象であるため、刊行年が古いからといって内容が古いことを必ずしも意味しないことに留意されたい。

暦や時間の自然科学的側面では、位置天文学・天体力学などを含む基本天文学、ニュートン力学・一般相対性理論などの古典物理学、量子力学・統計力学などの現代物理学が総動員される。中でも中心となる基本天文学に関した本格的な教科書としては

『天体の位置と運動』シリーズ現代の天文学一三、福島登志夫編、日本評論社、二〇〇九

が挙げられる。また、時間測定に関する技術的な詳細は

『周波数と時間』吉村和幸ほか著、電子情報通信学会、一九八九

に詳しい。いずれも数式や図表・グラフはふんだんに出てくるので、理科系でない読者が読了するには、それなりの覚悟が必要であろう。

最後に、専門的になり過ぎるきらいはあるが、暦や時間の文化的側面を詳しく知るために
『日本の時刻制度（増補版）』橋本万平著、塙書房、二〇〇二
『アジアの暦』岡田芳朗著、大修館書店、二〇〇二
『暦入門』渡邊敏夫著、雄山閣、二〇一二
は欠かせない情報源である。

（ふくしまとしお・国立天文台教授）

「UPコレクション」刊行にあたって

学問の最先端における変化のスピードは、現代においてさらに増すばかりです。日進月歩（あるいはそれ以上）のイメージが強い物理学や化学などの自然科学だけでなく、社会科学、人文科学に至るまで、次々と新たな知見が生み出され、数か月後にはそれまでとは違う地平が広がっていることもめずらしくありません。

その一方で、学問には変わらないものも確実に存在します。それは過去の人間が積み重ねてきた膨大な地層ともいうべきもの、「古典」という姿で私たちの前に現れる成果です。

日々、めまぐるしく情報が流通するなかで、なぜ人びとは古典を大切にするのか。それは、この変わらないものが、新たに変わるためのヒントをつねに提供し、まだ見ぬ世界へ私たちを誘ってくれるからではないでしょうか。このダイナミズムは、学問の場でもっとも顕著にみられるものだと思います。

このたび東京大学出版会は、「UPコレクション」と題し、学問の場から、新たなものの見方・考え方を呼び起こしてくれる、古典としての評価の高い著作を新装復刊いたします。

「UPコレクション」の一冊一冊が、読者の皆さまにとって、学問への導きの書となり、また、これまで当然のこととしていた世界への認識を揺さぶるものになるでしょう。そうした刺激的な書物を生み出しつづけること、それが大学出版の役割だと考えています。

一般財団法人　東京大学出版会

著者略歴

青木信仰（あおき・しんこう）

1927年　東京に生れる

1952年　東京大学理学部天文学科卒業

1970年　東京大学東京天文台教授

2011年　逝去

　　　　東京大学名誉教授

新装版　時と暦　　　　　UPコレクション

1982年9月20日　初　版第1刷

2013年9月22日　新装版第1刷

［検印廃止］

著　者　青木信仰《あおきしんこう》

発行所　一般財団法人　東京大学出版会

代表者　渡辺　浩

113-8654 東京都文京区本郷7-3-1 東大構内

電話 03-3811-8814　FAX 03-3812-6958

振替 00160-6-59964

印刷所　株式会社三秀舎

製本所　誠製本株式会社

ISBN 978-4-13-006515-3　Printed in Japan

事項索引

日本語の次にあるGはドイツ語，Fはフランス語，Iはイタリア語，
Sはスペイン語，Lはラテン語，Gr はギリシア語，無印は英語.
→は参照のこと.

ア　行

アストロロジー　→占星術
アルマゲスト，Almagest, (Gr) *μαθεματικῆ σύνταξις* (数学的集成) 121, 148
位置，position, place　139, 190, 250
——観測，position observation 225
——予報(想)，prediction of position　2, 4, 147, 170
視——，apparent place　122
平均——，mean——　123, 124
緯度，latitude (geographic ——), (G) Breite　122, 124, 137, 196, 199, 203
——観測所，International Latitude Observatory at Mizusawa (ILOM)　200, 240
——変化，latitude variation 199, 201
採用——，adopted——　203
うるう　→閏(じゅん)
閏秒 (うるうびょう)，leap second (→秒)　231, 240, 242, 243, 260
運動，(→月の運動，→太陽，→惑星)　139, 140, 147, 148　→固有——，→等速円——，→等面積——，→軌道——
——の方程式，equations of motion　129, 144
永年加速　→長年加速
干支(えと)　→干支(かんし)
エネルギー，energy　181, 184, 186
エパクト，epact　70, 73
エピサイクル，epicycle　87
遠日点，aphelion，<(Gr) *ἀπό* (はなれて) + *ἥλιος* (太陽)　157, 158
鉛直線，plumb line, vertical　119, 124, 197, 199
エンピリカル，empirical　(→経験項)　73, 129
黄道(おうどう)　→黄道(こうどう)
オフセット，offset　236
重み，weight　206
陰陽頭　29
陰陽寮　27

カ　行

回帰年　→太陽年
回教暦　→暦(こよみ)
改元　29, 41
会合周期，synodic period，<(Gr) *σύνοδος, περὶ ὅδος*　139

海上での位置，position on the sea (→船位) 132
海里，nautical mile 132, 134
改暦，reformation of calendar
ユリウス—— 75, 78, 81
グレゴリオ—— 77, 97
明治6年—— 30, 32, 77
世界暦—— 100
学用報時，(JJC) 49
下弦の月，Last Quarter 1
火星，Mars 103, 104, 113, 139, 140, 141
下方通過，lower culmination 124
カリポス周期，Callippic cycle 59
干支(十干十二支) 15, 20, 24
慣習法，customary law，(L) lex non scripta 35, 175
幾何学，geometry，<(Gr) γῆ + μετρέω 107, 223
紀元，Era
Japanese—— →神武天皇即位紀元，Christian—— →西暦
——後，～A. D. ((L) Anno Domini) 40, 95
——節 23
——前，～B. C. (before Christ), (G) v. Chr. (vor Christ) 40, 95
基準，reference (→準拠) 121, 194, 199, 206, 208, 209, 244
基数，cardinal number 39, 42
季節，season, (G) Jahreszeit 3, 52, 75, 80, 82, 156
——的変化，seasonal variation 209, 237
軌道，orbit (→惑星，月，太陽) 170
——運動，orbital motion 152, 153, 160
——傾斜角，inclination 158
——速度，orbital velocity 87, 112
——半径，——radius 109
——面，——plane 122, 158
基本星表(第5次)，Fifth Fundamental Catalog (FK5), (G) Fünfter Fundamentalkatalog 194
紀年法，calendar reckoning 40, 263
球，sphere, orb, globe, (L) sphaera, (Gr) σφαῖρα 109, 113
——面座標，spherical coordinates 122, 191
旧暦 →暦(こよみ)
教会暦，Ecclesiastical Calendars 59, 168
仰角 →高度
協定世界時 →世界時
極，pole
天の——，celestial pole 119, 194, 201
地球の——，pole 199, 201
——運動，polar motion 199, 203, 209
局所時，local time 84, 125, 136, 168, 209, 213, 249
距離，distance 112, 138, 144, 172
平均——，mean—— 145

均時差, equation of time 91, 123
近日点, perihelion, ＜(Gr) περί＋ἥλιος 142, 157, 158
——引数, argument of—— 158
——距離, ——distance 142
——黄経, longitude of—— 158
——通過, ——transit (passage) 158
近地点, perigee, ＜(Gr) περί＋γῆ 87, 89, 92, 161
グリニヂ(平均)時, Greenwich Mean Time (GMT) i, 7, 125, 136, 190, 209, 213, 219, 252, 254
グリニヂ天文台, Royal Greenwich Observatory 4, 127, 128, 130, 148, 199, 204, 206, 218, 220
グレゴリオ暦 →暦(こよみ)
クロノメータ, chronometer, ＜(Gr) χρόνος＋μετρέω →時計
経験項, empirical term (→エンピリカル) 152, 153
経度, longitude (geographic——), (G) Länge 122, 124, 126, 127, 137, 168, 199, 203, 208, 213, 217, 248
——委員会, Board of Longitude 132, 134
——差, ——difference 125, 127, 133, 199, 203, 205, 249
——変化, ——variation 203, 209
採用——, adopted—— 206, 209, 249
経年的, secular →長年的
計量研究所, National Research Laboratory of Metrology (NRLM) 232
夏至 summer solstice, (L) sōlstitium (＜sōl＋sistere) 69, 70, 71, 88
月行表 →月の暦
月出入(没), rising & setting of the moon 172
月食, lunar eclipse 148
月相, phase of the moon 1, 53, 82, 261
月名, names of months 67, 79
ケプラー運動, Keplerian motion →楕円運動
——の法則, ——Law 113, 114, 157, 183
——要素, ——elements 158, 160
元号 24, 41, 93
建国記念の日 23
原子時, atomic time (AT) →(原子)時計 163, 164, 210, 231, 232, 237, 252
固有運動, proper motion, (G) Eigenbewegung 204
黄緯, latitude (ecliptical——), (L) lātitūdō 122, 134
航海術, navigation 4
航海日, nautical day 217, 218
航海暦, Nautical Almanac →暦(こよみ)
黄経, longitude (ecliptic——), (L) longitūdō 89, 129, 134 (→平均黄経)

光行差，aberration　123, 133, 168
恒星，fixed star, (L) stella, sīdus, (Gr) ἀστήρ　129, 190
——時，sidereal time　121, 190, 209, 249
——日，——day　128
——の位置，star place　127, 129
公転，revolution，< (L) revolvo　145, 149
——周期，revolution period　142, 143, 161
高度(仰角)，altitude　121, 124, 156, 194, 199, 201
黄道，ecliptic　53, 90, 120, 122, 156
——傾角，obliquity of——　123
——座標系，ecliptic coordinate system　122
——十二宮，zodiac　53
国際，international
——緯度観測事業，——Latitude Service (ILS)　200
——科学連合，ICSU　240, 245, 247
——慣用原点，Conventional——Origin (CIO)　203, 206
——極運動観測事業，IPMS　240, 247
——原子時，(F) temps atomique international (TAI)　210, 232～235
——時刻(計)比較，——clock (time) comparison　248
——子午線会議，——Meridian Conference　44, 216
——測地学協会，IAG　214, 247
——測地学・地球物理学連合，IUGG　241, 247
——単位系，(F) Système International d'Unités (SI)　146, 232
——電気通信連合，ITU　247
——電波科学連合，(F) URSI　241, 247
——天文学連合，IAU　80, 144, 155, 219, 238, 246, 247
——度量衡委員会，(F) CIPM　163, 232, 247
——報時局，(F) BIH　206, 223, 233, 234, 241, 244～247
——無線通信諮問委員会，(F) CCIR　239, 246, 247
極超短波，ultra high frequency (UHF)　251
国連経済社会理事会，UNESC　100, 247, 248
午後，post meridian (p. m.), (L) post merīdiem　36
個人(誤)差，personal error (equation)　196
午前，ante meridian (a. m.), (L) ante merīdiem　36
午砲(ドン)　43, 46
暦，calendar, (L) calendarius
完全(璧)な——，perpetual calendar　2, 53, 73
弘暦　29
編暦(暦の編纂)　4, 62, 174
日本固有の——　6, 18

旧暦　168
こよみ(自然暦，本居宣長の)　6, 261
太陰暦，lunar calendar　1, 3, 4, 19, 98, 147
回教暦，Muhammed (Moslem) Calendar　57, 76, 95
太陰太陽暦，luni-solar——　3, 10, 57, 96, 147
バビロニア暦，Babylonian Calendar　67, 98
古ローマ暦 Ancient Roman ——　79, 81, 95
ユダヤ暦，Judish——　82, 95
儀鳳暦　14, 16, 17, 19, 20, 23
元嘉暦　14, 16, 17
天保暦　30
太陽暦，solar calendar　74
古エヂプト暦，Ancient Egyptian Calendar　92
ユリウス暦，Julian——　23, 24, 71, 75, 78, 80, 117, 260
グレゴリオ暦，Gregorian——　4, 23, 31, 35, 76, 81, 117, 260, 264
明治6年改暦　30, 77
航海暦，Nautical Almanac　33, 134, 135, 261
天体暦　(→天体)，月の暦→月，太陽の暦(表)→太陽

サ　行

差，differnce, equation
→均時——，equation of time
→個人——，personal equation
→歳——，precession
→視——，parallax
→時——，time difference
→中心——，equation of center
→大気——，refraction
歳差，precession　89, 122, 162, 163, 195, 256
朔(さく)，new moon　1, 147, 149
朔日(さくじつ，ついたち)　3, 15, 16, 22, 24
(→平朔，→定朔)
朔望，full and new moon　53
——月(期間)，synodic month　1, 3, 18, 21, 54, 69, 70, 101, 147, 149, 157
座標，coordinates　121, 122, 191, 233
三角，trigonometrical，＜(Gr) *τρί* + *γωνία* + *μετρέω*
——測量，triangulation，＜(L) tri+angulus　138
——形，triangle　138, 142
三正綜覧　18
珊瑚，coral　164, 165
時(じ)，(何時というときの)，o'clock，(G) Uhr　36, 38, 39
——角，hour angle　120, 191
——間，time (interval), (G) Zeit, (F) temps, heure, (I) tempo, (L) tempus, (Gr) *καιρός*, *χρόνος*, *ὥρα*　1, 7〜9, 37, 139, 149, 177, 180, 186, 189, 233, 239, 241
——間 (時間間隔の単位としての)，hour, (G) Stunde, (F) heure, (S) hora, (I) ora, (Gr)

ὥρα　8, 9, 40, 120
——間引数，time argument 164
——系，time system　155
——圏，hour circle　121
子午環，meridian circle　194, 195
子午儀，transit instrument　133, 194, 196, 208
時刻，instant, moment, epoch　i, 7, 8, 36, 37, 127, 173, 174, 177, 190, 196, 232, 241, 244, 248, 255
子午線，meridian　119, 220, 223, 249
本初——，prime——　216, 220
子午面，meridian plane　119, 194, 199
視差，parallax　119
時差，time difference　125
時辰儀，clock　36
自然数，natural number　41
視太陽　→太陽
四分儀，quadrant　128, 133
四分暦　59
時報，time signal (→報時)　i, 49, 178, 231, 235
時法，(adopted) time system　28, 79
斜行上昇，(L) ascēnsiō oblīqua 121
写真天頂筒，photographic zenith tube (PZT)　196, 197, 204
ジャンプ(跳び)，jump　235, 236, 238
週，week　98
周期　period，＜(Gr) περί (まわり) ＋ ὅδος (道)　182, 200, 209, 232
(→公転——，→地球自転，→(長——)摂動，→(短——)摂動)
周極星，circumpolar star　124, 194
宗教会議　synod, (Gr) σύνοδος ＜ σύν (一緒に) ＋ ὅδος　82
19 年周期(黄金数，太陰章)，golden cycle　70, 97, 98
獣帯，zodiac　53
秋分(時刻)，autumnal equinox 84, 86, 91, 167, 169, 170, 172
——点，autumnal equinox　120
——の日(法律上の)　166, 168
周波数，frequency　186, 187, 236, 239, 250
重力，gravity (of the Earth)　183, 185
——定数(ガウスの)，Gaussian constant　145, 146
主慣性能率軸　principal momentum axis　200, 202
10 進法，decimal system　64, 217
閏，intercalary　19, 20
瞬間，instant，moment (→時刻) 7, 167, 168
準拠，refer，reference (→基準) 203, 238, 244
閏月　3, 57, 72
閏日(じゅんじつ，うるうび)，leap day, bissextile day, (L) ante diēm bis sextum Calendas Martias　(3 月の初日から勘定

して前6日目をだぶらせた) 31, 75, 76
閏年(太陽暦における), leap year, bissextile year 31, 74, 76
閏年(太陰太陽暦における) 30, 31, 70
春分(時刻), vernal equinox 80, 81, 152, 167, 169, 170, 171
——点, vernal equinox, first point of Aries 76, 162, 191, 194
——点補正, equinox correction 194
——の日(法律上の) 166〜168, 170
上弦の月, First Quarter 1
上昇, (L)ascēnsiō 121
衝, opposition 140
正院達 23, 34
正月中(気), 雨水 17, 21
正午, Noon, (L)merīdiēs i, 37, 161, 177
昇交点黄経, longitude of ascending node 158
小数点表示, presentation by decimal number 54, 73
章動, nutation 122, 201
小の月 2, 58, 96
上方通過, upper culmination 124
常用時, civil time 123
初見(月の), first apperance of lunar crescent 71
初期条件, initial condition 148, 159
序数, ordinal number 39, 41
讖緯思想 22, 23
新月 →朔
信号, signal(→時報, 報時) 243, 249
振動, oscillation, vibration 187, 189
神武天皇即位紀元 20, 22, 23, 31
振幅, amplitude 200
辛酉革命(しんゆう——) 20, 22
逾越祭, Pasch 82
水平面(地平面) (→地平線), horizontal plane 196, 201
スタイル, style 96
ステップ調整, step adjustment 236〜239
星学, astronomy 30
——局 30, 53
整数, integer 41, 219
西暦, Christian Era, (L)Anno ab Incarnatione Domini Nostri Iesu Christi 31, 41, 76, 93, 95, 264
世界, world, universe
——休日, World Holiday 100
——時, Universal Time(UT) (→グリニヂ平均太陽時) 171, 209, 211, 219, 235, 238, 239, 252
協定——時, Coordinated Universal Time, (F) Temps Universel Coordonné(UTC) 227, 236, 238, 242, 252, 254
——暦, World Calendar 98
赤緯, declination, (L)dēclīnātiō

53, 121, 194
赤道, equator　53, 119, 121
天の——, celestial——　119, 156, 167, 172, 194
——座標(系), equatorial coordinate (system)　121
地球の——, equator　119
——儀, equatorial telescope　195
積分則, integral law　158
セシウム, cesium, (L) caesium　189, 232
赤経　right ascension, (L) ascēnsiō recta　121, 128
楔形文字(せっけいもじ), cuneiform, (G) Keilschrift　60
接触要素, osculating elements　160
摂動, perturbation　145, 147, 159, 161, 163
長年——, secular——　150
長周期——(項), long periodic——(term)　152, 161
短周期——(項), short periodic——(term)　161, 170
z 項, z-term　200
船位, ship's place (position)　136
占星術, astrology, (Gr) ἀστρολογία　4, 52, 102, 104
総法　21

タ　行

太陰　→月
——章　→19年周期
——暦　→暦(こよみ)
——太陽暦　→暦(こよみ)
大気差(大気による屈折), refraction　125, 128, 172
大の月　2, 58, 72, 96
タイム・マーク, time mark　233, 238
太陽, sun, (L) sōl, (Gr) ἥλιος　1, 52, 87, 111, 139, 164, 261
——系, solar system　142
——黄経, solar longitude　87
——質量, solar mass　144
——年(回帰年), tropical year　18, 21, 54, 60, 75, 101, 157, 163～165, 170
——章, solar cycle　97
——中心説(地動説), heilocentirc theory　141
——表, solar tables　146, 153, 161, 170
——暦　→暦(こよみ)
視——, apparent sun　90, 167
視——時, apparent solar time　90, 123, 190
真——, true sun　168
平均——, fictitious mean sun　90, 123, 163
平均——時, mean solar time　123, 163, 177, 190, 192, 194, 217
楕円, ellipse, elliptic
——軌道, elliptic orbit　141
——運動, ——motion　87, 110, 147, 157, 159
太政官達[布告]　30

単位，unit，(F) unité，＜(L) ūnus
142, 144, 145, 163, 186
短波　high frequency (HF)　251
力(ケプラーの)，(L) virtus　112
——(ニュートンの) force，(L)
fortis　183
地球，earth, orb, globe，(G) Erde，
(F) terre，(L) terra，(Gr) γῆ
4, 87, 89, 118, 139, 170, 200
——中心説(天動説)，geocentric
theory　89, 141
——内部，interrior of the earth
200, 201, 211, 212
——の自転，rotation of the
earth　118, 153, 154, 163, 165,
171, 187, 196, 208～210, 241
——の自転軸(地軸)，rotation
axis of the earth　89, 119, 122,
196, 200
——，自転変動(不整)，variation
of the earth's rotation　201,
208
——の質量，mass of the earth
145
地質学，geology　4
地図，atlas, map　200
地動説　→太陽中心説
置閏法(太陰太陽暦における)　3, 57
——(太陽暦における)　31～33
地震，earthquake　200
地平線(水平線)，horizon　173, 174
中気　19, 21, 22, 90
中心差，equation of center　88
昼夜，day and night　52, 76, 172
潮汐，tide，(G) Gezeit，(F) marée
1, 101, 151, 153, 154, 183, 212,
256
満潮，flood tide　154
長年(経年)的，secular　202, 203
(→(長年)摂動)
長年加速，secular acceralation
150, 148, 153, 161
——項，secular term　161, 165
勅令
明治19年勅令第51号　220
明治28年勅令第167号　220
明治31年勅令第90号　34, 77
昭和12年勅令第529号　222, 254
直下点(星の)，substellar point
(太陽の)，subsolar point
137
ついたち　→朔日(さくじつ)
月(天体の)，太陰，moon，(G)
Mond，(F) lune，(L) luna，(Gr)
σελήνη　1, 5, 52, 53, 99, 162, 164
——の運動，motion of the moon
2～4, 101, 150, 159, 209, 256, 261
——の盈虧(えいきょ，みちかけ)，
waxing and waning of the
moon's phase　1
——の位置，moon's position
127
——の暦(月行表)，lunar
ephemeris　127, 133, 136, 152
——の離角(ある星からの)，
lunar distance (from a star)
126
月(期間の)，(→朔望月，→大の月，

→小の月), month, (G) Monat, (F) mois, (L) mensis　1
定気　91
定朔　3, 16
定時法, mean time (adoption of ——)　31, 36
定数, constant (→天文定数)　187
天, ——の, heaven (celestial), (G) Himmel (himmlischer), (L) caelum (caelestis)　117
——球, celestial sphere, (L) sphaera (orbis) coelestis　118
——頂, zenith　119, 196, 197
——頂距離, zenith distance　124, 137
天体, celestial body, (G) Himmelskörper, (F) corps céleste, (L) corpus caelestis　51, 87, 113, 146, 159, 195
——の運動, motion of celestial bodies　128
——力学, celestial mechanics, (F) mécanique céleste 145, 146, 159, 269
Mécanique Céleste　150
——暦, astronomical ephemeris, (< (Gr) ἐπί + ἡμέριος)　152, 164, 261
天動説　→地球中心説
電波研究所, Radio Research Laboratories (RRL)　50, 243, 250
天文 (古代東洋の)　30, 52
——学, astronomy, (L) astronomia, (Gr) ἀστρονομία　4, 29, 53, 105, 107, 109, 172
——学・地球物理学事業連合, FAGS　240, 247
——学者, astronomer　5, 152, 216
——方　29
——時, astronomical time　124
——航法, astronomical navigation　127
——台, (astronomical) observatory　136, 206, 208, 213, 241
平均——台, the mean observatory　206, 223
——単位, astronomical unit　142, 146
——単位系, system of astronomical units　146
——定数, astronomical constants　155, 256
——日, ——day　217, 218
——年代学, ——chronology　21, 23, 41, 81
電離層, ionosphere　250, 251
東京天文台, Tokyo Astronomical Observatory (TAO)　46, 167, 173, 176, 197, 231, 243, 249, 251
冬至, winter solstice　80, 81, 89, 91
等時性, isochronism, < (Gr) ἴσος + χρόνος　181, 184
等速円運動 (等角速度運動), uniform circular motion　87, 140, 141, 147

等面積運動，constant areal motion 141
時(とき)，time，(G) Zeit，(F) heure，temps，(I) tempo，(L) tempus，(Gr) καιρός，χρόνος，ὥρα 1, 7, 153, 177, 233
——の記念日 27
——の尺度，time scale，(F) échelle de temps 153, 164, 209, 227, 231, 233, 256, 257
時計，clock，watch，(G) Uhr，(F) horloge，(I) orologio 1, 9, 128, 153, 155, 191, 192, 249
機械——，mechanical clock 39
クロノメータ，chronometer 9, 133, 186, 248, 249
原子——，atomic clock 183, 187, 209, 211, 231, 235
水晶——，quartz clock (watch) 186, 209
砂—— 180
ゼンマイ—— 185〜187
ディジタル——，digital watch 39
翔んでいる——，flying clock 251
振子——，pendulum clock 128, 184, 187
水——，(→漏刻)，water clock 179
ローソク—— 179
跳び →ジャンプ
度量衡総会，(F) CGPM 163, 232, 233, 247
ドン →午砲

ナ 行

南中，transit 128, 177, 192, 194
二至二分，equinoxes and solstices 86, 88, 90, 91, 162
24 時間制，24-hour system 37, 217
24 節気 91
2 進法，binary system (code) 66
日(にち)(単位としての) 163
日次(日付)，date，calendar day →暦日
日曜日，Sunday 82, 226
日周運動，diurnal motion 118, 195
日出入(没)，sunrise and sunset 173〜175
日食，solar eclipse 2, 148, 149, 152, 257
日本書紀 10, 13, 15, 17, 22
ニュートン力学，Newtonian dynamics 155, 159
年初，beginning of calendar year 74, 78, 81, 91

ハ 行

白道，moon's orbit 122
薄明，twilight 176
八年法，octaeteris，(Gr) ὀκταετέρις 58
八分儀 octant 136
半長軸，semi-major axis 142, 143, 145, 146, 157
万有引力，universal gravitation 53, 158, 183, 256
——の定数，gravitational

constant　143, 144
日暮(ひぐれ)　176
日付　→日次
微分則, differential law　158
秒, second, (L) pars minuta secunda　8, 9, 163, 189, 232, 236, 239, 248
――の定義諮問委員会, (F) CCDS　234, 247
標時球　47
標準, standard　188
――時, ――time　44, 46, 125, 220, 222, 225, 249, 254, 263, 267
中央――時(日本の), Central Standard Time　i, 49, 167, 220, 254
東部――時(アメリカの), Eastern Standard Time　214
――電波(周波数), standard frequency　50, 236, 243, 250
昼間, day time　173, 176
符牒, cant　241
復活祭, Easter　82, 85, 168
普通日(→世界時), universal day　217, 222
不定時法, temporal time (system)　31, 36, 176
振子, pendulum (→(振子)時計)　182, 184
「プリンキピア」(L) Philosophiae naturalis principia mathematica　148, 157, 266
分, minute, (L) pars minuta prima　8
分点, equinox, (L) equinoctium (→春分点, 秋分点)　120
平気　91, 170
平朔　3, 16, 20, 85, 147
ヘリアカル・ライジング, heliacal rising　75
平均, mean
→　――位置
――運動, ――motion　143, 145
――黄経, ――longitude　148, 162, 163
――朔望月　→朔望月
――距離　→半長軸
――時　(→平均太陽時)
――水準面, ――sea level　234
――太陽　→太陽
――天文台　→天文台
法, 法律, law, (G) Gesetz, (F), loi, (L) lex　166, 168, 202, 222, 254
日本の法律
刑事訴訟法(昭和23年法律第131号)　174, 175
計量法(昭和26年法律第207号)　254
元号法(昭和54年法律第43号)　93
国民の祝日に関する法律(昭和23年法律第178号) 23, 166
国立学校設置法(昭和24年法律第150号)　167
望(ぼう), 満月, full moon　1
報時, dissemination of time　(→

時報) 49, 236, 238, 246, 249
法制, legal system 167, 253
法則, law, (G) Gesetz
→ケプラーの運動——, →(ニュートンの) 万有引力, →ニュートンの力学——, →落体の——
法定時, legal time, (G) gesetzliche Zeit, (F) l'heure légale 253
法令, law and/or regulation 175
星 →恒星
ホロスコープ, horoscope 104

マ 行

摩擦, friction 151, 153～155, 181, 184, 212
満月 →望
無線電信法, radiotelegraphy 49, 249
無理数, irrational number 2, 55, 101
メートル, meter, (F) mètre < (L) metior, (Gr) μετρέω 79, 223
——法条約, (F) Convention du Mètre 223, 224, 248
メトン周期, Metonic cycle 59
面積速度, (areal velocity) 112

ヤ 行

夜間, night time 174
有線電信法, wire telegraphy 46
有理数, rational number 2, 55
ユネスコ, UNESCO 240, 247, 248
ユリウス通日(つうじつ), Julian Date 24, 97, 264
ユリウス暦 →暦(こよみ)
夜明け 176
予報, prediction 2, 3, 170
用数, (adopted constants) 3, 17, 19, 83
曜日, day of week 98, 99
揺動, fluctuation 153, 155, 211, 212

ラ 行

落体の法則, law of falling bodies 183
リアル・タイム, real time 236, 238
離角, elongation 126
力学(ニュートンの), (Newtonian) dynamics 155, 184
——の方程式, dynamical equation 129
——の法則, ——law 157, 184
離心, eccenter, eccentric, (L) eccentrum, ——ricus, (Gr) ἐκκέντρον, ——ρικος 87, 110, 123
——率, eccentricity 110, 113, 150, 158, 161, 170
立春 31, 80, 90
流体核, fluid core 200, 201
零(れい, ゼロ), zero, (G) Null, (F) zéro, (L) (nullus) 15, 40, 41, 65
暦(れき) (→こよみ, 天体暦)
——学 6, 83
——元, epoch 19, 97, 98
——日(日次, 日付), calendar

date, (G) Datum　i, 1, 6, 11, 13, 17, 18, 20, 71, 75
——博士　10, 25
——道　30, 52
——表時，ephemeris time (ET)　5, 163, 164, 189, 210, 211, 235, 237
——表秒，ephemeris second　155, 189, 236
——法，calendarical system　2, 3, 11, 13, 16, 17, 28, 79
——年，calendar year　75
——面，calendrical, ephemerical　83, 85, 174
漏刻(ろうこく)（→水時計）　26, 27, 28, 179
60 進法，sexagimal system　63〜65, 79, 217
六分儀，sextant　136
ロラン-C，Loran-C (Long Range Navigation System-C)　250

ワ　行

ワシントン，Washington D. C.　213〜216, 222
惑星，planet，(Gr) πλάνης (さまよう者)　52, 99, 103, 104, 112, 139, 141, 142, 153, 157, 160, 164, 170, 209, 211, 256

略　語　表

AT	原子時　163, 227, 232
BIH	国際報時局　206, 233, 240, 245, 247, 252
CCDS	秒の定義諮問委員会　234, 247
CCIR	国際無線通信諮問委員会　239, 246, 247, 252
CIO	国際慣用原点　202, 203
CIPM	国際度量衡委員会　163, 241, 246, 247
CGPM	度量衡総会　163, 232, 239, 247
DUT 1	(≒UT1－UTC)　237～239, 242～244, 250, 253
ET	暦表時　171, 211, 235
FAGS	天文学・地球物理学事業連合　240, 246, 247
GMT	グリニヂ平均太陽時(→UT)
GPS	汎世界的衛星による位置決めシステム　251
HF	短波　250
IAG	国際測地学協会　214, 247
IAU	国際天文学連合　80, 144, 155, 219, 238, 241, 246, 247, 252
ICSU	国際科学連合　240, 248, 247
ILOM	緯度観測所　200
ILS	国際緯度観測事業　200
IPMS	国際極運動観測事業　240, 247
ITU	国際電気通信連合　247, 248
IUGG	国際測地学・地球物理学連合　241, 246, 247
JHD	水路部(日本の)　261
JJY	(日本における標準電波の呼出符号)→標準電波　243, 250
MERIT	メリット・プロジェクト　258
NRLM	計量研究所　232
PZT	写真天頂筒　196
RRL	電波研究所　50, 243, 250
SI	国際単位系　146, 232
TAO	東京天文台　46, 167, 231
TAI	国際原子時　210, 232～235, 252

UHF　極超短波　251
UNESC　国連経済社会理事会　100, 247, 248
UNESCO　ユネスコ　240, 247, 248
UPU　万国郵便連合　248
URSI　国際電波科学連合　241, 246, 247
UT　世界時　171, 209～211, 219, 239, 252
　UT0　209, 219
　UT1　171, 219, 237, 238, 244, 253
　UT2　209, 219, 235～237
　UTC　協定世界時　210, 219, 236, 238, 252, 253
WHO　世界保健機構　248
WMO　世界気象機構　248

人 名 索 引

年　表

−322　アレキサンダー大王の死　67
−310　セリウコス紀元　70
− 44　ユリウス暦第1年　75
120　プトレマイオス「アルマゲスト」
325　ニケアの宗教会議　82
471(？)　稲荷山古墳鉄剣　11
553　日本における文献上「暦」の初出　10
622　回教暦紀元　95
645　中大兄皇子，蘇我入鹿を謀殺　24
645　日本における元号の初め（大化元年）　24
646　大化の改新　24
660　日本における漏剋の初め　26, 179
668　天智天皇即位　26
671　漏剋の使用（時の記念日の制定根拠）　27
690　日本における元嘉暦と儀鳳暦の併用　14
1335　ミラノの機械時計　181
1543　コペルニクス「天球の回転について」
1582　グレゴリオ改暦　77
1583　等時性の発見(ガリレイ)　181
1601　ケプラー，皇帝付数学者となる　102
1604　超新星の出現　104
1604　落体の法則発見(ガリレイ)　183
1618　30年戦争の始り　115
1619　ケプラー第3法則　114
1657　振子時計の発明(ホイヘンス)　184
1675　グリニヂ天文台創設　127
1686～87　ニュートン「プリンキピア」　157
1693　月の黄経における長年項の発見(ハレー)　148
1705　ハレー彗星の回帰予言（ハレー）　148
1763　J. ハリスンのクロノメータ　133
1766　イギリス航海暦発刊　134
1842　粘土板の発見　60
1867　日本における王政復古　29
1868　明治改元(明治元年)　29, 94
1871　日本における午砲の初め　43
1873　日本における太陽暦の採用　30
1875　メートル法条約　224
1878　東京大学理学部観象台設置　42
1880　イギリス，グリニヂ時を法定化　213
1884　国際子午線会議（ワシントン

D. C.)　44, 216
1888　日本における標準時の採用　44, 220, 249
1888　東京帝国大学東京天文台設置　46
1889　自由脱進器の発明（リーフラー）　185
1894〜5　日清戦争　44
1895　無線電信の発明（マルコーニ）　249
1896　天文定数に関するパリ会議　256
1898　日本,「グレゴリオ暦」を採用　34, 77
1899　国際緯度観測事業の始り　200
1902　z 項の発見（木村栄）　200
1903　日本における標時球の初め　47
1911　日本における無線報時の初め　49
1912　大正改元（大正元年）　93
1913　国際報時局の創設　246
1926　昭和改元（昭和元年）　41
1933　日本における学用報時（JJC）の初め　49
1938　IAU 第 6 回総会　146
1939　地球自転不整の発見（スペンサー・ジョーンズ）　153
1940　日本における標準電波（JJY）の初め　50
1948〜58　グリニチ天文台，ハーストモンスー城へ移転　204
1956　暦表時の採用（秒の再定義）　163, 232
1960　（旧）協定世界時　235
1967　原子時の採用（秒の再々定義）　232
1971　国際原子時の採用　233
1972　新（現）協定世界時の採用　237
1976　IAU 第 16 回総会　256